突变育种手册

（原书第三版）

Manual on Mutation Breeding
Third Edition

联合国粮食及农业组织

国际原子能机构

粮食及农业核技术应用联合司植物遗传育种科

〔塞内〕M.M. 斯潘塞-洛佩斯（M.M. Spencer-Lopes）

〔英〕B.P. 福斯特（B.P. Forster） 主编

〔北马其顿〕L. 扬库洛斯基（L. Jankuloski）

刘录祥 等 译

U0232369

科 学 出 版 社

北 京

图字：01-2022-3469 号

内 容 简 介

本书第 1 章和第 2 章主要介绍了各种理化诱变因素及其剂量测定方法和辐射处理方案等；第 3 章则论述了突变的遗传基础；第 4 章重点介绍了诱变处理种子当代产生的损伤和生物学效应；第 5 章和第 6 章则在此基础上对诱变处理后有性繁殖和无性繁殖作物各世代的种植选育方法做了详细介绍；第 7 章突出介绍了高产、抗逆、品质等重要性状的突变育种技术方法；第 8 章以离体培养技术、加倍单倍体技术、标记和基因分型为主要内容，阐述了诱发突变与分子生物学技术相结合来提高突变育种效率的技术方法。

本书可作为从事诱发突变与育种应用研究相关科技人员的工具书，也可作为大专院校农林、生物等专业教师和研究生的参考书。

Copyright © 2018 FAO

Manual on Mutation Breeding-Third Edition was originally published in English by FAO in 2018. This translation is published by arrangement with FAO.

图书在版编目（CIP）数据

突变育种手册：原书第三版/（塞内）M.M. 斯潘塞-洛佩斯（M.M. Spencer-Lopes），（英）B.P. 福斯特（B.P. Forster），（北马其顿）L. 扬库洛斯基（L. Jankuloski）主编；刘录祥等译 . —北京：科学出版社，2022.10
书名原文：Manual on Mutation Breeding（Third Edition）
ISBN 978-7-03-072698-8

Ⅰ. ①突… Ⅱ. ① M… ② B… ③ L… ④刘… Ⅲ. ①诱变育种–手册
Ⅳ. ① S335-62

中国版本图书馆 CIP 数据核字（2022）第 114605 号

责任编辑：陈　新　陈　倩/责任校对：郑金红
责任印制：肖　兴/封面设计：无极书装

科学出版社 出版
北京东黄城根北街 16 号
邮政编码：100717
http://www.sciencep.com

北京九天鸿程印刷有限责任公司　印刷
科学出版社发行　各地新华书店经销
*

2022 年 10 月第 一 版　开本：720×1000　1/16
2022 年 10 月第一次印刷　印张：15 1/4
字数：306 000

定价：228.00 元
（如有印装质量问题，我社负责调换）

免责声明

原手册是由联合国粮食及农业组织（Food and Agriculture Organization of the United Nations，FAO）和国际原子能机构（International Atomic Energy Agency，IAEA）以英文出版的，书名为 *Manual on Mutation Breeding-Third Edition*。其简体中文版由中国农业科学院作物科学研究所组织翻译，如果文中出现差异，则以英文版为准。

原手册对所用名称和材料的描述不代表 FAO 或 IAEA 关于任何国家、领土、城市、地区或其当局的合法性及发展状况，或关于其国界或边界划定的任何意见。手册中所提及的具体公司或制造商的产品，无论这些产品是否已获得专利，均不代表这些产品优于其他未提及的同类产品而获得 FAO 或 IAEA 的认可或推荐。原手册所代表的是作者的观点，并不一定反映 FAO 或 IAEA 的观点或政策。

《突变育种手册（原书第三版）》
翻译委员会

主　任　刘录祥

副主任　郭会君

委　员（按姓名笔画排序）

王　晶　古佳玉　杨　震　陈士强　周利斌

郭新梅　韩微波　谢永盾　谢彦周　谭瑗瑗

熊宏春

译 者 的 话

近年来，有越来越多的科技工作者在研究中采用突变育种技术，恰逢其时，FAO/IAEA 粮食及农业核技术应用联合司[①]（Joint FAO/IAEA Division of Nuclear Techniques in Food and Agriculture，简称 FAO/IAEA 联合司）组织编写了 *Manual on Mutation Breeding-Third Edition*，并授权中国农业科学院作物科学研究所把这本手册翻译成中文，以方便中文读者阅读、使用。经过一年多的努力，该手册中文版交付出版。在此，我们感谢 FAO/IAEA 联合司的支持，感谢科学出版社为此书出版所付出的努力。

翻译工作由中国农业科学院作物科学研究所刘录祥牵头组织和协调，中国农业科学院作物科学研究所刘录祥、郭会君、谢永盾、熊宏春、古佳玉，湖南省核农学与航天育种研究所杨震，江苏里下河地区农业科学研究所陈士强，中国科学院近代物理研究所周利斌，青岛农业大学郭新梅，黑龙江省农业科学院草业研究所韩微波，西北农林科技大学谢彦周，以及浙江大学谭瑗瑗等参加了翻译工作。最后，由刘录祥、郭会君、王晶等进行了统稿和校对。

由于时间仓促，加之水平所限，不足之处恐难避免，欢迎读者批评指正。

本书翻译委员会

2022 年 6 月

[①]2021 年起更名为 FAO/IAEA 粮食及农业核技术应用联合中心（Joint FAO/IAEA Centre of Nuclear Techniques in Food and Agriculture）。本书除封面使用新名称外，其余部分均沿用原书的提法，保留使用"FAO/IAEA 粮食及农业核技术应用联合司"或"FAO/IAEA 联合司"。

原书贡献者及其联系方式

A. 巴迪甘纳瓦（A. BADIGANNAVAR）
Nuclear Agriculture and Biotechnology Division
Bhabha Atomic Research Center
Trombay
400 085, Mumbai, India
Email: Ashokmb1@gmail.com

B.P. 福斯特（B.P. FORSTER）
BioHybrids International Limited
P.O. Box 2411, Early
Reading RG6 5FY, United Kingdom
Email: Brianforster@biohybrids.co.uk; Brianpforster@gmail.com

J.S. 赫斯洛普-哈里森 [J.S. HESLOP-HARRISON]
University of Leicester
Department of Biology
Adrian building
University Road
Lei 7RH, Leicester, United Kingdom
Email: Phh4@le.ac.uk

R. 易卜拉欣（R. IBRAHIM）
Elite Scientific Instruments Sdn. Bhd
A-LG-03, Block A, Serdang Perdana Selatan
Section 1, 43300 Seri Kembangan
Selangor, Malaysia
Email: Rusli.anm@gmail.com

I. 英格尔布雷希特（I. INGELBRECHT）
Plant Breeding and Genetics Laboratory

FAO/IAEA Agriculture and Biotechnologies Laboratories

Friedenstrasse 1

A-2444 Seibersdorf, Austria

Email: I.Ingelbrecht@iaea.org

J.B. 扬科威克斯-切斯拉克（J.B. JANKOWICZ-CIESLAK）

Plant Breeding and Genetics Laboratory

FAO/IAEA Agriculture and Biotechnologies Laboratories

Friedenstrasse 1

A-2444 Seibersdorf, Austria

Email: J.Jankowicz@iaea.org

L. 扬库洛斯基（L. JANKULOSKI）

Plant Breeding and Genetics Section

Joint FAO/IAEA Division

P.O. Box 100, Wagramer Strasse 5

A-1400 Vienna, Austria

Email: L.Jankuloski@iaea.org

P. 亚诺莎（P. JANOS）

Deputy Manager

Cereal Research Nonprofit Ltd.

Alsokikotosor 9.

Szeged 6726, Hungary

Email: janos.pauk@gabonakutato.hu

A. 科迪姆（A. KODYM）

University of Vienna

Core Facility Botanical Garden & Department of Pharmacognosy

Vienna, Austria

Email: Andrea.Kodym@icloud.com

B. 孔特尔（B. KUNTER）

Turkish Atomic Energy Authority (TAEK)

Sarayköy Nuclear Research and Training Centre

Division of Agriculture, Ankara Turkey

Email: Burak.Kunter@taek.gov.tr

M. 马杰维克（M. MATIJEVIC）
Plant Breeding and Genetics Laboratory
FAO/IAEA Agriculture and Biotechnologies Laboratories
Friedenstrasse 1
A-2444 Seibersdorf, Austria
Email: M.Matijevic@iaea.org

C. 姆巴（C. MBA）
Food and Agriculture Organization of the United Nations (FAO)
Viale delle Terme di Caracalla
I-00153 Rome, Italy
Email: Chikelu.Mba@fao.org

A. 穆赫塔尔·阿里·加尼姆（A. MUKHTAR ALI GHANIM）
Plant Breeding and Genetics Laboratory
FAO/IAEA Agriculture and Biotechnologies Laboratories
Friedenstrasse 1
A-2444 Seibersdorf, Austria
Email: A.Mukhtar-Ali-Ghanim@iaea.org

H. 中川砂仁（H. NAKAGAWA）
Hamamatsu Photonics K. K.
Central Research Laboratory
5000, Hirakuchi, Hamakita-ku
Hamamatsu, Shizuoka, 434-8601 Japan
Email: Hitoshi.Nakagawa@crl.hpk.co.jp

S. 尼伦（S. NIELEN）
Plant Breeding and Genetics Section
Joint FAO/IAEA Division
P.O. Box 100, Wagramer Strasse 5
A-1400 Vienna, Austria
Email: S.Nielen@iaea.org

S. 彭纳（S. PENNA）

Nuclear Agriculture and Biotechnology Division

Bhabha Atomic Research Institute

Trombay, Mumbai 400 085, India

Email: Penna888@yahoo.com

R. 桑万（R. SANGWAN）

Université de Picardie Jules Verne UFR Sciences

Laboratoire EDYSAN-AEB, UMR 7058 CNRS

33, rue Saint Leu, 80000 Amiens France

Email: Rajbir.Sangwan@u-picardie.fr

F. 萨尔苏（F. SARSU）

Plant Breeding and Genetics Section

Joint FAO/IAEA Division

P.O. Box 100, Wagramer Strasse 5

A-1400 Vienna, Austria

Email: F.Sarsu@iaea.org

M.M. 斯潘塞-洛佩斯（M.M. SPENCER-LOPES）

University CAD

Faculté des sciences et technologies

Dept. de biologie végétale

Dakar, Sénégal

Email: Manmymadou2@gmail.com

I. 扎雷科（I. SZAREJKO）

Department of Genetics

University of Silesia

Jagiellonska 28

40-032 Katowice, Poland

Email: Iwona.Szarejko@us.edu.pl

M. 苏尔曼（M. SZURMAN）

Faculty of Biology and Environmental Protection

University of Silesia

Jagiellonska 28

40-032 Katowice, Poland

Email: Miriam.Szurman@us.edu.pl

W. 托马斯（W. THOMAS）

The James Hutton Institute

Invergowrie

Dundee DD2 5DA

Scotland, United Kingdom

Email: Bill.Thomas@hutton.ac.uk

B.J. 蒂尔（B.J. TILL）

University of Vienna

Department of Chromosome Biology

Vienna, Austria

Email: Till.Brad@gmail.com

A. 亚西尔（A. YASSIER）

Plant Genomics

Verdant Bioscience

Galang

North Sumatra, 20585, Indonesia

Email: Yassier.Anwar@verdantbioscience.com

原 书 序

到 2050 年，世界人口预计将从约 70 亿增长到 90 亿。联合国粮食及农业组织（Food and Agriculture Organization of the United Nations，FAO）预测，届时全球粮食产量必须增加 70% 才能满足人口增长对粮食的需求。而气候变化、干旱与洪涝、土壤侵蚀和盐碱化等灾害严重阻碍了作物生产力的提高，并使粮食生产成为风险越来越高的产业。面对如此众多的严峻挑战，如果不提高土地生产力并保护自然资源，全球粮食产量提高的目标就无法实现。全球前沿研发工作正在加速发展和实施可持续的、气候智能型农业生产方式，这些新型农业生产方式不仅有益于提高粮食产量、普惠农民群体和保障粮食安全，而且有助于保护环境和自然资源，应该不断加以推广应用。

20 世纪 60 年代和 70 年代"绿色革命"期间，大量高产新品种尤其是禾谷类作物新品种选育成功，证明了植物突变育种在应对与粮食安全有关的挑战中确实能发挥至关重要和最有价值的作用。但是，50 年前突变育种的目标主要集中在提高作物产量上，尤其是培育矮秆小麦和水稻品种，而今天所面对的主要挑战则是如何提高作物对环境和气候变化的耐受性与适应性，以及如何推动气候智能型农业的发展应用。

《突变育种手册（第二版）》于 1977 年出版。经过 40 多年的发展，该领域诸多技术取得明显进步，亟须对第二版进行全面修订和更新。现在呈献给广大读者的《突变育种手册（第三版）》全面介绍了植物突变育种的研究进展，包括辐射技术和化学诱变的应用、有性繁殖和无性繁殖作物的突变育种，以及需要迫切关注的重要性状诱变改良，以实现人人得享全球营养食品安全的既定目标。新版手册还全面论述了目前可用于检测稀有和重要突变性状表型与基因型的高通量筛选技术，并提供了方法指南，同时综述了提高作物突变育种效率的技术方法。

1964 年，FAO 和国际原子能机构（International Atomic Energy Agency，IAEA）高瞻远瞩，整合双方任务，成立了 FAO/IAEA 粮食及农业核技术应用联合司（Joint FAO/IAEA Division of Nuclear Techniques in Food and Agriculture，简称 FAO/IAEA 联合司）。此后，FAO/IAEA 联合司在应用辐射技术进行植物突变育种和作物改良领域一直处于全球领导地位。迄今为止，全世界已在 220 多种植物中育成了 3275 个突变品种（参见 http://mvd.iaea.org）。这些突变品种在全球推广种植了数百万公顷，产生了数十亿美元的社会经济效益，尤为重要的是，为全球无数人带来了幸福和健康的生活。我们衷心希望《突变育种手册（第三版）》的出版能够有助于国际社会改善粮食安全，并为目前全球 10% 正遭受饥饿和营养不良的人口提供帮助。

梁 劬

FAO/IAEA 粮食及农业核技术应用联合司司长

原 书 致 谢

《突变育种手册（第三版）》主要以亚历山大·迈克（Alexander Micke）协调主编的、1977 年国际原子能机构（IAEA）维也纳出版处 119 号技术丛书为基础。这一新版本是无数从事突变诱导和突变育种工作先驱们的研究成果，包括 FAO/IAEA 联合司植物遗传育种科及实验室的技术官员和来自世界各地的合作者。在此，谨对这些前辈致以诚挚的谢意，感谢他们为从事该领域研究的后辈科技工作者铺平了道路。本次修订对前一版所涵盖的各个主题都进行了重新审视和更新，补充了最新研究技术和成果。更重要的是，本版还增加了具有广阔应用前景的新技术，如离体培养和分子技术等，这些技术明显加快了突变育种进程并拓展了突变育种成果。

我们也要感谢 FAO/IAEA 联合司协调研究和技术合作项目的同行与合作者对突变育种所做的宝贵贡献。目前，IAEA 突变品种数据库录入了 3200 多个珍贵的突变新品种，这些品种的种植面积已达数千乃至数百万公顷，使全球的农民和农业生产实现增产增收，这要感谢每一位充满激情的科学家。

本版主要增补内容包括由一些同行、合作方及 FAO/IAEA 联合司现任工作人员提供的实例和照片，我们对他们的贡献表示衷心的赞赏和感谢。在此，特别要对以下专家及合作者所提供的突变育种成功范例表示感谢：卢斯·戈麦斯-潘多（Luz Gómez-Pando）女士、乔安娜·扬科威克斯-切斯拉克（Joanna Jankowicz-Cieslak）女士、比拉克·孔特尔（Burak Kunter）先生、叙雷亚·谢凯尔吉（Süreyya Sekerci）女士、卡德里耶·亚普拉克·坎托卢（Kadriye Yaprak Kantoğlu）女士和彭纳·苏普拉桑纳（Penna Suprasanna）先生。

本手册的完成离不开因德拉·吉里（Indra Giri）先生的协助，他精心策划并设计了手册中的示图，以更好地展示所提供的示例和方法。卡塔尤恩·阿拉夫（Katayoun Allaf）女士则根据 FAO 和 IAEA 出版物标准在文件排版过程中提供了有益的帮助。

原书前言

突变，即个体遗传结构的可遗传变化，导致新的性状从亲代传递给子代，从而推动物种进化。在自然界中，突变是由脱氧核糖核酸（DNA）复制错误引起的。这种遗传物质也可能因暴露于周围的自然辐射环境而发生改变，由此产生的变异个体称为自发突变体。

突变是进化的根本原因，突变后的个体可能因其具有新特性而产生更强的适应性，从而在自然界中受到优先选择，或因其具有人类所需的新性状而受到人工选择。

1895 年伦琴发现了 X 射线，1896 年贝克勒尔发现了放射性，1898 年玛丽和皮埃尔·居里发现了放射性元素，不久之后在果蝇（Muller，1927）和玉米、大麦等农作物（Stadler，1928）中证明辐射引发了突变。这些开创性的发现直接促使诱发突变随后作为一种作物改良工具得到迅速和广泛的应用。很显然，人类不必再像我们的祖先那样坐等理想变异植株的出现，而可以按照意愿诱导产生突变！

自 20 世纪 30 年代中期第一个诱发突变新品种（一种浅绿色烟草突变体）在印度尼西亚发布以来，突变育种取得了令人瞩目的成就。植物突变育种最易成功的是一年生有性自交繁殖作物，它们的种子是理想的诱变材料，生命周期短意味着可以快速产生突变世代，理想突变系可以快速培育成品种。因此，水稻、大麦和烟草等作物在早期便取得了成功，并一直延续至今。其次是一年生杂交作物，这些作物的育种体系虽然稍微复杂一些，但早期就曾报道过育成突变品种，且至 20 世纪 60 年代后期，各国在玉米等作物上不断育成新的突变品种。无性繁殖作物突变育种相对困难，落后于有性繁殖作物。20 世纪 80 年代，在 FAO/IAEA 植物遗传育种实验室工作的弗兰蒂泽克·诺瓦克（Frantisek Novak）及其团队将无性繁殖作物作为突变育种的目标，开创了用于香蕉微繁殖的组织培养方法。微繁殖可以产生大量的扦插枝条用于起始诱变处理和后续突变株系构建，已经成为无性繁殖作物诱变育种必不可少的方法。由于许多生物技术尤其是组织培养技术可以用于有效诱导和筛选突变体，无性繁殖作物的突变育种正在进入快速发展时期。最后值得一提的是多年生作物，这类作物具有很长的营养生长阶段，需要很多年才能结实，突变育种研究非常少。植物突变育种的另外一个瓶颈是对表型筛选的依赖，通常表型筛选最早在诱变二代进行，随着 DNA 分析工具的出现，这种做法正在发生改变。基因型筛选具有加速突变检测和突变系创制的潜力，该方法适用于所有作物，但对油棕、可可、橡胶、茶和咖啡等突变研究一直停滞不前的多年生作物与经济作物尤为重要。

根据国际谷物理事会（www.igc.int）的估算，2017 ～ 2018 年世界玉米产量将超过 10.5 亿 t。玉米、小麦、大麦、水稻等禾谷类作物满足了目前全球 76 亿人口的大部分粮食需求。从爆米花到玉米粥，玉米可以加工成各种各样的食物，然而，并非所有人都知道，这一了不起的谷物在世界各地已经有大约 1 万年的种植历史了。事实上，正是通过几次自发突变的累积，墨西哥野玉米 [*Zea mexicana* (Schrad.) Kuntze，又称大刍草] 才逐步进化成后来广泛种植的玉米（*Zea mays*）（FAOSTAT，2014）。

1957 年，IAEA 在联合国主持下成立，其总部设在奥地利维也纳。突变育种的最大动力就来自 IAEA 的成立和它所坚持的"原子能促进和平与发展"的理念。1964 年，联合国另一个专门机构 FAO（以消除饥饿和营养不良为目标）与 IAEA 共同成立了 FAO/IAEA 联合司，其目的是汇集两个组织的资源，更有效地促进原子能和平利用，协助成员国生产更多、更好、更安全的粮食。联合司的主要工作之一是向两个组织的成员国提供支持，帮助他们建立用于植物突变育种的 γ 射线辐射装置。

植物遗传育种科是 FAO/IAEA 联合司下属 5 个部门之一，自成立以来一直致力于利用物理诱变剂，如 X 射线、γ 射线、中子、α 粒子、β 粒子及其他加速器粒子、离子或激光束等，推动作物诱发突变的研究应用，以提高作物产量、改良营养品质。

植物遗传育种科向 FAO 和 IAEA 所有成员国提供技术援助，帮助其开展与作物诱发突变及育种改良相关的活动，组织培训和专家访问等活动，并协调所有相关会议。通过协调研究项目（Coordinated Research Programme，CRP）和技术合作项目（Technical Cooperation Programme，TCP）的支持，为成员国提供实验设施和人员培训等，提升和改进其研究水平与条件，项目成果通过论文、新闻稿、实验规程和手册等不同形式出版发行。考虑到作物品种改良和基因组学中诱发突变技术的应用激增，同时也迫切需要创制新的有用的可遗传变异，以培育营养价值高、适应性强、资源利用效率和产量高的作物新品种，FAO/IAEA 联合司决定更新现有手册内容，编著新版突变育种技术手册。《突变育种手册（第三版）》是植物遗传育种科的工作人员在经验和知识基础上与相关专家合作编写的。《突变育种手册（第三版）》共八章，包含了有性和无性繁殖作物物理与化学诱变的最新研究成果。该手册为进行突变诱导提供了实用方法指导，以充分利用诱变技术的优势创制新等位变异，为植物育种提供新的有益突变，为基因功能和性状遗传模式研究提供新的目标突变。

突变育种最著名的例子之一是 20 世纪 70 年代早期大麦（*Hordeum vulgare*）半矮秆突变品种 'Golden Promise' 和 'Diamant' 的选育。这些突变品种更适宜机械收获，尤其是在不利天气条件下单产更高、品质更好，从而使农作物生产发生了革命性变化。本手册第 1 章和第 2 章介绍了物理诱变和化学诱变，内容包括不同诱变剂的作用方式、详细的实验规程、预期结果以及实际使用过程中应该采取的防护措施。第 3 章和第 4 章探讨了各种类型的突变，这些突变可以应用于实际的作物品种改良及 DNA 序列突变的筛选、鉴定和解析等基础研究。第 5 章和第 6 章论述了有性和无性繁殖作物突变育种的实际应用，包括突变群体的创制、筛选和鉴定的过程。详细介绍了影响突变育种成功的主要因素，如群体大小、突变株系的繁殖和分离，以及目标突变体筛选的实际例子，并配以示意图和照片，以辅助实际的突变育种操作。第 7 章则提供了选育优异和广适突变新品种的经典范例。最后，第 8 章涉及有望影响未来植物突变育种的新概念和新技术。这些新方法通过集成最新生物技术尤其是 DNA 分析和双单倍体培育等，能够更有效地加速突变育种进程。第三版手册里展示了突变育种技术在所有植物物种中前所未有的广泛性和实用性。

M.M. 斯潘塞-洛佩斯（M.M. Spencer-Lopes）

B.P. 福斯特（B.P. Forster）

C. 姆巴（C. Mba）

L. 扬库洛斯基（L. Jankuloski）

目　　录

第1章 物理诱变

1.1 辐射种类

本章是主要基于 1977 年出版的《突变育种手册（第二版）》中有关辐射诱变章节的更新版。物理诱变剂是指所有的核辐射和放射性源，包括非电离辐射——紫外线和若干不同类型的电离辐射，即 X 射线和 γ 射线、α 粒子和 β 粒子、质子和中子。本章概述了植物突变育种中使用的主要物理诱变剂，涵盖了它们的物理特性、作用方式和共性原理，以及如何将其应用于植物诱变等。

有若干种电离辐射可用于诱发植物突变。这些电离辐射的共同特征是释放电离能量。但是，它们彼此之间也存在一些差异，具体表现在释放的能量大小、穿透力强弱及对操作人员的危险程度等方面（表 1.1 和图 1.1）。

表 1.1 辐射特性及其在突变育种中的应用

辐射种类	来源	说明	能量	危险性
X 射线	圆柱形阳极 X 射线管（Kirk and Gorzen，2008）	电磁辐射，强诱变剂	$1 \sim 500\text{keV}$，突变育种常用 $50 \sim 300\text{keV}$	危险，具穿透力
γ 射线	放射性同位素及核反应（^{60}Co 和 ^{137}Cs）	与 X 射线类似的电磁辐射	可达数兆电子伏	危险，具强穿透力
中子（快、慢、热）	核反应堆/原子堆或加速器［锎（^{252}Cf）和锔（^{248}Cm）］	比质子略重的不带电粒子，除非通过与其穿过的靶物质中的原子核相互作用，否则无法观测到	低于 1eV 至数兆电子伏	非常危险
β 粒子（β⁻-负电子、β⁺-正电子和 EC-电子俘获）	放射性同位素或加速器（^{7}Be）	由中子/质子不平衡的放射性核素的原子核发射，只有直接进入细胞才有效	可达数兆电子伏	可能危险
α 粒子由原子序数＞81 的原子核发射	放射性核素的放射性同位素（^{32}P）	原子核衰变时发射的两个质子和两个中子，因组织穿透深度非常有限，诱变效果有限	$2 \sim 9\text{MeV}$	内照射非常危险
加速器粒子	核反应堆或粒子加速器	快速的、带电的原子或亚原子（如夸克）粒子束，在离子注入及诱变中有应用	600MeV 至 2.75GeV	非常危险

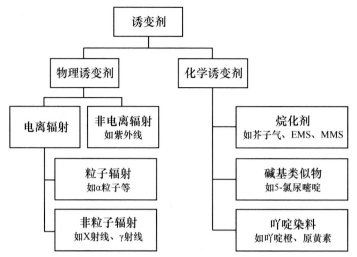

图 1.1　植物诱变常用诱变剂

EMS：甲基磺酸乙酯（ethyl methanesulfonate）；MMS：甲基磺酸甲酯（methyl methanesulfonate）

1.1.1　X 射线

众所周知，X 射线源于核外电子，而非原子核的能量。与 γ 射线和紫外线（ultraviolet，UV）一样，X 射线是以量子形式发射的电磁辐射，它们的差异在于波长。γ 射线和 X 射线波长为 0.001 ～ 10nm，而 UV 为 2000 ～ 3000nm。在 X 射线辐射仪中，电子在高真空中被电场加速，然后通过轰击靶物质如钨、金或钼屏障等而突然停止，进而导致辐射的发射（图 1.2a，图 1.2b）。对于诱发突变，通常优选短波长的硬 X 射线，因为其穿透力大于具有更长波长的软 X 射线。X 射线辐射仪（恒定电位的机器除外）所发射的最短波长与 X 射线管的峰值工作电压（kVp）

图 1.2a　FAO/IAEA 昆虫实验室 RS-2400 自屏蔽 X 射线辐射仪

（美国 RAD Source 科技公司生产）（Mehta and Parker，2011）

相关，峰值工作电压越高，波长越短。在发射产生硬 X 射线时，通常使用特定的滤波器，如 0.5mm 的铝质滤波器，以吸收不需要的软辐射。峰值工作电压和电流、滤波器的厚度和种类、X 射线管与靶物质的距离、剂量和剂量率都会影响结果，因此每次都应该记录下来（Mehta and Parker，2011）。

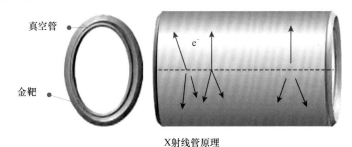

X射线管位于中心，周围是按轨道转动并且可自转的样品筒

图 1.2b　X 射线管的原理和结构

1.1.2　γ 射线

　　一般来说，由原子的不稳定原子核衰变所发射的 γ 射线具有较短的波长，因此每个光子具有比 X 射线更多的能量。与 X 射线形成对比，单能高能 γ 射线通常是从放射性同位素获得的。γ 射线辐射设备可以通过与 X 射线机类似的方式用于急性或半急性辐射。伽马室（γ 室）是诱发植物突变的最常用的辐射装置。截至 2004 年，全世界约有 200 个伽马室在使用（IAEA，2004）。γ 射线源对长时间处理更具显著优势，因为它可以置于可控装置内（图 1.3a，图 1.3b）、温室里（图 1.4a，图 1.4b）或大田中，以便植物在不同时间和不同发育阶段接受辐射处理。

图 1.3a　FAO/IAEA 植物遗传育种实验室
（位于奥地利塞伯斯多夫）的 γ 射线机
［M. 马杰维克（M. Matijevic）供图］

图 1.3b　装载种子样品
［M. 马杰维克（M. Matijevic）供图］

图 1.4a　马来西亚吉隆坡伽马温室外景［L. 扬库洛斯基（L. Jankuloski）供图］

图 1.4b　^{137}Cs 源温室内处理植物的摆放［S. 尼伦（S. Nielen）供图］

同位素钴-60（^{60}Co）和铯-137（^{137}Cs）是 γ 射线的主要来源。除天然放射性同位素外，还可使用回旋加速器产生人造 γ 射线（IAEA，2004）。许多装置都使用 ^{137}Cs，因为其半衰期为 30.17 年，比 ^{60}Co 的半衰期（5.26 年）长得多。需要注意的是，出于安全目的，必须将这两种放射性同位素始终屏蔽在铅容器中。IAEA 于 2016 年出版的安全手册《电离辐射防护和辐射源安全的国际基本安全标准》（*International Safety Standards for Protection Against Ionizing Sources or Basic Safety Standard Handbook*）介绍了安全使用 γ 源的详细信息。

1.1.3　紫外线

紫外线（UV）是一种常用的非电离辐射（如汞杀菌灯释放的 253.7nm 射线），因其经常用于植物突变的诱发，特别是用在花粉粒、细胞和植物组织培养物的诱变中，故本节将对其展开讨论。UV 辐射通常分为三类：UV-A、UV-B 和 UV-C。它们在紫外光谱中的波长范围分别为 UV-A 区 320 ～ 390nm、UV-B 区 280 ～ 320nm、UV-C 区 100 ～ 280nm。

UV 在组织中的穿透深度有限，其用途仅限于处理敏感的材料，通常为单个细胞或单层组织，如孢子、悬浮细胞培养物和花粉粒。然而，随着细胞和组织培养物在植物突变育种中的应用越来越多，UV 作为诱变剂的使用也越来越多，特别是在寻找单个突变基因时（参见第 8 章）。单色（或接近单色）的 UV-C 对光合作用、暗呼吸和蒸腾作用都有明确的生物学效应（Castronuovo et al.，2014），因此可以使用它对实验结果进行定量评估。

对 UV 的早期研究集中在 DNA 损伤、DNA 修复和花粉辐射上。以 UV 对玉米花粉的辐射研究为例，经 UV 辐射处理后转座因子（transposable element，TE）被重新激活，从而发生间接基因突变（Jardim et al.，2015）。紫外线仪的介绍和用 UV 处理植物材料的步骤参见 Mba 等（2012，2013）的论文。UV-B 对包括质体结构（主要是类囊体膜）在内的植物细胞的表面或近表面区域都具有强烈的损伤效应，进而对光合作用产生很大影响（Kovacs and Keresztes，2002）。

1.1.4　α 粒子

α 粒子在结构上与氦原子的原子核等同，是从原子序数大于 82 的放射性核素（如镭和钍）中发射出来的（L'Annunziata，2016）。食入或吸入 α 粒子对人体具有潜在的健康危害。但 α 粒子的组织穿透力低，如仅能穿过表皮，这使它们在诱发植物突变中的效率很低（van Harten，1998）。

1.1.5　β 粒子

β 粒子在放射性衰变过程中从原子核发射出去（L'Annunziata，2016），能有效诱发突变。尽管 β 粒子比 X 射线或 γ 射线的穿透力低，但 β 粒子（如来自 ^{3}H、^{32}P 和 ^{35}S 的 β 粒子）在靶组织中产生的效果类似于 X 射线或 γ 射线。β 粒子穿透力低的难题可以通过将放射性同位素放入溶液处理目标植物材料加以解决。如此，^{32}P 或 ^{35}S 可直接掺入细胞核中并诱发突变，如在水稻和棉花中观察到的那样（Mba et al.，2012）。由于组织间及细胞间的差异性，很难确定内部 β 粒子的确切剂量，因此其在突变育种中的使用受到了限制。Kharkwal 等（2004）报道了一个使用 ^{32}P 溶液诱发水稻种子突变的成功例子。

1.1.6　加速器粒子

Amaldi（2000）列出了全球约 1.5 万种不同类型的粒子加速器，如科克罗夫特-沃尔顿（Cockroft-Walton）加速器和范德格鲁夫（Van de Gruff）加速器、电子感应加速器、回旋加速器、同步回旋加速器、同步加速器和直线加速器。通常，它们用于加速质子、氚核和电子。粒子加速器产生荷能离子束和电子束，它们具有包括诱发植物突变等各种用途。近来，利用聚焦离子束的粒子诱发 X 射线发射（particle induced X-ray emission，micro-PIXE）已被应用于植物突变研究（参见下文"离子束辐射"有关章节）。

1.1.7　中子

据 Byrne（2013）研究报道，Pauli（1930）首次提出原子核内存在中子，为了更好地理解原子核内相互关系，除了质子和电子，还应该有中性粒子，他将其称为"中子"。中子仅在原子核内是稳定的，一旦离开原子核，中子就会衰变，平均寿命约为 15min，衰变同时释放出各种动能。表 1.2 呈现的是按照释放能量的大小划分的不同中子种类。超热中子（0.4 ～ 100eV）和快中子（200keV 至 10MeV）是目前最常用于植物突变诱发的种类。

表 1.2　根据释放的能量对中子进行的分类（L'Annunziata，2016）

冷中子	＜ 0.003eV
慢（热）中子	0.003 ～ 0.4eV
慢（超热）中子	0.4 ～ 100eV
中能中子	100 ～ 200keV
快中子	200keV 至 10MeV
高能（相对论性）中子	＞ 10MeV

放射性核素锎-252（^{252}Cf）是目前最常用的自发中子源（Karelin et al.，1997）。研究证明中子对植物突变诱发非常有效。即使如此，由于缺乏适当的剂量学技术，在各种反应堆设施之间缺乏统一的剂量学测定方法，以及报告所用中子剂量和中子能谱的程序纷杂，阻碍了中子的实际使用，因此早期的中子实验结果存在一定程度的混乱。但是在过去的几十年里该情况已大大改善，已有推荐的程序，如 IAEA（1972）的技术报告《种子的中子辐射》（*Neutron Irradiation of Seeds*），可以使用中子来诱发突变。

1.1.8　离子束辐射和离子束注入

日本科学家利用离子束辐射在不损伤其他植物组织的情况下诱导烟草胚胎在受精过程中产生突变，证明了离子束辐射诱发突变的有效性，从而引发了该技术在日本的广泛应用（Abe et al.，2007）。

离子束注入是一种将原子注入表层的方法，主要用于工业，也可以应用于植物组织。实践证明，它是一种诱发突变的有效工具。Shu 等（2012）编写的《植物突变育种和生物技术》一书引用 Feng 和 Yu 的报道指出，离子束处理对植物的影响最早是在 20 世纪 80 年代后期由 Ziegler 和 Manoyan（1988）揭示的。Ziegler 和 Manoyan 全面描述了离子束处理的过程及其产生的效应。研究结果表明，该方法具有损伤率低、突变率高和突变谱更广、更新颖等显著优点。研究人员用这种方法选育出了许多产量高、抗病性广、生育期短且籽粒品质优异的水稻突变新品系；还培育出若干棉花、小麦以及其他农作物的突变新品系（Zengquan et al.，2003；Shu et al.，2012）。

1.1.9　宇宙射线辐射

根据 L'Annunziata（2016）的报道，宇宙射线是维克托·赫斯（Victor Hess）在 1911～1913 年发现的。这些不断地撞击大气层顶部的所谓"大气簇射"由太空中各种碰撞产生的大量亚原子粒子流和电磁辐射组成。

宇宙辐射已经在植物生物学和突变诱导中得到了广泛的研究。例如，玉米种子经空间搭载后，观察到了包括叶片的白黄色条纹、植株矮化、叶鞘或幼苗颜色变化在内的体细胞突变。中国科学家利用空间搭载诱变处理水稻、小麦、棉花、油菜、芝麻、辣椒、番茄和苜蓿等的种子后，育成并审定了约 66 个突变新品种（Liu et al.，2009），这些成果促进了地面模拟空间诱变因素新技术和新方法的建立。

1.1.10　激光束辐射

近年来，几个研究小组研究了激光束在辐射诱发突变中的效率。在激光束引起的细胞、细胞器和基因组变化方面有一些有意思的发现。Rybianski（2000）证明波长为 632.8nm 且功率密度为 1mW/cm 的氦氖激光（He-Ne）能够有效诱发大麦表型突变，一些突变体表现出如高产等优良农艺性状。

1.2　放射生物学

1.2.1　电离辐射的吸收

如前所述，辐射的类型很多，但最常见的两类是电磁辐射和电离辐射。电磁辐射即为光子波。电离辐射是指放射性粒子，如 α 粒子、β 粒子；但也包括一些电磁波，如 X 射线、γ 射线，这些电磁波具有足够的能量可将电子与原子分离并产生离子，因此被称为"电离辐射"。从电离辐射吸收的能量，能诱发植物在分子水平上的变化，即 DNA 或酶等大分子，甚至 ATP 和辅酶等一些小分子的改变（Harrison，2013）。辐射效应涉及两个机制：一是直接的物理作用，表现为分子损伤；二是间接的化学反应，源自电离水分子产生的高活性自由基的作用（Lagoda et al.，2012）。辐射过程涉及物理、物理化学、化学和生物化学以及生物效应，所以电离辐射会影响植物的生长和发育，能观察到改变的严重程度取决于多种因素，包括物种、基因型、发育时期、生理和形态，以及植物基因组的大小和结构（Lagoda，2009）。

由 X 射线、γ 射线和 β 粒子引起的电离事件是沿着电离单元径迹稀疏发生的。当电离粒子由原子核、α 射线或由快中子击出的反冲核组成时，电离事件相对密集。每种辐射的特征在于其电离密度，以传能线密度（linear energy transfer，LET）表示，即沿着电离粒子的径迹每单位长度释放的能量。γ 射线和 X 射线属低 LET 辐射，α 射线和快中子是高 LET 辐射类。De Micco 等（2011）就辐射对植物的不同影响进行了全面综述，重点是遗传变化、生长和生殖的改变以及生化途径尤其是光合作用的变化。

1.2.2　电离辐射的化学效应

物理诱变剂诱发的突变是由活细胞中的化学作用引起的。在电离过程中，会产生自由基阳离子和自由电子。在穿过生物系统过程中，电子被困于极性环境中，不稳定的且具有反应活性的自由基离子可能与其他分子发生反应或产生内部重排。在水溶液中，自由电子可以使几个水分子极化，成为一个"水合电子"（e_{aq}^-）。溶液中产生的自由基最终会彼此重组形成稳定的产物。自由基有几种定义，Halliwell 和 Gutteridge（2015）在对自由基的综述中提出了一个简单的定义，即自由基是任何能够独立存在且含有一个或多个不成对电子的活性物质，例如，H· 和 O₂⁻中的上标点用来表示自由基。自由基可以通过分子失去一个电子而形成，从而留下一个不成对电子和一个正电荷，如下所示。

$$X - e^- \longrightarrow X^{\cdot +} （自由基阳离子） \tag{1-1}$$

或者，自由基通过分子获得一个电子而形成：

$$Y + e^- \longrightarrow Y^{\cdot -} （自由基阴离子） \tag{1-2}$$

如果共价键断裂，在每个原子的成键电子对中留下一个电子，也能形成自由基，这一过程称为"均裂"（Halliwell and Gutteridge，2015）。若存在分子氧（双自由基），则它很容易与辐射诱导产生的自由基反应，形成过氧自由基。固态条件下，分子运动受到限制，辐射诱导产生的自由基是稳定的，含水量低的植物种子就是这种情况。种子等辐射靶材料的水分含量越高，相应的损伤越大。

1.2.3　电离辐射的致死效应：DNA 损伤和修复

电离辐射对细胞的致死作用通常以细胞分裂能力的丧失，即丧失有丝分裂活性来衡量。有些研究得到的间接证据表明，细胞致死是染色体畸变的结果。20 世纪 20 年代，Muller 和 Staedler 首次证明了在活细胞上使用诱变剂（如 X 射线）会导致表型突变。这些观察结果很快与 20 世纪 50 年代提出的 DNA 分子结构相关联，认为是 DNA 受损的结果。随后的研究表明，经过照射，处于分裂期的细胞在分裂后期或微核期能检测到染色体畸变，而处于非分裂期的细胞在照射后也会发生死亡现象，称为"间期死亡"，但其所需的辐射剂量比生殖细胞尤其是正在减数分裂的细胞更大。DNA 损伤可大致分为三种类型：碱基错配、双链断裂和碱基的化学修饰。

当比较 γ 射线和快中子的效应时，发现快中子处理具有更大的生物学效应，也称为相对生物效应（relative biological effectiveness，RBE）。一些研究表明，RBE 是传能线密度（LET）的函数。后来人们普遍认识到，通常所有在辐射后恢复或显示出 DNA 损伤的生物体，还具有一系列保守的生化活性，负责将 DNA 恢复到其未受损状态，这称为"DNA 修复"（Croteau and Bohr，2013）。DNA 修复研究通常集中在化学损伤上，但是植物遗传学家对另外两种 DNA 损伤的修复途径更感兴趣，并且进行了深入研究。在细菌和动物细胞中，已知这种修复高效并且快速，在高等植物中也有类似的发现（Gill et al.，2015）。然而，有意思的是，有一小部分断裂并未得到修复。快中子辐射后未修复的断裂比例显著高于 γ 射线辐射后的（Lagoda et al.，2012；Croteau and Bohr，2013），原因之一可能是快中子辐射后的高电离密度会导致局部更广泛或"团簇"的损伤，因此更难以修复。

1.3 剂 量 测 定

辐射剂量学涉及靶材料吸收剂量的定量测定方法及其物理诠释。吸收剂量指由于辐射与物质相互作用而沉积在单位质量物质中的能量。20世纪70年代初期，在IAEA和世界卫生组织（World Health Organization，WHO）共同组织的专题研讨会上，对一些经典的测量系统进行了充分的评估和介绍，并定期重新审查，结果由IAEA在一系列技术报告中发布（IAEA，1973）。从那时起，由于各种辐射源的发展，这些辐射的大量使用和实际应用以及预期的结果、剂量测定得到了实质性发展。

1.3.1 照射量及其剂量确定

在许多实际情况下，吸收剂量不是直接测量的，而是通过测量电离辐射在空气中产生的离子数量而计算得出的。这种测量是在电离室中进行的，以这种方式测量的量称为"照射量"。照射量以"X"表示，并由国际辐射单位和测量委员会（ICRU，1998）定义为"在标准条件下，即当光子释放的所有二次电子被完全阻止在相应的空气中时，在干燥空气中由X射线或γ射线辐射所产生的电荷ΔQ（带正号或负号）除以空气质量Δm而得到的商"。

$$X = \frac{\Delta Q}{\Delta m} \tag{1-3}$$

式中，照射量的国际制单位为C/kg（库仑每千克）。

另一个重要指标是照射量率，它表示照射量随时间的变化。照射量率$\dot{X}$定义为

$$\dot{X} = \frac{\Delta X}{D \cdot \Delta t} \tag{1-4}$$

式中，照射量率常用的单位是C/(kg·s)（库仑每千克每秒），D表示电离辐射的吸收剂量（Gy）。

空气中的照射量率$\dot{X}$，与距点状放射源的距离的平方r^2成反比，与点源的放射性活度Δt成正比。

$$\dot{X} = \frac{\Gamma \cdot \Delta t}{r^2} \tag{1-5}$$

式中，Γ是距点源1m处的γ射线照射量率常数，不同放射性核素的Γ不同（ICRU，1998；Adlienė and Adlytė，2017）。

1.3.2 辐射靶的吸收剂量

在定量辐射生物学中，人们期望将观察到的生物学效应与有明确定义且易于

测量的物理量相关联，该物理量要能表征与该生物学效应关系的辐射量。普遍认为"辐射吸收剂量或拉德（rad）"最能满足这一需求。因此，用剂量-效应关系来描述生物靶的辐射效应是普遍且方便的方法。任何电离辐射的吸收剂量（简称剂量 D）是指在关注点处单位质量被辐射物质所吸收的能量值。1925 年，在伦敦举行的第一届国际放射学大会上，国际辐射单位和测量委员会（International Commission on Radiation Units and Measurements，ICRU）成立。该委员会定期发布报告，并提供有关各种类型辐射的剂量学最新信息（ICRU，1998）。根据 Podgorsak（2005）的报告，吸收剂量相当于 ΔE_{ab} 除 Δm 所得的商，其中 ΔE_{ab} 是电离辐射给予质量为 Δm 的靶物质的平均吸收能量。

$$D = \frac{\Delta E_{ab}}{\Delta m} \tag{1-6}$$

拉德（rad）已不再用作吸收剂量的单位，目前吸收剂量的国际制单位是戈瑞（Gy），1 戈瑞相当于 1 焦耳每千克（1Gy=1J/kg），1Gy=100rad。

应该注意的是，尽管吸收剂量的概念与任何特定的靶材料无关，但是在完全相同的条件下对两种不同的靶材料进行照射，得到的两种靶材料的吸收剂量往往不同。这是因为两种靶材料的吸收系数不同。

Podgorsak（2005）将剂量计定义为"任何能够量取电离辐射沉积在敏感体积中的平均吸收剂量并提供读数的设备"。剂量计通常由充满了给定介质的敏感体积组成，该给定介质位于另一种介质的容器中以确保准确性。剂量计和相关的读取器通常称为"剂量计系统"。

在全面审查了现有的各种应用于放射生物学和突变育种的剂量测定系统之后，正如 Legrand 等（2012）所述，剂量测定系统的一些要求以及高效诱发植物突变所需的实际步骤已经建立，并且育种家多年来一直在很大程度上遵循着这些要求及步骤。这些研究也认可了 Draganić 和 Gupta（1973）的工作，他们明确指出，任何剂量测定系统都必须满足如下标准，才能作为吸收剂量的量度。

1）化学变化的量应与吸收的剂量成线性比例，或者至少，相应剂量的计算必须简单。

2）辐射过程中的任何副作用，即辐射分解产物的积累，不应干扰吸收剂量的计算，且吸收剂量的计算必须保持简单。

3）在辐射 LET 值、剂量率和温度的大范围内，化学变化量必须是独立的；若非如此，则必须有确定的方法来整合这些因子。

4）化学剂量计要求使用化学纯物质，在用于剂量计之前不需要任何额外的纯化。样品应允许在实验室条件下进行正常处理。

5）应使用一种既准确又简单的方法来测定作为能量吸收剂量量度的化学变化。

1.3.3 剂量计

植物突变育种计划的一个主要目标是获得最高的诱变效率，即在保持植物的存活能力和低背景突变率的同时使所需突变达到最大数量。因此，植物育种家必须评估最适合的诱变剂剂量，因为剂量过大或过小所产生的损伤可能会在人力、时间、大田面积及去除不需要的背景突变所需的杂交/回交世代等方面产生额外的费用。这些考量导致需对剂量测定仔细分析研究，要对诱变剂的用量以及目标植物材料接受的诱变剂数量进行实际测量。Brunner 于 1995 年提出了一套在诱变剂水平和植物本身水平上都应该考虑的步骤（表 1.3）。

表 1.3　突变育种试验中作物剂量评估的步骤（Brunner，1995）

A. 辐射源特性

　　高或低 LET 辐射

　　能量分布

　　被其他辐射污染的程度

　　剂量梯度、剂量均一性要求

　　监测辐射剂量和剂量率的方法：

　　　　物理→电离室、阈值检测器等

　　　　化学→离子（化学）产率的测定，如 Fricke 剂量计

　　　　生物→与未辐射对照相比，确定主要损伤指数，如幼苗高度、上胚轴长度

B. 生物靶特性

种子	完整植株
花粉粒	营养器官
配子体和合子	培养的细胞或组织
辐射敏感性标准	
生物因素、环境因素等	

C. 剂量效应预测

　　主要损伤的早期评估标准，如第 1 片叶的幼苗高度、上胚轴长度等，以及它们与 M_2 突变频率的相关性，例如：通常指与叶绿素指标突变的相关性

不同剂量测定系统用于工业和研究辐射设施的目的不尽相同。它们对剂量测定有不同的要求。辐射安全标准和涉及人类辐射防护的问题都有其相应的剂量计量学（Adlienė and Adlytė，2017）。下面简要介绍一些在突变诱导中常用的剂量计。

1.3.3.1　Fricke 剂量计

Fricke 剂量计是一种含有亚铁离子（Fe^{2+}）的水溶液，在电离辐射下，Fe^{2+} 与

吸收剂量成比例地被氧化成三价铁离子（Fe^{3+}）（Fricke and Hart，1966）。Fricke 或硫酸亚铁剂量计是测量 γ 辐射剂量非常有用的化学系统。经过一些改进，也可用于中子及 γ 和中子混合场，但精度有所降低。当需要进行两次独立的剂量测量时，建议同时使用电离室和 Fricke 剂量计（Boudou et al.，2004）。

用于测量 γ 射线剂量的标准 Fricke 溶液包括以下几种。

硫酸亚铁铵：$Fe(NH_4)_2(SO_4)_2·6H_2O$　　　　浓度为 10^{-3}mol/L

氯化钠：NaCl　　　　　　　　　　　　　　　浓度为 10^{-3}mol/L

硫酸：H_2SO_4　　　　　　　　　　　　　　浓度为 0.4mol/L 的水溶液

标准的 Fricke 剂量计可测量 40 ～ 400Gy 剂量的 γ 辐射，剂量率最高可达到 10^6Gy/s（deAlmeida et al.，2014）。由于它提供了准确而直接的剂量测定，因此可用于电离室等其他系统的校准。但是在这种情况下，必须考虑 G 因子，该因子可测量辐射化学产额，并可能随辐射类型变化（Klassen et al.，1999）。

1.3.3.2　FeCu 剂量计（硫酸亚铁-硫酸铜剂量计）

如上所述，Fricke 剂量计适用于 40 ～ 400Gy 的剂量范围。对于更高剂量，系统会进入饱和状态。通过调整溶液，可以将测量范围提高到更高剂量。提高 Fe^{2+} 的浓度可使饱和效应增至 1.5kGy；添加 Cu^{2+} 可使剂量测量达到 25kGy。它主要用于 γ 和快中子混合场中的 γ 射线和快中子剂量需要分别确定的情况（Haninger and Henniger，2016）。

溶液组成如下。

硫酸亚铁：$FeSO_4$　　　　　10^{-3}mol/L

硫酸铜：$CuSO_4$　　　　　　10^{-2}mol/L

硫酸：H_2SO_4　　　　　　　$5×10^{-3}$mol/L

据报道，^{60}Co 和中子的 G 因子值如下（deAlmeida et al.，2014）：^{60}Co 辐射的 G 因子值 G(FeCu)=0.66，裂变中子的 G 因子值 G(FeCu)=2。

1.3.3.3　Fricke 凝胶剂量计

即使上述化学剂量计已被常规使用，但用户仍然发现了一些局限性，例如，辐射后空气的稳定性，同时也因为它们大多是一维和二维测量装置，因此，三维（three dimension，3D）辐射测量装置的开发引起了人们的兴趣。3D 剂量学中最有发展希望的是添加聚合物和凝胶，然后通过磁共振成像对其进行测量。该领域的最初发展是通过给 Fricke 凝胶溶液注入凝胶进行的（Schreiner，2004）。

1.3.3.4　中子剂量学

中子与光子一样，是间接电离的，因此所使用的剂量测定方法大体类似。但是根据辐射靶的不同，如活体组织或物理材料，会有很大的差异。使用电离室的难点是要找到一种尽可能接近目标组织的体模材料。常用的体模材料是水，采用ICRU（1993）的建议进行计算。

1.3.3.5　人体剂量学

已经证明 X 射线、γ 射线、中子和电子束在医学、生物学、工业等方面的应用具有很大的效益。但是，这些应用也意味着所涉及的操作人员可能会遭受大量急性或反复照射。IAEA 关于辐射防护的最新建议载于《基本安全标准》系列（IAEA，2010，2014，2016）。这些标准是基于辐射效应的知识以及国际辐射防护委员会推荐的辐射防护既定原则。

外照射辐射场照射或不同放射性核素摄入等不同情况，可能造成工作人员剂量累积的程度不同，用于评估个人职业生涯辐射剂量所使用的方法也不同。ICRU（1993）定义了评估工作人员所受辐射照射情况的几个单位。其中，剂量当量（H），是器官或组织在某一点处吸收的剂量乘以与辐射类型相关的权重或品质因数（Q）。每种辐射，包括 α 粒子、电子、光子或中子，其 Q 值均已预先确定。剂量当量的单位是希沃特（sievert，Sv），即 1kg 人体组织中沉积 1J 的能量（Adlienė and Adlytė，2017）。

Moiseenko 等（2016）在评估 1986 年切尔诺贝利灾难 30 年后辐射对工作人员和普通人群影响的研究中，强调了可靠和有效评估生物剂量测定方法的主要要求。

1）检测阈值低。

2）人员个体间剂量反应差异低。

3）能够在实验室条件下（如体外）获得校准曲线。

4）生物学效应稳定，因此可以在照射后数年或数十年等长时间段内重建剂量。

作者主要提到对 IAEA（2011）建立的不同类型生物剂量测定方法的评估。

1.4　植物材料与处理方法

植物的所有部位都可以选用这样或那样的方法进行辐射处理，只是某些部位比其他部位更容易些。除了常用的种子和花粉，整株植物、插条、块茎、球茎、鳞茎、匍匐茎和器官组织或体外培养的细胞等也都可以用来进行辐射处理。

植物各个部位的辐射敏感性差异很大。确定类型的细胞对辐射的反应取决于细胞在辐射时的生理条件以及辐射前后的条件。研究人员需要全面了解生物体以及明确实验目的，才能确定最适合辐射处理的植物部位或生长发育阶段。

1.4.1 目标植物材料

1.4.1.1 植株

大型植物经常在 γ 射线圃、γ 射线温室或 γ 室中进行辐射。另外，幼苗或小植株很容易用大多数 X 射线机、温室或屏蔽室中的 γ 射线源照射。如今，考虑到与环境和人类健康相关问题的限制，使用（开放）γ 射线圃的情况大大减少，而越来越多地使用其他封闭性更好的处理方法，并且已经证明这些方法对植物育种，至少是对有性繁殖植物而言，更经济。

1.4.1.2 种子

种子是许多诱变试验和突变育种实践中首选的辐射靶材料。种子可以放在许多物理环境中进行辐射，在处理前可以对它们进行干燥、浸泡、加热或冷冻处理。种子可以在气密、真空和冷藏条件下长时间储存。干燥时的种子在生物学上几乎是惰性的（静止的），因此是最容易处理的，并可长距离运输。然而，与其他植物材料相比，种子需要更大的辐射剂量才能产生足够的遗传突变。另外，辐射前浸泡种子可以降低所需的剂量水平，但由于浸种会促使发芽，也可能因此引入一些复杂的影响因素。

1.4.1.3 花粉

相对于辐射处理种子或生长中的植物，花粉辐射的一大优点是很少产生嵌合体，不管采用哪种诱变方式辐射处理花粉后，未经辐射的卵细胞用辐射后的花粉授粉，受精后产生的 M_1 植株都是完全纯合的（参见第 8 章 8.1.2）。花粉辐射的缺点是某些物种难以获得足够的诱变材料，且许多物种的花粉粒存活时间较短。然而，通过使用适当的技术，一些物种的花粉可以存活数月（或数年，如油棕等具有双核花粉的物种），并且可以用于种质保存。大多数天然异花授粉的植物可以获得大量的花粉，例如，一株玉米植株可以产生 1400 万～ 5000 万个花粉粒。通常认为花粉粒是紫外线照射处理最适合的植物材料。

1.4.1.4 分生组织

辐射种子本质上是对胚胎分生组织的处理。胚胎分生组织的解剖结构和模式对于种子（及其他植物材料）的诱变处理至关重要，因为它决定了突变细胞在分化过程中是会丢失，还是会产生足够多的细胞后代，在包括生殖细胞在内的大部分植物体中都能被找到。

对于大多数无性繁殖作物（vegetatively propagated crop，VPC），种子不可用作辐射材料，因此需要植物的其他部分作为诱变靶。分生组织的结构和分化组织分化形成的新分生组织的发育，在研究无性繁殖作物辐射诱发的突变时尤为重要。在大多数情况下，新芽起源于某个组织的单个表皮细胞，这可能直接导致产生同质突变植物，其遗传学机制需要进一步研究。更多有关信息参见第 4 章、第 6 章和第 8 章。

1.4.1.5　植物细胞和离体组织培养物

使用培养中的植物细胞和组织作为辐射材料为作物突变育种提供了一种全新的方式。植物离体微繁方法始于 20 世纪 60 年代初，迅速成为科学家研究植物诱发突变的有力工具，特别是在无性繁殖作物中。植物器官、组织和细胞培养为以下研究和应用提供了方法。

1）M$_0$ 目标植物的快速大量繁殖。

2）任何突变群体的快速大量繁殖。

3）分析与诱变相关的形态和生理变化的全面而简单的方法。

4）分离嵌合体的简便快捷方法。

5）离体诱变。

6）离体筛选。

1.4.2　辐射处理和条件

关于辐射处理有几个实验变量需要考虑。

1.4.2.1　辐射剂量和剂量率

在确定剂量下进行辐射处理，使用的剂量率通常在定性和定量上对获得的结果产生显著影响。因此，应仔细选择剂量率并在所有实验中记录下来。对于大多数物种（辐射靶），推荐的处理剂量可从文献（表 1.4）中获得。执行时，在同一作物的每种特定条件下，可以采用一些风险预防措施，例如，使用给定值 X，外加上下浮动 20% 的两个附加值 $X\pm20\%$。

表 1.4　不同作物种类的 γ 射线辐射敏感性（Brunner，1995）

属或科（常用名）	种	GR50* γ 剂量范围/Gy	典型 γ 剂量/Gy
禾本科			
燕麦	*Avena sativa*	300 ～ 450	100 ～ 250
大麦	*Hordeum vulgare*	300 ～ 450	100 ～ 250
粳稻	*Oryza sativa* subsp. *japonica*	250 ～ 400	100 ～ 280
籼稻	*Oryza sativa* subsp. *indica*	350 ～ 500	150 ～ 350
光稃稻	*Oryza glaberrima*	300 ～ 400	150 ～ 300

属或科（常用名）	种	GR50* γ 剂量范围/Gy	典型 γ 剂量/Gy
普通小麦	*Triticum aestivum*	200 ～ 300	150 ～ 250
硬粒小麦	*Triticum durum*	200 ～ 300	150 ～ 300
豆科			
花生	*Arachis hypogaea*	300 ～ 450	100 ～ 350
木豆	*Cajanus cajan*	150 ～ 240	80 ～ 150
鹰嘴豆	*Cicer arietinum*	180 ～ 300	100 ～ 200
蓼科			
荞麦	*Fagopyrum esculentum*	300 ～ 500	150 ～ 300
十字花科			
白芥	*Sinapis alba*	900 ～ 1500	500 ～ 1000
白菜型油菜	*Brassica campestris* var. *oleifera*	800 ～ 1600	500 ～ 1000
芥菜型油菜	*Brassica juncea*	1600 ～ 2000	1000 ～ 1500
茄科			
辣椒	*Capsicum annuum*	250 ～ 500	100 ～ 350
番茄	*Lycopersicon esculentum*	450 ～ 600	200 ～ 400
百合科			
洋葱	*Allium cepa*	160 ～ 280	80 ～ 180
胡蒜	*Allium scorodoprasum*	200 ～ 250	80 ～ 140
芦笋	*Asparagus officinalis*	300 ～ 400	150 ～ 250
伞形科			
胡萝卜	*Daucus carota*	550 ～ 700	250 ～ 400
藜科			
菠菜	*Spinacia oleracea*	300 ～ 500	150 ～ 300
藜麦	*Chenopodium quinoa*	300 ～ 500	150 ～ 300
锦葵科			
树棉	*Gossypium arboreum*	140 ～ 250	80 ～ 150
陆地棉	*Gossypium hirsutum*	300 ～ 500	150 ～ 300
秋葵	*Hibiscus esculentus*	600 ～ 850	300 ～ 500
菊科			
向日葵	*Helianthus annuus*	250 ～ 500	100 ～ 300
红花	*Carthamus tinctorius*	600 ～ 700	200 ～ 450
小葵子	*Guizotia abyssinica*	200 ～ 260	80 ～ 160

续表

属或科（常用名）	种	GR50* γ 剂量范围/Gy	典型 γ 剂量/Gy
椴树科			
黄麻（二倍体）	*Corchorus olitorius* 2n	700 ～ 850	300 ～ 550
黄麻（四倍体）	*Corchorus olitorius* 4n	550 ～ 700	250 ～ 450
葫芦科			
笋瓜	*Cucurbita maxima*	500 ～ 700	250 ～ 450
黄瓜	*Cucumis sativus*	450 ～ 600	200 ～ 400
甜瓜	*Cucumis melo*	350 ～ 500	200 ～ 350
胡麻科			
芝麻	*Sesamum indicum*	700 ～ 900	400 ～ 700
亚麻科			
亚麻	*Linum usitatissimum*	600 ～ 1000	300 ～ 600

* GR50 表示用 ^{60}Co γ 辐射（剂量率为 7 ～ 60Gy/min）照射水分平衡至 12% ～ 14% 的干燥、静态种子后，致幼苗高度（或上胚轴高度）降低 50% 的剂量值。剂量精度：±5%

1.4.2.2 急性与慢性照射

由电离辐射引起的基因组突变频率显示与剂量成正比。所得到的不同结果取决于两种情形：一是诱发产生的突变为一次单击事件，如简单的染色体缺失或删除；二是诱发突变为分布在整个基因组中的几次单击事件导致的点突变。因此，需要权衡是在短时期内高剂量处理还是在较长时间内低剂量处理。据 Kovalchuk 等（2000）报道，他们观察到植物中同源重组（homologous recombination，HR）的频率、土壤样品的放射性和植物吸收的辐射剂量之间有强烈而显著的相关性。

长时间（通常数周、数月或数年）持续的照射被称为"慢性"，几分钟或几小时内的照射被称为"急性"。几乎任何辐射源均可用于急性照射。

急性辐射与慢性辐射的比较通常意味着高剂量率与低剂量率或 γ 发射器的高放射性与低放射性的比较。

用 X 射线和 γ 射线对种子与植株进行急性和慢性照射后，对其生长、存活、繁殖力、产量和突变诱发方面的效应进行了比较研究。结果表明，由于慢性照射在低辐射强度下存在恢复现象，因此种子的急性照射可能在抑制生长、降低存活率和繁殖力方面更有效。

1.4.2.3 重复辐射处理

重复辐射，即在一个或多个已经做过辐射处理的植物材料后续世代中再次进行辐射处理，已经作为一种积累和扩大遗传变异的方法提出并应用于植物育种。采用分次和重复照射分别与离体培养技术相结合的诱变技术策略，以评估它们在观赏植物诱变中的成本效益和适用性。

已知各种物理和化学诱变剂会导致不同类型的突变。Chopra（2005）在几种植物中研究了不同诱变剂组合交替或反复使用的诱变效应,如甲基磺酸乙酯（EMS）或羟胺（hydroxylamine，HA）等不同化学诱变剂间组合使用,或者化学诱变剂与X 射线等物理诱变剂联合使用或交替使用,以及物理诱变剂间如紫外线与 X 射线的组合使用,等等。

1.5 辐射敏感性和影响因子

高等植物细胞对物理和化学诱变剂的反应在不同程度上受到许多生物、环境和化学因素的影响。这些因素改变了诱变剂在高等植物细胞中的有效性和效率。人们对这些影响所涉及的机制知之甚少,但是密切监测这些因素非常重要,因为它们可能会干扰辐射过程。

氧气和水分含量是影响种子辐射的两个最重要的因素。而对于活跃组织,发育阶段、与 DNA 合成的关系及剂量率等因素更为重要。细胞核体积与间期染色体体积等因素对休眠和活跃组织也都很重要。与无性繁殖作物突变育种相关的具体问题将在第 6 章讨论。

本章 1.7 将给出辐射敏感性测试的方法和步骤。此处我们探讨影响种子对电离辐射响应的因素。这些因素可以分为两大类:一是环境因素,如空气（有氧与缺氧）、种子含水量、辐射后储存条件和温度;二是生物因素,如遗传差异、细胞核与间期染色体体积等。

1.5.1 环境因素

1.5.1.1 氧气

氧气是最广为人知的辐射敏感性调节剂之一,在氧气存在情况下辐射的生物学效应通常更大。其他因素,如含水量、温度和辐射后的储存条件等,较为次要。环境因素对于像快中子这类致密型电离辐射没有那么重要。Nairy 等（2014）使用酵母（*Saccharomyces cerivisae*）对氧增强比（oxygen enhancement ratio，OER）及其随辐射剂量的变化进行了全面研究。

γ 辐射损伤的氧增强效应在非常干燥的种子中最大（含水量≤ 3%）。增强的程度因物种不同而不同。一般来说,如果将氧气的影响降至最低,可以获得更高的诱变效率（即与突变频率相关的幼苗损伤和染色体畸变损伤更小）。来自各种实验的数据表明,这一目标可以通过在缺氧条件中（在充满氮气的介质中或部分真空下）或将种子含水量调整到12% ～ 14% 后照射种子来实现。

然而,对于植物育种中的一般诱变突变,控制氧气浓度通常是不切实际的,并且经常容易忽略。此外，在压力下施加的氧气本身可以起到诱变剂的作用。

1.5.1.2　含水量

在包括种子辐射在内的所有突变诱发情况下，含水量都是一个重要且容易调节的因素（van Harten，1998）。测定种子的含水量有多种方法：一是使用烘箱或干燥器系统测定新鲜和脱水种子之间的重量差异；二是使用各种盐的饱和溶液；三是使用甘油水溶液（Forney and Brandl，1992）。

即使水分含量的微小差异也会对最终的生物效应产生非常显著的影响。在正常实验室条件下储存的种子含水量通常在 10.0% ～ 11.5%，而仅仅 0.2% ～ 0.3% 的差异也可能极大地改变某些物种的辐射敏感性。在选择有效的诱变剂量时，这一点应权衡考虑。剂量过低可能不会诱发任何突变，剂量过高可能会导致过度不育或没有存活的植株。不同物种的种子以不同的速率平衡含水量，当在相同的相对湿度下平衡时，不仅含水量不同，而且辐射敏感性也不同（IAEA，1977）。因此，通常认为辐射前干燥是对种子的常规处理。

1.5.1.3　温度

由 X 射线或 γ 射线引起的植物细胞遗传损伤总量可能会受到辐射前、中及后期温度的影响。作为辐射损伤的一个影响因素，温度的作用机制尚不清楚，然而这对植物育种家来说似乎并不重要。研究发现热休克和无氧水化的组合处理对辐射后氧依赖性损伤（按照幼苗损伤和染色体畸变评定）最具保护作用。

1.5.2　生物因素

1.5.2.1　细胞核和间期染色体体积

通常认为细胞核是辐射损伤的主要部位，因此寻找影响不同物种细胞核辐射敏感性的因素似乎是合乎逻辑的。IAEA（1977）在《突变育种手册（第二版）》深入探讨了一个物种的细胞核体积与其辐射敏感性之间的关系。几项研究表明，无论是 DNA 含量、染色体数目，还是染色体臂数，都不是造成辐射敏感性差异的原因（Leonard et al.，1983；Bakri et al.，2005），但是平均间期核体积（interphase nuclear volume，INV）与细胞对辐射的敏感性之间存在关系。结论是，染色体数目越多，抗辐射能力越强，这是因为其他染色体或部分染色体可能补偿了突变效应，对多倍体物种尤其如此（Datta，2014）。染色体的组成、着丝粒的数量和位置以及染色体大小也与辐射敏感性相关（大染色体通常比小染色体对辐射更敏感）。

1.5.2.2　细胞周期

细胞，或更准确地说，细胞核的敏感性取决于细胞周期的长度和细胞分裂（有丝分裂或减数分裂）的阶段。Lagoda 等（2012）就辐射对细胞分裂和植物生长的影响进行了全面而翔实的综述。

与种子等休眠的组织相比，生长迅速、有丝分裂指数高的组织似乎对辐射更敏感。此外，减数分裂机制越复杂，该过程对辐射就越敏感（van Harten，1998；Datta，2014）。

1.5.2.3　遗传

不同基因型对诱变剂的敏感性通常存在差异。野生草鹅观草（*Roegneria* spp.）种子的辐射敏感性研究确认了在种子萌发、幼苗生长、株高和植物存活上存在基因型效应（Luo et al.，2013）。然而，同一个物种内基因型之间的辐射敏感性差异通常远小于不同物种之间的差异。因此，对于希望诱导突变的植物育种家，基因型因素可以忽略不计，常规的辐射敏感性试验就能确定诱发突变的合适剂量。

1.6　辐射前预处理和辐射后处理

1.6.1　预处理

如前一节所述，在准备种子 X 射线和 γ 射线照射时，为了获得最佳诱变效率和可重复性，重要的是植物育种家要确定材料的实际条件。

1.6.2　调整种子含水量

种子含水量是启动辐射诱变要考虑的一个关键因素。因此，在辐射处理前，应使用各种物理和化学技术，使种子达到相关文献中描述的特定物种的标准含水量。其中，使用甘油水溶液是一种简单、损伤较小、稳定可靠的方法（图 1.5）。

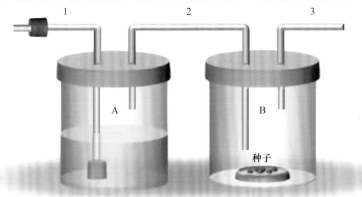

图 1.5　种子含水量调节［改编自 Forney 和 Brandl（1992）］

调节种子含水量的装置称过流室。待加湿的气体（或空气）通过管 1 进入 A 罐中的甘油水溶液。然后，经加湿的气体通过管 2 进入受控环境室（B 罐），并通过管 3 进入大气

1.6.3 辐射后储存

通过照射前适当调节种子的含水量（例如，将小麦、水稻、大麦等小粒谷物的含水量调节至12%～14%），辐射后在18～23℃的温度下储存2～4周，可以避免辐射后的不良储存效应（表1.5）。而经过干燥处理含水量低于14%的种子通常可以储存在冰柜（-20℃或-80℃）中几个月。辐射后的种子在室温下真空储存一至两周，可以延长后续储存时间。含水量超过14%的种子可能无法常温运输，但可以冷冻运输。

表1.5 22℃下储存于不同浓度甘油溶液中的大麦种子含水量

甘油浓度/（%，v/v）	计算的溶液蒸气压/mmHg	相对湿度/%	种子含水量/%	储藏期/d
100	0.0	0.0	8	7
95	3.5	17.6	9	7
85	8.3	41.7	10	4
75	11.4	57.5	11	4
70	12.6	63.5	12	4
65	13.6	68.6	13	4
60	14.5	73.0	14	4

译者注：1mmHg≈0.133kPa

1.7 辐射敏感性检测方案

该方案旨在帮助科学家确定γ辐射的有效剂量，从而在有性繁殖作物中产生诱发突变体。所提供的资料基于FAO/IAEA植物遗传育种实验室（Plant Breeding and Genetics Laboratory，PBGL）制定的方案。

1.7.1 所需设备、用品和设施清单

1）种子。

2）透水袋。

3）回形针或订书机。

4）干燥器。

5）60%甘油-蒸馏水混合物（v/v）。

6）可现场使用或联系方便的γ室设备。

7）标尺（刻度从零开始）或测量板（在一块胶合板上的毫米方格纸，最好密封在透明塑料膜内）。

8）温室或实验室设施。

9）播种盘和加热或蒸汽灭菌的盆栽基质或带滤纸发芽容器、漂白剂、无菌水和吐温 20（Tween 20）。

10）花盆和盆栽基质（如果计划将植物种植到成熟）。

1.7.1.1 种子

种子的数量主要取决于现有关于目标作物基因型的辐射敏感性信息。种子应满足以下条件。

1）遗传上均一。

2）代表性基因型。

3）干燥。

4）静态。如果种子处于休眠状态，任何打破休眠的程序都应在辐射处理前进行。

5）发芽率高。

6）具有透水种皮。如果种皮不透水，则必须去除种皮或对其进行化学或机械改性（划破种皮）。为此，可用砂纸摩擦、用刀划开或用金属锉锉开种皮。

1.7.1.2 包装袋

袋子可用网状材料制成，也可用当地市场上能获得的简易材料制成。袋子的数量和大小取决于种子的数量。袋子的尺寸必须适合 γ 室要求（图 1.3）。

1.7.1.3 装有 60% 甘油水溶液（体积比）的干燥器（真空密封）

干燥器应足够大，能在基座中容纳 1000mL 液体。用 600mL 甘油和 400mL 蒸馏水制备 1000mL 混合物。干燥器内部的相对湿度应约为 73%，可用湿度计进行监测。在装有 1000mL 甘油水溶液的干燥器中可以处理多达 500g 的小粒种子。

1.7.1.4 播种盘

尺寸为 400mm×600mm×120mm 的播种盘可容纳 4 ～ 7 行作物种子（图 1.6）。或者可以使用有分隔的播种盘（市场上可以买到）。播种盘的底部需要有孔以便排水。

图 1.6　水稻（*Oryza sativa*）^{60}Co γ 射线辐射敏感性测试

从左至右，辐射剂量依次为 0Gy、150Gy、200Gy、300Gy、400Gy 和 500Gy。注意，在高剂量（400Gy 和 500Gy）下，幼苗高度下降、种子发芽率降低或死亡。

A. 科迪姆（A. Kodym）供图

1.7.1.5 发芽容器

选择一个足够大的发芽容器（培养皿、透明盒子等），以放置所有种子且不会密度过大。

1.7.2 辐射敏感性测试程序

为确保能成功地重复该实验，应详细记录所使用的材料、处理日期、辐射源、剂量、剂量率、处理条件、生长季节、种子储存和生长条件等。

1.7.2.1 实验设计

1）查阅文献中推荐的剂量或参考 Shu 等（2012）的报道。

2）如果有可靠的数据，请转到本方案的第 4）条。如果目标植物没有可用信息，则要进行预实验。

3）对于预测试，每个剂量使用 20 粒种子，仅一次重复。在较宽的范围内以均匀的间隔选用数个剂量点，例如，0Gy、150Gy、300Gy、450Gy、600Gy，或 0Gy、200Gy、400Gy、600Gy、800Gy。大多数植物的处理剂量将落在 100 ～ 700Gy。

4）对于辐射敏感性测试，每个剂量使用 20 ～ 25 粒种子，重复 3 次（每剂量共 60 ～ 75 粒种子）。如果对照的发芽率较低，可增加每个处理的种子数量以补偿可能的不发芽情况。使用文献中相关作物的适当剂量作为参考，并在较窄的剂量范围内（如 50Gy 或 100Gy 的间隔）将剂量提高或降低 25% ～ 50% 来增加处理数。例如：如果文献中查阅到在 250 ～ 400Gy 幼苗高度降低 50%，则可使用 100Gy、200Gy、300Gy、400Gy、500Gy、600Gy，再加上对照（0Gy）。

5）始终包括相同样本量的对照（未辐射）群体，以判定辐射处理的效果并评估亲本的表型变异。除不进行辐射外，对照的处理方式与待诱变材料相同。

6）确认可提供辐射服务的 γ 设施（参见本章 1.9），并询问其具体要求和程序。与专家讨论所需的剂量和处理的样本量，以确保该设施符合需求。检查运输种子过程中是否需要植物检疫证书和检疫程序。

1.7.2.2 种子预处理和 γ 辐射处理

1）丢弃受损、非典型或染病的种子。

2）数出每个剂量所需的种子数量，然后将其松散地包装在透水袋中。

3）袋上贴上标签，标明物种、品种或基因型、日期和辐射剂量等信息。

4）折叠袋子顶部，然后用回形针或订书钉合上，以免洒落。

5）将种子袋置于干燥器内 60% 甘油水溶液上方的干燥板上，包装袋不应与液体接触。室温条件下，水稻和小麦等小粒谷物的种子至少放置 7 天；对于更大数量和更大粒的豆类或厚种皮的种子，可以延长至 14 天。

6）在临辐射处理之前，将种子从干燥器中取出。如果水分平衡后不能立即进行辐射处理，或者需要将种子运送到辐射地点，则要将种子包装在气密容器或密封的塑料袋中，以保持所需的 12% ～ 14% 的含水量。

7）将水分平衡后的种子袋递交给 γ 室操作员进行辐射。γ 射线源必须由有经验且训练有素的专业人员操作，他们将根据当前的剂量率计算所需的照射时间。

8）接收经过处理的种子，这些种子可以在没有防护措施的情况下进行操作，因为 γ 射线照射不会留下任何放射性。

9）记录当前剂量率、γ 射线源类型和照射时间等信息。

1.7.2.3　辐射后储存

辐射后应尽快播种，以避免辐射后因长时间储存而造成的损伤增加。如果种子需运输或未能立即播种，则最多只能在室温下保存 4 个星期。如需更长的储存时间，将其干燥保存在密封袋或密封小瓶中，置于 –5 ～ 2℃ 避光储存，以最大限度地减少代谢活动。最重要的是选择适合种子材料的储存条件。

1.7.2.4　种植

根据作物的需要或个人喜好，选择以下两种种植技术之一。不建议在此阶段进行大田试验，主要因为田间的生物和非生物胁迫及其他变化的环境条件下，试验更难控制和解释。

1. 平板法

平板法适合豆类、谷类和大粒种子。该技术保证了高效的测量条件，通过目测播种盘，很容易确定剂量的影响（图 1.6）。以下是平板法的实验方案。

1）在温室中将种子播种到装有盆栽基质的播种盘中，保持播种深度一致。

2）根据物种的需求，成排播种。

3）在同一个播种盘中按剂量递增的顺序播种；不同重复播种在不同的播种盘中。

4）维持足够的水分以确保发芽，所有处理的各种环境条件都要保持一致。继而进行数据采集（本章 1.7.2.5）。

2. 培养皿法

培养皿法适合谷物或较小粒的种子以及需要光照才能发芽的种子。真菌污染是应该注意的问题。以下是培养皿法的实验方案。

1）消毒种子，例如，将种子放在 10% 的漂白剂中浸泡 10min，然后用无菌水冲洗 3 次，以除去消毒液。使用 20mL 次氯酸钠［NaClO，含约 5% 活性成分（w/v）]、几滴吐温 20 和 180mL 蒸馏水可制备 200mL 10% 漂白剂。

2）在发芽容器中用无菌水润湿滤纸，用镊子将种子在滤纸上摆成网格状。每个重复使用单独的容器。

3）如果需要避光发芽，则用箔纸包裹容器。

4）将容器密封于塑料袋中，以防止水分流失。

5）当幼苗达到盖子顶部时，除去箔纸并揭起容器的盖子。

6）确保滤纸始终保持湿润，因为发芽受水分吸收的强烈影响。

1.7.2.5　数据采集

采集的数据包括 M_1 和 M_2 群体的发芽率、幼苗高度、存活率、育性和不育性。为了获得最佳结果，所有处理和重复的数据采集都应在同一天进行，以减少偏差。

1. 发芽率

发芽完成后，清点幼苗数量。请注意，与对照相比，在辐射后的种子中可能会观察到发芽延迟现象。所有发芽的种子都要计入发芽种子数，包括已死亡的。当使用平板种植法时，采用幼苗出苗率而不是发芽率。计算每个重复的发芽率或幼苗出苗率（图 1.7）。

$$发芽率 = \frac{发芽种子数}{播种种子数} \times 100\% \tag{1-7}$$

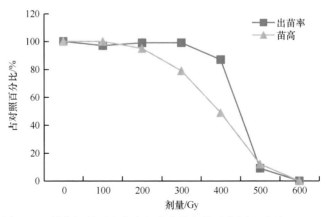

图 1.7　γ 射线辐射后出苗率和苗高数据的示意图（对照=100%）

2. 苗高变化

确定对照植株中第 1 片真叶停止伸展的时间。当对照植株的第 1 片真叶停止生长时，测定对照和辐射材料的幼苗高度。相隔几天进行两次完整的测量，这对之后确定哪天是最佳日期可能会有用。用尺子或测量板收集数据，精确到 mm。

对单子叶植物，苗高的测量范围是从土壤平面到第 1 片或第 2 片叶的顶端。在培养皿方法中，是从根茎结合处而不是从滤纸平面开始测量。在谷类作物中，通常在第 10 ~ 14 天后，当对照幼苗长到 11 ~ 20cm 时进行测量。

确保正确识别第 1 片叶，而非子叶，后者在某些物种中可能与真叶相似。在谷物中，第 1 片真叶是通过胚芽鞘（叶鞘）长出来的。不要测量仅有胚芽鞘发育的幼苗。

对双子叶植物，要区分地表萌发和地下萌发。地表萌发的，子叶在发芽过程中向上生长穿透土壤，如菜豆（*Phaseolus vulgaris*）的萌发；地下萌发的，子叶保持在土壤表面以下，如豌豆（*Pisum sativum*）的萌发。

手动测量双子叶植物幼苗高度时，通过将植株拉直，测量从土壤平面到初生叶顶端或茎尖的高度；或在培养皿中从根茎结合处开始测量。仅在测量和计算中计入初生叶完全发育的植株。对于双子叶中的地表萌发植物，也可以测量子叶附着点与初生叶顶端或茎尖之间的上胚轴高度。该参数将称为上胚轴高度，而非幼苗高度。但是，要确保使用相同的方法测量所有植株并记录下来，参见表 1.6 中的示例。计算每个重复的平均幼苗高度（或上胚轴高度）。

$$平均苗高 = \frac{苗高总和（以 mm 为单位测量）}{测量植株数量} \tag{1-8}$$

3. 存活

计数所有健康的幼苗。记录采集数据的时间和当时的植株发育阶段，通常是在测量幼苗高度的时间。应当注意的是，实际情况下植株可能在发芽开始至成熟之间的任何时间死亡。如果植物生长到完全成熟，最好是在收获时再次对植物存活进行统计，作为成功结实的植株数据。使用以下公式计算每个重复的平均植株存活率。

$$存活率 = \frac{存活幼苗数量}{播种种子数} \times 100\% \tag{1-9}$$

检查叶片是否有可见的斑点或条纹，这是由某些细胞中的色素发育受阻引起的。该现象经常在豆科植物中产生。在可行的情况下，记录叶斑发生的程度，如数量和大小，因为这可能难以量化。

此时，决定一下你是否有时间、设备和需要继续进行后续实验。大多数数据收集工作可以到此为止。如果你正在进行预实验，那么需要在此处停下并进行数据分析（参见本章 1.7.2.6）；如你决定继续进行后续实验，则在确定了发芽和出苗率、幼苗高度和叶斑后，在满足植株所需的生长条件下将它们移栽到花盆中。

表 1.6　某水稻品种 XY 的苗高测量值（mm）和存活的原始数据记录表（每个重复 25 粒种子，共 7 种不同剂量）

编号	对照			100Gy			200Gy			300Gy			400Gy			500Gy			600Gy		
	I	II	III	I	II	III	I	II	III	I	II	III	I	II	III	I	II	III	I	II	III
1	195	230	210	225	210	190	225	180	175	170	150	335	160	90	120		30	60			
2	175	210	195	195	200	210	225	145	200	150	155	170	95	125	110			40			
3	130	245	200	185	230	200	215	170	200	155	160	150	40	115	70			40			
4	165	240	235	210	240	220	210	165	205	185	180	45	130	140	70						
5	200	230	230	125	235	220	190	165	210	100	140	190	100	145	2						
6	115	210	200	190	220	190	175	165	115	125	140	205	145	50	70						
7	225	205	225	215	165	220	220	195	190	175	140	165	120	95	85						
8	200	215	200	235	190	225	210	175	180	165	155	185	105	35	115						
9	190	210	200	215	230	220	240	190	195	190	150	180	100	95	110						
10	240	215	215	200	90	225	240	190	165	155	145	190	70	90	80						
11	195	205	200	190	210	215	220	180	150	155	175	165	95	130	95						
12	170	225	225	220	220	100	240	195	175	95	180	145	80	30	115						
13	200	220	160	240	175	180	240	165	200	195	140	140	100	90	120						
14	200	190	185	220	225	230	220	210	155	165	170	165	150	75	60						
15	215	230	210	220	230	200	260	175	185	195	185	185	90	45	130						
16	120	220	215	215	230	210	165	185	200	160	180	195	110	90	115						
17	170	200	225	225	195	215	190	235	190	185	170	140	85	115	2						
18	140	165	220	225	200	215	175	215	185	170	165	125	15	130	120						
19	120	200	225	215	210	165	195	205	120	140	170	140	130	100	120						
20	180	210	185	190	185	200	175	210	170	160	60	150	90	140	5						
21	130	225	210	175	160	180	155	205	210	175	160	160	130	140	40						
22	195	240	210	165	180	230	165	215	175	165	180	140	115		125						
23	220	230	215	195	220	185	185	200	220	160	185	120									
24	210	225	205	160	215		160	205	210	180	140	140									
25	200	225	210	215					190	155	155	190									

注：灰色单元格中的数据仅用于评估存活率。但未考虑幼苗高度：初生叶未发育，仅测量胚芽鞘。

4. 育性

记录花和穗及花序、果实和种子的数量，以评估种子和果实成熟时的育性。这些参数是根据植株的发育来确定的。计算每个重复的各性状的平均值，此处给出的例子是收获的种子：

$$单株平均结实数 = \frac{收获种子数}{总植株数（包括未结实的植株）} \quad (1\text{-}10)$$

5. M₂ 群体的不育性

根据可用种子数，采用本章 1.7.2.4 "种植"中描述的方法，从收获的种子中选取大约 50 粒发芽，以评估 M₂ 群体的发芽状况。采用下式计算 M₂ 群体的发芽率。

$$M_2 \text{群体的发芽率} = \frac{发芽种子数}{播种种子数} \times 100\% \quad (1\text{-}11)$$

1.7.2.6 数据分析

比较各重复的发芽百分比。若数值在合理范围内，则从 3 个重复中计算出每个处理的平均值。若不是，则要查找异常类型，尝试发现变异可能来自哪里（例如，浇水问题），并严格决定哪些值具有代表性，应选用以作进一步分析。辐射材料的减少或增加效应用辐射材料的平均值占未辐射对照平均值的百分比来表示（表 1.7）。

$$辐射材料占对照百分比 = \frac{辐射处理平均值}{对照处理平均值} \times 100\% \quad (1\text{-}12)$$

表 1.7 某水稻品种 **XY** 的出苗率（未显示原始数据）、存活率和幼苗高度（原始数据见表 1.6）在 7 种不同剂量下 3 次重复（Ⅰ、Ⅱ、Ⅲ）的平均值，以辐射材料占未辐射对照（=**100%**）的百分比（**%**）表示

指标	重复/剂量	对照	100Gy	200Gy	300Gy	400Gy	500Gy	600Gy
	Ⅰ	100	100	100	96	88	12	0
	Ⅱ	100	96	96	100	84	4	0
出苗率/%	Ⅲ	100	96	100	100	88	12	0
	平均值	100	97.3	98.7	98.7	86.7	9.3	0
	占对照的百分比	100	97	99	99	87	9	0
	Ⅰ	100	100	96	96	88	0	0
	Ⅱ	100	96	96	100	84	4	0
存活率/%	Ⅲ	100	92	100	100	88	12	0
	平均值	100	96	97.3	98.7	86.7	5.3	0
	占对照的百分比	100	96	97	99	87	5	0

续表

指标	重复/剂量	对照	100Gy	200Gy	300Gy	400Gy	500Gy	600Gy
幼苗高度/mm	I	180	203	204	161	103	0	0
	II	217	203	189	157	98	30	0
	III	208	202	183	163	98	47	0
	平均值	201.7	202.7	192	160.3	99.7	25.7	0
	占对照的百分比	100	100	95	79	49	12	0

以剂量为 x 轴，辐射值占对照值百分比为 y 轴，将计算出来的值绘制成剂量 – 效应曲线（图 1.7）。对照设为 100%。

对其他参数（幼苗高度、存活率、育性、M_2 代不育性）重复这些步骤。注意，在低剂量下，辐射材料的幼苗高度可能会超过对照值。

比较不同参数的图表可以看到，辐射后发芽率、幼苗高度、存活率、育性，以及可能的代表 M_2 代育性和不育性的参数值均下降，相同剂量下各参数减少的百分比可能不同，但是可以通过组合数据得出总体趋势。

在育种计划中，育性和不育性是非常重要的标准，因为它们将决定 M_2 群体的大小，可用于评估和筛选突变。辐射处理后可能会形成种子，但该种子可能无法正常发芽或发芽后死亡。

在规划后续大田试验时，要记住，由于环境胁迫，田间条件下获得的出苗和存活结果可能与温室试验条件下的结果有很大不同。

1.8 使用 X 射线辐射仪进行种子诱变的标准方案

下面给出的方案适用于小粒谷物，或与其种子大小类似的植物，也可用于其他类型的种子。

1.8.1 种子样品的预处理

1）筛选并决定要处理的特定品种或基因型［最好是育种家新收获的种子或基础种子（原种），以确保纯度］。

2）将新鲜种子从穗轴上清理下来，除去破损、干瘪或过小的种子，必要时进行消毒以清除所有污染物。

3）测试种子活力，即根据不同作物种子的特性（休眠、温度/光照和时间），用小样本（10 ～ 20 粒种子）测定发芽率。如果可能，首选发芽率超过 85% 的种子。

4）对于近交种，最好选择纯合材料；如果有的话，双单倍体（doubled haploid, DH）比较理想。

5）种子应来自具有隔离生长条件的种子繁殖大田试验，以防止异交（最小杂合度）以及与同一物种的其他来源的种子混杂（异质性）。

1.8.2　辐射敏感性测试

1）如有必要，使用 60% 的甘油水溶液（图 1.5）评估和平衡种子的水分，使其含水量达到最适于辐射处理的 12% ～ 14%。

2）每个特定剂量用一个信封装 15 ～ 20 粒种子，剂量梯度范围应在 6 ～ 10 个，具体取决于目标物种的文献报道、生长介质（播种盘、培养皿、花盆或大田）和可用的测试空间。

3）仔细标明每个样品的品种或基因型名称、重复编号、剂量、照射源和日期。请注意，每个处理的种子数和处理数随作物的不同而不同，即与种子的类型、生长条件等有关。在 FAO/IAEA 植物遗传育种实验室，标准程序是设置包括对照（未处理）在内的 6 ～ 7 个处理。

1.8.3　种子的辐射处理

以下是用于诱发突变的两种类型辐射仪（垂直和水平旋转装置）的照射程序说明：RS-2400 Bio-Rad X 射线机（垂直旋转型）、Faxitron 辐射仪和 Hitachi 辐射仪（水平旋转型）（图 1.8）。对于其中任何一种机器，根据种子数量和种植空间大小，可以设置重复 2 ～ 3 次。对于辐射仪这类危险性设备的操作，本节中列出的步骤应由专业的辐射仪操作员执行。

图 1.8　代表性 X 射线机

A. 垂直旋转的 Rad Source RS-2400，显示机器（上部）和样品室，为便于查看，取下了最上方黑色样品筒；B. Faxitron 650（美国 Faxitron Bioptics 公司，位于美国亚利桑那州图森），显示水平旋转托盘，种子样品袋放置在中间；C. Hitachi 标准 MBR-1520R-3 型机器，显示最下方位置样品室，样品室内有供照射的绿色小麦穗。

图片由 A. 穆赫塔尔·阿里·加尼姆（A. Mukhtar Ali Ghanim）提供

1.8.3.1　垂直旋转的 RS-2400 X 射线辐射仪

1）将种子样品放入适当的容器中，根据种子的大小和数量，用大米粒填满剩余空间，然后使用适当的装置固定，确保样品在旋转过程中的稳定性。

2）将装有样品的容器放入样品筒中，并用专用的托架固定容器，用大米将筒填满，以避免旋转过程中出现空隙，并用盖子将样品筒关严。

3）打开机器电源开关，打开照射室的屏蔽窗口，将样品筒依次放到 5 个筒支架中，关闭照射室的屏蔽窗口（图 1.8A）。

4）通过估算实验剂量所需的千瓦数，设置照射时间，然后运行，直到显示器显示为 0kW，关闭机器。

5）打开屏蔽窗，取出并打开每个样品筒。

6）轻轻移除大米填料，并取出样品和适配器。

7）在装有处理过的 M_1 种子及未处理对照样品的种子袋上标记正确信息，准备进入下一实验步骤（实验室、温室或大田）。

1.8.3.2　水平旋转的 Hitachi 和 Faxitron X 射线辐射仪

Hitachi（MBR-1520R-3）和 Faxitron Bioptics（美国亚利桑那州图森）这两种辐射仪的样品装载和旋转都是水平的，辐射源通常是从上到下垂直发射（图 1.8B 和 C）。

1）打开 X 射线机柜（电源按钮），按照制造商的说明运行预热程序。

2）如果不使用预先存储的设置，则通过旋转"kVp Control"按钮设置能量（显示"Tube Voltage"；kVp）。X 射线管的电流（mA）通常是预先设定的。如果使用铝制滤片（通常为 0.5mm）进行过滤，请确保将其放置在 X 射线管下方的滤器支架中，以阻挡软 X 射线，仅留下硬 X 射线。

3）根据计划的剂量率和容纳样品的空间需求选择托盘位置。这些位置依放射源（X 射线管）、样品距离的不同而变化，并可根据剂量率进行调整。

4）将样品放在选定位置标记区域内的样品盘上，以确保按照设定进行照射。确认位于样品盘下方的样品盘的旋转操作已正确打开。

5）将计时器设置（时间设置；分钟和秒）调节为所需的照射持续时间。该照射持续时间可按以下公式计算：

$$时间（\min）=\frac{剂量（Gy）}{剂量率（Gy/\min）} \qquad (1-13)$$

6）正确关闭 X 射线机柜，开始照射过程。"X-ray on"指示灯自动打开，并且开始倒计时。辐射完成后，机器将自动关闭。

7）在种子袋上标记正确的信息：日期、照射剂量和持续时间、操作员姓名等。

1.8.4　辐射后处理和操作

这些步骤与之前描述的 γ 射线照射步骤相同（本章 1.7）。

1.8.5　物理诱变剂的应用实例

以大麦（*Hordeum vulgare*）诱变育种为例，用品种 'UNALM96' 为诱变材料（Gómez-Pando et al.，2009），诱变材料来自秘鲁利马拉莫利纳国立农业大学谷物研究项目和当地粮食研究项目（图 1.9）。

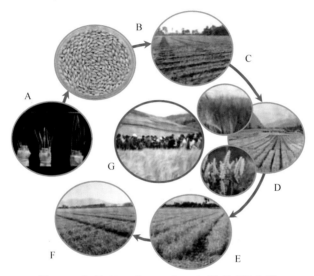

图 1.9　大麦（*Hordeum vulgare*）诱变育种步骤

A. 1997 年，进行辐射敏感性预试验，以确定半致死剂量（50 percent lethality dose，LD_{50}）并选择最有效的剂量；B. 同年，对两批 250g 大麦品种 'UNALM96' M_0 种子用 γ 射线设备给予 200Gy 和 300Gy 剂量照射；C. 1998 年，M_1 种子与未经辐射的对照种子一起在大田播种，并生长至成熟；D. 1999 年，来自单个穗子的 M_2 种子种植在大田中，观察是否有突变迹象，异常类型包括白化、翠绿、穗子改变等，仔细记录；E. 2000 年，单株收获所有 M_3 种子并按 M_3 株行播种；F. 2001～2005 年，从 M_4 到 M_8 代，根据农艺性状筛选突变系，在标准农艺条件下在两个地区 [水浇地（海岸）和旱地（高地）] 种植；G. 2006 年，育成大麦突变新品种 'Centenario'，'Centenario' 是从 12 个突变系中优选获得的，其综合农艺性状胜过亲本。图片由 L. 戈麦斯-潘多（L. Gómez-Pando）提供

1.9　FAO/IAEA 植物遗传育种实验室的种子辐射服务

FAO/IAEA 植物遗传育种实验室为成员国提供植物突变诱导辐射服务。申请人必须遵循以下程序。

1）选择高质量的种子。种子应为无病、均一和代表品种、品系、基因型的，且具有高发芽率（90% 或更高）。

2）样品应该装袋并贴上清楚的标签。

3）种子样本的大小应在寄送前确定。

4）如果辐射剂量未知，辐射敏感性试验需要大约 100 粒种子。

5）应签署标准材料转移协议（standard material transfer agreement，SMTA）。

6）种子样品应在寄送前由当地检疫官员检查，并附有植物检疫证书。

7）可能需要进口检疫。

有关实验室诱变服务申请表和更多详细信息，请联系：Head, Plant Breeding and Genetics Laboratory, FAO/IAEA Agriculture and Biotechnologies Laboratories, Friedenstrasse 1, A-2444 SEIBERSDORF, AUSTRIA。

1.10 其他诱变剂

除了物理诱变剂，还有化学诱变剂（第 2 章）和许多生物诱变剂，它们可以通过实验或自发方式诱发植物突变。对自然界中经常观察到的所谓"自发突变"的细致分析表明，它们实际上是由影响生物体的内在和外在诱变因素造成的。生物体的遗传构成似乎是主要因素，包括染色体数目（多倍体、非整倍体等）和结构的变化，例如，在细胞分裂期间染色体交叉导致的倒位和易位。已知基因组中存在的某些基因可能会诱发这些突变（参见第 4 章关于转座子的论述）。

有研究表明，年龄和性别等生理条件对活细胞中的染色体有很强的影响，这种影响往往随着年龄的增长而增加。至于老化种子中的突变来源，各种证据表明它们是随着时间推移积累在种子内的代谢物和废弃物的化学作用的结果。

第 2 章 化 学 诱 变

　　本章综述了常用的植物化学诱变剂，特别关注的是目前在作物改良实践和植物诱变研究中主要使用的烷化剂与叠氮化钠。同时提供了植物化学诱变的应用方法指南，介绍了可能影响诱变实验结果的各种参数，并提供了确保安全使用化学诱变剂的健康和安全须知。自 21 世纪初以来，由于定向诱导基因组局部突变（targeting induced local lesions in genomes，TILLING）和最近的下一代 DNA 测序（next generation DNA sequencing，NGS）等技术的创新，反向遗传学中化学诱变得到了复兴。这些进展提升了对化学诱导突变机理和突变谱的认知。本章列举了主要诱变剂和主要作物的突变谱，以帮助指导植物育种家和研究人员设计植物诱变实验。同样，植物离体组织培养技术的进展为将化学诱变扩展到离体组织创造了新的机会。这对在突变育种研究中滞后于有性繁殖作物的无性繁殖作物尤为重要。本章分别介绍了甲基磺酸乙酯（EMS）诱变香蕉（*Musa acuminata*）离体茎尖和大麦（*Hordeum vulgare*）种子的详细方案，这两个方案可适用于各种无性繁殖和有性繁殖作物。此外，以叠氮化钠（NaN$_3$）和亚硝基甲基脲（*N*-methyl *N*-nitrosourea，MNU）复合诱变处理大麦种子为例，提出了一种增加突变谱的有效方案。

2.1 主要的化学诱变剂

　　化学物质作为诱变剂的历史，可以追溯到 20 世纪 40 年代芥子气对黑腹果蝇（*Drosophila melanogaster*）的处理实验（Auerbach，1946；Auerbach and Robson，1946）。迄今为止，对动物、植物或微生物等已知生物体具有突变效应的化学物质数量庞大。但相对而言，仅有少数化学物质用于常规植物诱变或作物突变育种试验。图 2.1 总结了化学诱变育成品种的数量，以及使用的诱变剂类型（数据来源于 FAO/IAEA 突变品种数据库 http://mvd.iaea.org，2017 年 11 月）。如图 2.1A 所示，在 7 个使用频率最高的化学诱变剂中，除秋水仙素外，其余都属于烷化剂类。图 2.1B 显示在已育成的化学诱变突变品种中，水稻、大麦、小麦和玉米几乎占一半。

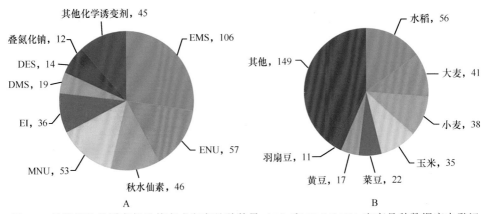

图 2.1　最常用化学诱变剂及其育成突变品种数量（A）和 FAO/IAEA 突变品种数据库中登记的不同作物通过化学诱变育成的突变品种数量（B）

居前列的分别是 EMS（育成正式审定的突变品种 106 个）、亚硝基乙基脲（nitrosoethyl urea，ENU）（57 个）、亚硝基甲基脲（MNU）（53 个）、秋水仙素（46 个）、乙烯亚胺（ethylenimine，EI）（36 个）

2.1.1　烷化剂

几十年前，人们就已经知道烷化剂对植物具有诱变作用（Ehrenberg et al.，1958）。从培育突变新品种的角度来看，烷化剂是迄今为止最成功的化学诱变剂，这主要归功于其效果好、易操作、废液易处理等特点。尤其是其废液解毒过程方便，只需要简单的水解处理即可解除毒性继而被清理掉。烷化剂是具有一个或多个烷基电子缺失（即亲电）的化合物，烷基能转移到带有亲核基团的 DNA 等生物分子上。大多数烷化剂是前诱变剂，即它们转化产生活性中间体。这些中间体可以与 DNA 磷酸二酯主链上的磷酸基团，以及嘌呤（腺嘌呤、鸟嘌呤）或嘧啶（胞嘧啶、胸腺嘧啶）碱基上的各种亚氨基或羰基发生烷基化反应。

根据化合物中烷基的数目，烷化剂可以分为单功能、双功能和多功能类型。植物突变育种中最常使用的烷化剂是单功能类型，其中 EMS、MNU 和二环氧丁烷使用频率最高（图 2.2）。双功能烷化剂可以诱导链间和链内 DNA-DNA 交联，从而抑制 DNA 的复制。

2.1.2　叠氮化钠

叠氮化钠（NaN$_3$）是一种无机化合物，剧毒。在作物改良实践中，NaN$_3$ 是除烷化剂外使用最频繁的化学诱变剂（图 2.1）。众所周知，NaN$_3$ 是活细胞呼吸过程的抑制剂（Tsubaki et al.，1993），已知能有效诱变大麦、水稻、大豆和玉米等多种农作物，但是对拟南芥（*Arabidopsis thaliana*）等其他植物的诱变效果不理想（Kleinhofs et al.，1975）。

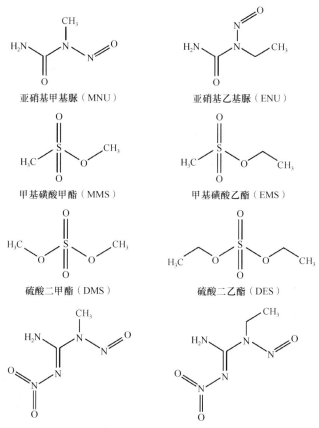

亚硝基甲基脲（MNU）　　　　　　亚硝基乙基脲（ENU）

甲基磺酸甲酯（MMS）　　　　　　甲基磺酸乙酯（EMS）

硫酸二甲酯（DMS）　　　　　　　硫酸二乙酯（DES）

1-甲基-2-硝基-1-亚硝基胍（MNNG）　　1-乙基-2-硝基-1-亚硝基胍（ENNG）

图 2.2　植物化学诱变中常用烷化剂的分子结构

　　NaN$_3$ 也是一种前诱变剂，它在生物体内通过有机中间体代谢成为强诱变剂，在大麦中鉴定出该中间体为 L-叠氮丙氨酸。研究结果显示 L-叠氮丙氨酸自身不直接与 DNA 相互作用，而突变是由参与 DNA 切除修复的植物细胞代谢过程介导的（Owais and Kleinhofs，1988；Sadiq and Owais，2000）。这些发现也解释了为什么叠氮化钠在有些植物（如拟南芥）中没有突变效应。因此，在对一种新植物进行大规模诱变处理前，需要进行预实验来评估 NaN$_3$ 的有效性。在植物中，NaN$_3$ 影响多种代谢途径，这解释了它的诱变效应以及细胞毒性和生理作用（Gruszka et al.，2012）。

　　NaN$_3$ 的诱变效应在大麦（Olsen et al.，1993；Maluszynski and Szarejko，2003；Lababidi et al.，2009）及其他作物，如番茄（Abdulrazaq and Ammar，2015）、燕麦 *Avena longiglumis*（Khan et al.，2009）和水稻等中进行了广泛的研究，并且在水稻中育成了直链淀粉含量提高的稳定突变系（Suzuki et al.，2008b）。

　　NaN$_3$ 的诱变效果在很大程度上取决于处理溶液的酸碱度（Nilan et al.，1973）。

NaN₃ 应该在低 pH（＜4）下使用，例如，在大麦的诱变处理中将 NaN₃ 溶解在 pH=3 的磷酸盐缓冲液中（参见本章 2.5 化学诱变剂处理实例）。

2.1.3 其他化学诱变剂

除烷化剂和叠氮化物外，IAEA（1977）在《突变育种手册（第二版）》还介绍了以下 5 类化学诱变剂：碱基类似物、抗生素、吖啶、亚硝酸和羟胺。Leitão（2012）介绍了更普遍的一类嵌入剂类型的吖啶诱变剂，是拓扑异构酶的抑制剂，具有毒性。与烷化剂和叠氮化物相比，这些化学诱变剂在植物遗传改良方面的应用受到限制，因为它们要么效率较低、研究较少，要么从健康或安全的角度来看更难处理，所以下文只选择几类进行概述。广义上认为秋水仙素是一种化学诱变剂，但它与其他化学诱变剂有所不同，其主要作用是加倍染色体而不是作用于基因上（参见第 3 章），下文对它做简要介绍。有关这些化学诱变剂的类型、特性和诱变效应的更多信息，可参见 Leitão（2012）。

2.1.3.1 碱基类似物及其相关化合物

真正的碱基类似物与 DNA 分子中的碱基（腺嘌呤、鸟嘌呤、胞嘧啶或胸腺嘧啶）密切相关。它们可以在不妨碍 DNA 复制的情况下整合到 DNA 分子中。然而，由于这些类似物与 DNA 碱基间存在细微差别，因此在 DNA 合成或复制过程中偶尔会出现碱基配对错误。最常用的类似物是 5-溴尿嘧啶（5-bromo-uracil，BU）和 5-溴脱氧尿苷（5-bromo-deoxyuridine，BUdR），它们分别是胸腺嘧啶和腺嘌呤的类似物。BU 能够在高等植物中诱发突变，但突变频率一直较低（Handro，2014；Gautam et al.，2016）。总的来说，碱基类似物还没有作为诱变剂在植物突变诱导中广泛应用。

2.1.3.2 抗生素

抗生素具有抗菌功能，其化学结构多种多样。不同抗生素具有不同的细胞毒性和诱变特性，这方面的研究主要集中在微生物和动物领域。例如，链脲霉素（streptozotocin，STZ）是一种强诱变剂，具有致癌性，可用作抗肿瘤药。链脲霉素主要诱发点突变，而其他抗生素则具有导致染色体断裂的特性。丝裂霉素 C（mitomycin C，MMC）是从头状链霉菌（Streptomyces caespitosus）中分离出来的一种天然抗生素，是双功能烷化剂，与鸟嘌呤核苷酸残基反应，导致 DNA 链间形成交联（Palom et al.，2002）。

虽然抗生素在植物突变育种中的应用有限，但链脲霉素已成功用于诱发水稻、高粱、珍珠粟、甜菜和向日葵等数种植物的雄性不育性状（Hu and Rutger，1991；Jan and Vick，2006；Elkonin and Tsvetova，2008），并在向日葵中育成几个突变品种。

2.1.3.3 嵌入剂

嵌入剂可以可逆地嵌入 DNA 双链，但并不与之共价结合。典型的嵌入剂包括溴化乙锭（ethidium bromide，EB）、4′,6-二脒基-2-苯基吲哚（4′,6-diamidino-2-phenylindole，DAPI）和吖啶，它们作为 DNA 染料广泛用于生物和生物化学研究。吖啶类及其衍生物具有吸光性，并显示出光增强的细胞毒性和诱变效应。在原核生物和哺乳动物中的研究发现，吖啶诱发的突变效应可以从碱基替换到移码突变，甚至染色体断裂，这是由所用吖啶的类型决定的。

然而，这类化合物在植物中的研究很少。最近在具有潜在观赏价值的野生生姜（姜科，Zingiberaceae）（Prabhukumar et al.，2015）和亚麻（*Linum usitatissimum*）（Bhat et al.，2017）的研究报道中，作者比较了吖啶和其他理化诱变剂的诱变效应，如 EMS、秋水仙素、γ 射线和 X 射线等。这些研究清楚地证明了吖啶对植物生长和发育的诱变作用。例如，用 1% 吖啶处理野生生姜的一个种窄唇姜（*Larsenianthus careyanus*）时，会在叶片上产生白色花斑。这类化合物在原核细胞和哺乳动物细胞中表现出强大的诱变能力，具有诱变产生植物学家和育种家所需的独特变异的潜力，有必要进一步在植物中开展深入研究。

2.1.3.4 秋水仙素

秋水仙素是一种有毒生物碱，由草甸植物秋水仙（*Colchicum autumnale*）衍生。植物育种中，秋水仙素被广泛用于诱导染色体倍性变化。染色体数目的增加通常会引起植物形态和功能的改变。用秋水仙素处理含有分生组织的繁殖体或组织的方法很多，使用的浓度从 0.005% 到 1.5% 不等（van Harten，1998）。染色体加倍的常用方法有，直接将种子浸泡在秋水仙素溶液中、用刷子在生长的茎尖上涂抹秋水仙素、在含秋水仙素的培养基中离体培养小苗等（Hamill et al.，1992）。秋水仙素的一个主要用途是通过处理单倍体（haploid，H）产生基因完全纯合的双单倍体。Maluszynski 等（2003）介绍了多种植物单倍体加倍的实用方法，本手册第 8 章 8.2 也有相关内容。

2.2 作用方式和突变谱

化学物质的诱变效应取决于最初诱导的 DNA 损伤情况以及目标植物细胞中存在的 DNA 修复机制。因此，化学物质的自身特性和目标植物中 DNA 的修复过程对化学诱变剂的最终突变效应都具有重要的作用。有关目标植物 DNA 修复机制的详细内容参见第 1 章、第 3 章和第 4 章。

2.2.1 烷化剂

早在 80 多年以前，就有烷化剂引起 DNA 断裂和损伤，即染色体断裂等损伤效应的报道（Auerbach and Robson，1946）。迄今为止，烷化剂已广泛应用于诱发单碱基突变，从而改变蛋白质功能或结构。

烷化是指烷基从一个分子转移到另一个分子。烷基可作为烷基碳阳离子、自由基、碳负离子或碳烯（或其等效物）转移。二烷基亚硝基胺（如二乙基亚硝基胺）是一种稳定的化合物，只有经酶活化（除去一个烷基）后才能有效作用于 DNA。Leitão（2012）综述了目标植物中存在的主要 DNA 烷化机制。

Lee 等（2014）报道，EMS 诱导鸟嘌呤上的烷化，导致 G/C 转换为 A/T，从而导致单核苷酸突变。超过 15 种植物的 TILLING 数据结果表明，EMS 主要导致 G/C 向 A/T 的转换，与预期在 ^6O 位置上发生的鸟嘌呤烷基化反应一致（Jankowicz-Cieslak and Till，2015）。

一些研究表明 EMS 诱发的突变在基因组中随机分布（Greene et al.，2003；Till et al.，2003）。据此认为，在二倍体中，当突变群体的个体数量达到 3000 ～ 6000 株时，就足以诱导产生覆盖任何基因的大量等位变异。EMS 诱导的水稻突变体显示出一个普遍特征，即 EMS 诱导的突变具有很强的目标序列背景偏好，尤其是对 RGCG 序列中的鸟嘌呤残基（R 代表 A 或者 G；突变的鸟嘌呤残基用粗体表示）（Henry et al.，2014b）。

虽然以上研究中高突变密度足以覆盖任何基因的等位变异，但这种高突变冗余可能对功能基因组学研究和作物改良实践提出挑战。尤其是只改进优良材料的一个或几个性状时，背景中大量非目标性状突变的存在，可能会扰乱优良材料的精细遗传结构，从而影响其综合农艺性状（参见本章 2.3.2）。

2.2.2 叠氮化钠

叠氮化钠（NaN₃）引起染色体畸变的概率很低。在大麦（Talamè et al.，2008；Kurowska et al.，2011）和水稻（Tai et al.，2016）中研究了 NaN₃ 诱发的突变类型和数量。研究表明 NaN₃ 是一种诱发点突变的强诱变剂。在大麦和水稻中，主要突变类型都是 G/C 向 A/T 的转换。与 EMS 相比，NaN₃ 诱发的突变具有不同的目标序列背景偏好（GGR）（Tai et al.，2016）。因此，不同诱变剂的复合使用可以扩大突变谱、增加突变表型。

根据 DNA 序列分析，表 2.1 概述了不同化学诱变剂诱导的突变类型和突变密度。

表 2.1 不同化学诱变剂在不同有性繁殖植物和无性繁殖香蕉中诱发的点突变谱

名称（学名）及染色体倍性	诱变剂	突变密度/kb	G/C > A/T 转换%	A/T > G/C 转换%	颠换%	参考文献
拟南芥（Arabidopsis thaliana），2×	EMS	1/200	100	0	0	Greene et al.，2003
燕麦（Avena sativa），6×	EMS	1/24	94.4	0	5.6	Chawade et al.，2010
芜菁（Brassica rapa），2×	EMS	1/56 和 1/67	—	—	—	Stephenson et al.，2010
甜瓜（Cucumis melo），2×	EMS	1/573	97.8	0	2.2	Dahmani-Mardas et al.，2010
大豆（Glycine max），4×	EMS（多次重复）	1/74	84.3	—	23 ~ 47	Tsuda et al.，2015
大麦（Hordeum vulgare），2×	EMS	1/500	—	—	—	Gottwald et al.，2009
大麦（Hordeum vulgare），2×	EMS	1/1000	70	10	20	Caldwell et al.，2004
小果野蕉（Musa acuminata），3×	EMS	1/57	100	0	0	Jankowicz-Cieslak et al.，2012
粳稻（Oryza sativa subsp. japonica），2×	EMS	1/1147	88	—	—	Henry et al.，2014
番茄（Solanum lycopersicum），2×	EMS	—	—	—	55	Minoia et al.，2010
普通小麦（Triticum aestivum），6×	EMS	1/23.3 ~ 1/37.5	99.2	0	0.8	Dong et al.，2009
硬粒小麦（Triticum durum），4×	EMS	1/51	—	—	—	Uauy et al.，2009
硬粒小麦（Triticum durum），4×	EMS	1/50	—	—	—	Henry et al.，2014
大豆（Glycine max），4×	EMS 或 MNU	1/140 ~ 1/550	90	—	—	Cooper et al.，2008
粳稻（Oryza sativa subsp. japonica），2×	EMS 或 NaN₃-MNU 复合	1/265 ~ 1/294	70.4 ~ 66.7	0	29.6 ~ 33.3	Till et al.，2007
水稻（Oryza sativa），2×	MNU	1/135	92	—	—	Suzuki et al.，2008a
大麦（Hordeum vulgare），2×	MNU	1/504	23	33	37	Kurowska et al.，2011
大麦（Hordeum vulgare），2×	NaN₃	—	86	14	—	Olsen et al.，1993
大麦（Hordeum vulgare），2×	NaN₃	1/374	95.5	—	4.5	Talamè et al.，2008
大麦（Hordeum vulgare），2×	NaN₃-MNU 复合	1/477	88	4.5	7.5	Szarejko et al.，2017

译者注："—"表示无相关数据

2.3　化学诱变指南

本节将提供化学诱变种子和无性繁殖体（包括离体细胞培养物）的方法指南。影响化学诱变结果的因素很多，包括目标植物材料的特性、所用化学药剂的剂量、化学诱变剂的理化特性、诱变溶液的性质（如 pH）、实验室环境条件（如温度），以及诱变处理前后的植物种子或繁殖体的生长条件（温室、苗圃、田间、离体等）。

2.3.1　植物材料

最适材料的选取应根据诱变处理的目标和植物种类来确定。下面将进一步介绍不同类型的植物繁殖体，包括种子、所谓的活体无性繁殖材料和离体的外植体或组织。目标材料的遗传结构，如杂合度或倍性水平，也是开展诱变研究的重要考虑因素。本手册第 1 ～ 4 章都涵盖了这一方面的内容。

种子是最常用的化学诱变材料，例如，谷物或豆类的种子，其储存、运输和大批量处理都很容易。在过去的几十年里已经建立了多种作物种子 EMS 诱变的标准化方案，且已在许多实验室中使用。

在诱变剂溶液中浸泡种子是最方便和应用最广泛的诱变方法，因此，小粒谷物和其他具有快速吸胀能力的种子成为易于处理的目标材料。不同植物种类和品种对同一化学诱变剂处理的反应有所不同，同样，各个实验室的实际实验条件也有所不同。因此，在对新物种或新品种的种子进行大规模的诱变处理之前，强烈建议先进行剂量反应实验。在本章 2.5（化学诱变剂处理实例）中将介绍两个 EMS 诱变大麦种子和一个 MNU-NaN$_3$ 复合诱变大麦种子的方案。

应注意的是，我们也可以诱变处理活体的无性繁殖体和外植体，如块茎、鳞茎、球茎、分枝、插条、接穗、生根插条、茎尖、芽木或匍匐茎等（参见第 6 章）。然而，与种子的诱变处理相比，这类无性繁殖体的处理方法还不太成熟，主要是由于植物组织对化学试剂的吸收和渗透特性导致化学诱变剂在目标分生组织中的分布不均的技术问题难以解决。因此，这类活体处理可能缺乏重复性。当目标材料较小时，如小的插条或茎尖，面临的问题会相对较少。

离体外植体目前正成为化学诱变的有效目标材料。离体培养体系具备很多优点，如可以提供更加标准化的处理条件并有效防止或限制嵌合体的形成（见第 8 章）。这方面有 EMS 诱变成功的实例，香蕉茎尖外植体（Jankowicz-Cieslak et al.，2012）、水稻愈伤组织（Serrat et al.，2014）、小麦愈伤组织（Simonson and Baenziger，1991）和甘蔗愈伤组织（Purnamaningsih and Hutami，2016）。Kannan 等（2015）用叠氮化钠处理百喜草种子后，成功诱导出愈伤组织，然后通过体细胞胚胎发生从这些愈伤组织中再生了 19 630 株突变体植株，并在随后的田间多点试验中鉴定出一个性状改良的优异突变系。这些研究表明，与在种子上的应用类似，

EMS 也可以用于诱变离体外植体，并获得性状改良的优良突变品系。本章 2.5 介绍了用 EMS 诱变香蕉茎尖外植体的方案。

据我们所知，离体细胞培养物的诱发突变频率与类型仅在香蕉（Jankowicz-Cieslak et al.，2012）和水稻等少数植物中有过研究报道。在这些研究中，EMS 诱变外植体获得的群体的分子突变谱与诱变种子的结果一致。

许多植物可以通过离体组织培养从单个细胞再生成植株（见第 8 章 8.1），这为组织培养技术与诱变技术相结合提供了极好的机会。与无性繁殖作物的辐射处理一样，恰当的组织培养技术将极大地促进完整的同源植物从单个细胞中再生，以避免嵌合体的形成。

化学诱变的理想植物材料是单倍体细胞，特别是那些可以通过处理产生双单倍体的细胞（这部分内容将在第 8 章 8.2 进一步讨论）。花粉化学诱变已广泛用于玉米（Neuffer，1994）。事实上，几十年来，这已经成为玉米化学诱突的首选途径，主要是可以避免嵌合体的产生，而存在于嵌合体中的突变有可能遗传给后代，也有可能不具备可遗传性。

2.3.2 剂量、剂量确定和突变冗余

化学诱变中，衡量处理剂量的两个最常用的实验变量分别是诱变溶液中化学物质的浓度和处理的持续时间（剂量=浓度×持续时间）。

在实践中，当无法从文献中获取某一特定作物（或品种）、目标组织或化学诱变剂的最适参考剂量时，需要先通过实验建立剂量-反应曲线，这相当于物理诱变的辐射敏感性试验。剂量-反应曲线，也称为"致死曲线"或"化学毒性实验"，是指在特定时间段内，化学诱变剂浓度的增加与所处理材料的成活率或繁殖体生长减少量间的关系。

就种子而言，可以在诱变处理后通过发芽实验来测定种子萌发率、幼苗存活率或幼苗生长量。对于无性繁殖材料，如插条或离体细胞培养物，可以采用类似的方法来测量繁殖体的生长或存活量。本章 2.5 列举了在离体香蕉茎尖外植体和大麦种子诱变处理时建立剂量-反应曲线的实例。

值得注意的是，由于细胞毒性的特异性，化学诱变的剂量-反应曲线可能与辐射敏感性实验的剂量-反应曲线大不相同。根据 van Harten（1998）的报道，造成生长量减少 20% ～ 30%（相当于 70% ～ 80% 的存活率）的剂量可能在禾谷类作物中产生最佳诱变数量。处理时间也同样重要，它应该能使植物组织适当地吸收化学诱变剂。如果是种子，使用预先浸泡的种子可以缩短诱变持续时间（参见本章 2.3.5）。通常，在剂量反应实验中，种子或外植体应在浓度不断增加的诱变剂中浸泡不同的时间。

此外，用于处理的溶液体积也会产生一定影响。体积应足够大，以使每粒种

子（或每个繁殖体）都有机会吸收等量诱变剂。例如，对于小粒谷物，诱变剂溶液推荐用量为每粒种子 0.5 ~ 1mL。为确保在整个处理过程中诱变剂的浓度均匀一致，应在处理过程中轻轻摇动溶液。

诱变剂溶液的温度对处理有很大影响，主要是由温度对化学反应的影响而造成的（参见本章 2.3.4）。有研究人员建议在 20 ~ 25℃的温度下，对已经在室温下预浸了不同次数的种子进行 0.5 ~ 2h 的短时间诱变处理。这些条件有利于诱变剂的吸收，提高种子的代谢活性，增强化学物质与遗传靶点之间的反应。最适剂量最终取决于诱变实验或育种计划的预期目标。如表 2.1 所示，诱导产生的高密度突变群体现已用于主要谷物和豆类的反向遗传学研究。

事实上，反向遗传学是先鉴定出基因突变位点，然后确定它对表型的影响（如果有的话）。为了提高这一实验的效率，有必要在每一个株系中诱导产生高突变冗余，以减少所需的突变群体大小。例如，就小麦而言，一个突变单株平均可以携带几十万个突变位点。

在诱变育种实践中，由于这种高突变冗余导致的背景突变可能会破坏优良亲本的精细遗传结构，故而对育种结果具有重大影响。因此，从实践应用的角度出发，植物育种家可以考虑采用较低的剂量并增加突变群体的大小，类似于使用物理诱变剂时创建突变群体的方法（参见第 1 章、第 4 章和第 6 章）。当植物育种目标只试图改良一两个性状时，建议使用可导致生长量减少 30% 以下的剂量（Maluszynski et al.，2009）。

不同的化学诱变剂可以组合在一起使用以扩大突变谱。本章 2.5.3 介绍了 NaN$_3$ 和 MNU 复合处理大麦种子的实例。同样，化学和物理诱变因素的复合处理也可以拓宽突变谱。

2.3.3　植物材料的状态

一般情况下，最好选择处于活跃生长期的种子和无性繁殖体进行诱变处理。如果浸泡种子或植物繁殖体不可行，或浸泡效果不佳时，可以参考以下各种方法刺激或提高化学诱变效率。

1）将百喜草种子表皮划伤后进行表面消毒和 NaN$_3$ 处理。此后，在离体条件下诱导产生愈伤组织并通过体细胞胚胎发生再生形成植株，获得 M$_2$ 代（Kannan et al.，2015）。

2）用浸有化学诱变剂的棉絮包裹植物花序（或花蕾）以实现对此类植物器官的诱变处理（van Harten，1998）。

3）在生长介质中加入低浓度的诱变剂，使其通过根部进入植物。这种简单的方法在研究慢性诱变剂处理或测定不同生长发育阶段对化学诱变剂的敏感性时具有优势。

4）EMS 诱变玉米花粉的常用方法是使用石蜡油制成包含诱变剂和花粉的混合乳液，从而避免花粉在水溶液中溶解（Weil and Monde，2009）。

不太适合化学诱变的植物材料包括那些不易吸收化学溶液的材料，如木质化的组织、具有厚壳的种子（如坚果）以及休眠的植物材料。但是依然有各种预处理方法，如划伤或类似的方法，可用于打破休眠或增加细胞渗透性、增强对化学诱变剂的吸附作用。

2.3.4　化学诱变剂和诱变剂溶液的理化特性

限制化学诱变剂效果的特性是其可溶性、毒性和化学反应活性。可用浓度范围受到诱变剂在处理溶液中的溶解度及其对植物繁殖体毒性作用的限制。

不同诱变剂的毒性差异很大。一般而言，甲基化试剂（如 MMS）比其相对应的乙基化试剂（如 EMS）毒性更大。尽管甲基化试剂比乙基化试剂的诱变活性高，但是诱变效率却低于乙基化试剂。例如，MMS 的诱变效率低于 EMS，这是因为 MMS 的毒性更高，对植物繁殖体的损害程度也更大，导致诱变处理后的存活率相对较低。

烷化剂非常活跃，会在水溶液中水解。这意味着处理液必须随用随配，保持新鲜且不能储存。烷化剂与水反应后通常会产生一些虽然不再具有致突变性但对操作者仍然有害或有毒的化合物。EMS 水解反应如下：

$$H_3SO_2OC_2H_5 + H_2O \longrightarrow CH_3SO_2OH + C_2H_5OH$$

EMS　　　　　　　　　甲烷磺酸　　　乙酸

化学诱变剂的水解速度通常以其半衰期来衡量。对于一个给定的化合物，其半衰期是温度的函数，有时也是 pH 的函数。例如，对烷基化剂而言，水解速度随着温度的降低而降低，因此，诱变剂在较低温度下将保持较长时间的稳定，以确保其与靶内亲核中心的反应活性。pH 对于亚乙基亚胺衍生物、硫、氮芥及一些亚硝基化合物尤其重要，这些化合物应始终溶解于 pH 低于 7 的缓冲液中。

在化学反应活性方面，烷基烷烃磺酸盐和烷基硫酸盐在诱变溶液中以及细胞内水解时会生成强酸性物质。因此，当缺乏缓冲液时可能会发生显著的生理损伤，降低 M_1 植株的存活率，从而降低诱变效率；使用缓冲液适当地平衡 pH，可以大大减少水解反应的负面影响。因此，应在处理前后监测溶液的 pH。

二甲基亚砜（dimethyl sulphoxide，DMSO）能够提高细胞膜渗透性并增强通过生物膜的吸收率，因此常常用作化学诱变剂的载体。位于奥地利塞伯斯多夫的 FAO/IAEA 植物遗传育种实验室，在 2% 的二甲基亚砜溶液中进行化学诱变处理，以增加 EMS 的溶解性。Amin 等（2015）的研究表明，化学诱变剂 MMS 单独或与 DMSO 一起使用，都对兵豆（Lens culinaris）的生理、生化、代谢和遗传产生了干扰，导致了形态和数量上的显著变化，同时，DMSO 对 MMS 诱变性的增强作用也得到了证实。

2.3.5　预处理和后处理

一般来说，在诱变剂处理之前预先浸泡种子，可以通过激活细胞中的代谢过程和 DNA 合成来提高诱变的效率（IAEA，1977）。也就是说，预浸泡的种子或芽触发了从休眠状态到活跃代谢和合成阶段的转变。预浸泡还可以通过增加细胞膜的渗透性来加快诱变剂的吸收。种子浸泡后会发生一些重要的变化。这在一定程度上取决于浸种的条件（持续时间、温度、浸种溶液）和种子或植物繁殖体的类型。种子在水中预浸泡的时间可以通过实验来估计。只要种子还保持主动吸收状态，它们就应该浸泡在溶液中。为了优化预浸泡时间，可以先进行一个小规模的预实验。在预实验中每小时对浸泡的种子进行称重，以确定增重达到平稳状态的时间。正式预浸泡实验时间不应短于估计的实验时间。

诱变处理后到植物材料开始生长前的处置过程也会对诱变效率产生影响。处理后种子的储藏时间和储藏温度是重要的影响因素。储藏经诱变处理的种子（M_1）大多会增加损伤。但是，诱变后的种子经过清洗和快速重新干燥后可以在 0 ~ 4℃下长期保存，而不会严重改变诱变效应，因为诱变后的清洗可以快速去除种子中未反应的化学物质及其水解副产物。

现在已有各种后处理清洗和干燥方法可以使用。经过诱变处理和清洗的种子可以简单地放在吸水纸上风干；使用电风扇在种子上方或通风橱中吹风可以缩短种子的干燥时间；高温干燥也很方便，但如果采用这种方法，温度不应超过 35℃，也不应使用不可控的热源加热。后处理干燥尤其适合于诱变处理后需要处置和运输的 M_1 种子。大多数烷化剂会在种子重新干燥和储存时增加对种子的损害。这些现象可能是由诱变剂的水解速度、生物系统中酶的作用以及种子或外植体对水解副产物的吸收等因素引起的。因此，在启动化学诱变育种计划之前，科研人员必须考虑特定作物的具体要求，并仔细规划后续的实验室、温室或田间方案。

2.3.6　化学诱变的优势和局限性

van Harten（1998）总结了化学诱变在植物诱变研究或植物育种中的优势和局限性。考虑到植物化学诱变领域的最新研究进展，更新如下。

2.3.6.1　优势

1）以点突变为主的突变谱。

2）与物理诱变因素相比，染色体损伤较小。

3）突变频率高，允许在任何目标基因上产生等位变异。

4）突变基本均匀地分布在整个基因组中。

5）具备主要粮食作物种子处理的标准化方案。

6）同样适用于离体组织或外植体。

7）EMS 诱变可以在标准的实验室环境中进行。

2.3.6.2　局限性

1）突变密度高，可能需要几轮回交来消除不需要的突变。

2）通常在多细胞或木本植物组织中的渗透困难或重复性较差。

3）休眠或发芽耗时长的材料或种子，如坚果，可能需要特殊的预处理或特别操作。

4）用于植物诱变并已深入研究的化学诱变剂非常有限。

5）可能不能有效诱导大量可遗传的染色体变异。

6）由毒性或致癌特性而引起的健康和安全问题。

2.4　化学诱变剂的储存、管理和净化

大多数化学诱变剂都是潜在的致癌物，因此必须充分了解相关的健康和安全知识，并严格遵循操作规程。本节旨在提供本章所述常用化学诱变剂（即 EMS、MNU 和 NaN$_3$）的储存、管理和净化等方面的基本内容。

强烈建议由经过培训的操作人员在专业设施中进行化学诱变。操作人员应始终遵守以下实验室安全规程。

1）穿戴正确的个人防护装备，如手套、护目镜和长袖实验服。

2）在性能良好的通风橱中进行化学诱变，以确保化学气体的清除。

3）将化学品存放在指定区域，用适当的危险标志予以警示，并按照要求保证通风。

4）查阅材料安全数据表（material safety data sheet，MSDS），这是职业安全健康和产品管理的重要组成部分。

更多关于其他化学诱变剂的安全性、生物活性和特性的信息可以从 PubChem 数据库（https://pubchem.ncbi.nlm.nih.gov/）获取。

2.4.1　烷基烷烃磺酸盐和烷基硫酸盐

2.4.1.1　常见示例

甲基磺酸乙酯（EMS）。

2.4.1.2　理化特性

通常以液体形式存在，极易溶解于有机溶剂，微溶于水。水解产生强酸，水解速度主要取决于烷基。烷化剂的反应活性变化很大，受诱变剂溶液特性和反应介质的影响。

2.4.1.3　储存

小瓶密封后储存于冰箱内装有干燥剂的避光密闭小室内。

2.4.1.4　净化清除

FAO/IAEA 植物遗传育种实验室的做法：将新配制的 1mol/L 硫代硫酸钠（$Na_2S_2O_3 \cdot 10H_2O$）母液稀释至 100mmol/L，用该稀释溶液清洁与 EMS 接触的工作台面、实验仪器或玻璃容器。当需要销毁的 EMS 或 MMS 质量达到 1g 或以上时，需格外小心，因为 EMS 或 MMS 会与 $Na_2S_2O_3$ 发生剧烈的反应。在这种情况下，建议使用大量的碳酸氢盐溶液。

2.4.1.5　健康危害

误吞诱变剂会引起呕吐。若误吞，可喝盐水或其他碱性溶液，并请医生仔细检查肝肾功能。患有中枢神经系统、肾脏和肝脏疾病的人不应该使用这些化合物。

2.4.2　亚硝基化合物

2.4.2.1　常见示例

亚硝基甲基脲（MNU）。

2.4.2.2　理化特性

通常以固态形式存在，极易溶解于有机溶剂。化学反应活性取决于溶液的 pH。

2.4.2.3　储存

分装成小份（50 ～ 100g）储存在冰箱中。避免暴露于高温、摩擦或挤压环境。高于室温有危险，必须始终储存于阴凉处。

2.4.2.4　净化清除

若粉末洒出，用湿毛巾或湿纸巾擦拭，小心清理至塑料袋中。若液体溢出，先用纸或蛭石吸收液体并铲至塑料袋中，然后用海绵蘸水把溢出物擦拭干净，随后用 10% 硝酸铈铵溶液进行彻底净化。

2.4.2.5　危险性

亚硝基化合物具有剧烈的热分解特性，温度达 200℃以上时，蒸汽会爆炸。

亚硝基胍遇碱生成重氮甲烷。存在微量有机物时，即使低温重氮甲烷也会发生爆炸。

2.4.2.6　健康危害

接触亚硝基化合物可导致角膜溃疡、哮喘、接触性皮炎等。部分诊断结果中在胸部 X 光片中发现显著的肺门阴影，心电图显示非特异性变化。

2.4.3　叠氮化物

2.4.3.1　常见示例

叠氮化钠和叠氮化钾。

2.4.3.2　理化特性

主要以结晶盐形式存在。叠氮化物的碱金属盐相对稳定，但与水或酸接触易反应生成叠氮酸（hydrazoic acid，HN_3）。叠氮酸易挥发，沸点为 36℃。

2.4.3.3　储存

以碱金属盐形式小份分装于玻璃容器中，冰箱 4℃保存。不要存放在有酸的地方，避免储存时意外溢出或容器意外破损后与酸发生混合。

2.4.3.4　净化清除

若药品溢出，需用拖把蘸过量的水和肥皂或清洁剂擦拭清理。若在酸性条件下溢出，则还需对该区域进行通风。净化清除过程中应佩戴自给式防护呼吸器。

2.4.3.5　健康危害

任何途径下接触的叠氮化钠都有剧毒，例如，大鼠口服的半致死剂量为 27mg/kg。叠氮酸是一种有刺激性气味的有毒气体。

2.4.3.6　防护措施

对于种子诱变，在酸性条件下处理且处理过程中不断向溶液中充入氧气或空气，叠氮化钠的诱变效果最好。但在此条件下会生成易挥发的叠氮酸，因此所有的处理步骤都应在通风良好的通风橱中进行。

2.5　化学诱变剂处理实例

如前所述，化学诱变既可在有性繁殖植物中进行，也可在无性繁殖植物中进行。需要根据所选植物材料、诱变剂类型以及诱变实验或育种目标优化处理程序。为了更好地理解这一点，本节介绍了 3 个化学诱变有性繁殖作物和无性繁殖植物的详细实验方案，这些方案也可能适用于其他诱变实验。

1）EMS 诱变香蕉（*Musa acuminata*）茎尖分生组织的方案。

2）EMS 诱变大麦（*Hordeum vulgare*）种子的实验方案。

3）NaN_3 和 MNU 复合诱变大麦种子的高效实验方案。

2.5.1　EMS 诱变离体香蕉分生组织外植体

以下诱变处理方案改进自 Jankowicz-Cieslak 和 Till（2016）。

2.5.1.1　准备

根据实验设计为每个 EMS 剂量（浓度+持续时间）准备数量足够的离体香蕉茎尖外植体，如 1000 个用于大量诱变、50 个用于剂量-反应曲线的建立。选择大小均匀、外观健康的外植体，分装至无菌瓶中（图 2.3）。必须注意的是，所有与离体组织接触的物品，包括诱变剂，必须在实验开始前充分灭菌。为了消除嵌合体，从一开始就需要对诱变处理后的外植体进行 3 ~ 4 代的离体微繁继代培养。继代培养会导致初始群体数量的显著增加，但诱变损伤也会造成一部分外植体的损失。这样群体数量会得到平衡。因此，在进行化学诱变实验之前，应综合考虑相应的空间、时间和人力资源。

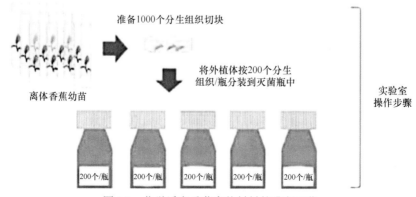

图 2.3　化学诱变香蕉离体材料的准备工作

步骤包括无菌条件下的组织扩繁和将外植体按 200 个分生组织/瓶转移至灭菌瓶中。瓶子将转移到化学诱变实验室

2.5.1.2 建立剂量-反应曲线

化学诱变实验在缺乏最适诱变剂量的可靠信息时，通常需要在进行大量诱变处理前建立剂量-反应曲线。重要的是，要注意诱发突变的频率可能因基因型不同和实验方案差异而不同。就香蕉茎尖而言，为确定最适诱变剂量而测定的实验变量是不同 EMS 浓度和不同孵育时间下材料鲜重的减少量。

图 2.4 显示，随着 EMS 浓度的增加，离体香蕉茎尖的生长逐渐减少直至死亡。根据这些结果，将选出大量诱变处理的最适剂量。该方案已成功应用于麻风树、马铃薯和木薯等其他无性繁殖体，并可进一步用于其他离体外植体，如胚性愈伤组织、单节插条和活体插条等。

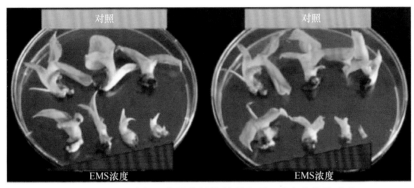

图 2.4　EMS 诱变香蕉茎尖外植体的剂量-反应曲线的建立

[改编自 Jankowicz-Cieslak 和 Till（2016）]

外植体（上）：不同类型对照，从左至右分别为水处理、DMSO 处理和未处理的外植体；

外植体（下）：不同 EMS 浓度，从左至右分别为 0.25%、0.5%、1%、1.5%。培养皿（左）：孵育 2h；

培养皿（右）：孵育 4h

2.5.1.3 诱变处理

配制新鲜的浓度为 1mol/L 的 $Na_2S_2O_3$ 母液，稀释至 100mmol/L，用于消除 EMS 活性，以及清洁净化与 EMS 接触的工作台面和实验设备。

按照选择的处理浓度和所需诱变溶液总量计算所需的 EMS 和 DMSO 体积。分装所需体积的蒸馏水，高压灭菌后冷却至室温。配制时，用无菌移液枪头吸取所需体积 DMSO，使用无菌注射器和滤膜添加所需体积 EMS 至无菌蒸馏水中。用力摇动 EMS/DMSO 的混合液 15s 以获得最佳溶解效果。

将 EMS/DMSO 混合液倒入每个装有外植体的瓶子，确保外植体完全浸没在液体中。

在室温下将装有外植体的瓶子置于转速 150r/min 的旋转摇床上孵育预定时间。如果需要，可以调整转速，以保证外植体在瓶内温和而有规律地移动。

2.5.1.4 诱变后处理

孵育结束后，需对诱变材料进行清洗。原则是在保持无菌的同时，尽可能地稀释和去除 EMS。做法：往瓶中加适量无菌水，轻柔摇晃清洗后马上小心地将水倒入空烧杯，倒水过程中用无菌筛拦截，避免外植体掉落（图 2.5）。重复清洗 4 次。最后一次清洗后，在无菌筛下方放置一个空烧杯，将外植体倒入无菌筛。清洗后的外植体可能仍留有强烈的 DMSO 气味。

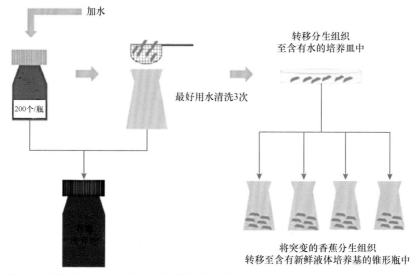

图 2.5　诱变后香蕉离体茎尖外植体的清洗［改编自 Jankowicz-Cieslak 等（2012）］
处理后的分生组织需要仔细清洗以去除残留的 EMS 溶液。至少清洗 3 次，然后将外植体放置在培养皿中，用封口膜封好移回组织培养实验室。诱变处理过的香蕉外植体应立即转移到新鲜的液体培养基中

先用无菌镊子将外植体转移到含有无菌水的培养皿中，然后小心地将润洗过的外植体转移至生长培养基上。按照香蕉茎尖外植体离体培养标准程序培养诱变处理过的材料。为去除残留的 DMSO，第二天再将所有处理过的外植体材料转移至新鲜的生长培养基。定期观察外植体生长情况。

用浸有 $Na_2S_2O_3$ 的湿纸巾擦拭超净工作台，然后用水冲洗，确保工作区域内没有残留的 EMS。同样清理净化接触过 EMS 的所有实验设备。

2.5.1.5 小结

以上处理程序是在 FAO/IAEA 植物遗传育种实验室的多项研究基础上整理而成的。图 2.6 展示的是利用该 EMS 诱变方案获得的一个表型稳定的香蕉突变体。这些处理程序改良后也同样适用于其他无性繁殖植物或其他离体植物材料。

图 2.6　EMS 诱变获得的表型稳定的香蕉卷叶突变体

[J. 扬科威克斯-切斯拉克（J. Jankowicz-Cieslak）供图]

由于目标分生组织来源于多细胞，因此在突变发生后具有遗传嵌合结构的组织可能会立即出现。多次继代培养可以减少这种基因型异质性。最终，继代培养使特定的突变等位基因得到克隆繁殖（参见第 6 章）。在创制诱变群体时应考虑到上述问题。

2.5.2　EMS 诱变大麦种子

此诱变方案是在 Konzak 和 Mikaelsen（1977）、Jankowicz-Cieslak 和 Till（2016）的基础上改进的，包含 3 个主要步骤，用时 3 天。第一天，在清水中浸泡种子过夜。第二天，将种子转移到已经稀释好的 EMS 溶液中，孵育过夜。第三天，去除 EMS 溶液，用去活化溶液（100mmol/L 的 $Na_2S_2O_3$）清洗种子，并在播种前用清水冲洗种子。

第二天的 EMS 处理和第三天的种子清洗等所有涉及 EMS 的步骤都应在通风橱中进行。

2.5.2.1　准备

选择发芽率 95% ～ 100% 的大小均匀的种子。如果不清楚种子的活力，建议在 EMS 处理前先测试种子发芽率。

诱变处理的种子数总量取决于试验规模，以及是否需要进行化学毒性试验（即建立剂量-反应曲线）或开展大量诱变。对于剂量-反应曲线的建立，每处理约

200 粒种子已足够。如前所述，为二倍体植物反向遗传筛选而开展的大量诱变，通常 3000～6000 个株系的突变群体足以产生覆盖任何基因位点的等位变异。如本章 2.3.2 所述，当突变育种计划只是试图对某些优良种质进行个别性状的改良时，为降低反向遗传筛选中出现的高突变冗余，可能需要调整诱变处理的种子数量和最适剂量。任何情形下，考虑到 EMS 诱变处理会降低 M_1 种子的发芽率，以及导致部分 M_1 植株不育，实际处理的种子量都应该比计划量大。

2.5.2.2　预浸

在烧杯中放约占烧杯总体积 1/5 的种子，加入蒸馏水或去离子水至烧杯总体积的 1/3 左右，将烧杯放置在定轨摇床上，调节转速使所有的种子都能在水中自由移动。为避免液体溢出，可以将种子分装放到多个烧杯中以减少液体体积。种子在 20～22℃（接近室温）下浸泡 12～20h。

小心地将水倒出，通过测量倒出水的体积估算 EMS 诱变处理溶液的体积以及处理后清洗种子的溶液的体积。

预浸种处理可以使诱变剂的吸收或扩散达到最佳速率或速度，这意味着在最短时间内有最大量的诱变剂渗透进入胚。在这个阶段，大麦或其他小粒谷物种子的胚芽鞘和胚根开始萌发。

2.5.2.3　诱变处理

所有步骤均应在通风良好的通风橱中进行。

制备新鲜的 1mol/L $Na_2S_2O_3$ 母液并稀释至 100mmol/L，以备清洗时用于去除 EMS 活性。

根据文献资料预估 EMS 的处理浓度。需要注意，累积突变频率可能受基因型和实验方案差异的影响。因此，建议每次都要利用不同浓度的诱变剂进行预实验，建立剂量-反应曲线。EMS 不易溶于水，所以向诱变剂溶液中加入 2%（v/v）DMSO 来促进 EMS 溶解。表 2.2 给出了当总体积为 1L 且含有 2% DMSO 时，配制不同摩尔浓度 EMS/DMSO 混合诱变溶液所需不同组分的用量。有些文献用的是 EMS 百分比而非摩尔浓度，两者之间可以通过 EMS 的摩尔质量（124.16g/mol）进行转换。

EMS/DMSO 溶液应该充分混合。混合液在用旋紧式螺帽密封的瓶子中配制，使用前要剧烈摇晃。先在通风橱中用水模拟摇晃过程，以确保瓶子密封性完好，不会渗漏。处理时，小心地往装有种子的烧杯中添加所需用量的 EMS/DMSO 混合液，避免添加过量造成溶液在摇床上旋转过程中溢出。设置适当的摇床速度，在设定时间内孵育。

表 2.2　不同 EMS 浓度的 EMS/DMSO 混合液制备

EMS 终浓度/（mmol/L）	0	20	30	40	50	60
EMS 体积/mL	0	2.1	3.1	4.1	5.2	6.2
DMSO 体积/mL	20	20	20	20	20	20
水的体积/mL	980.0	977.9	976.9	975.9	974.8	973.8

注：EMS/DMSO 混合液总体积为 1L，DMSO 浓度为 2%（v/v）

2.5.2.4　漂洗

将 EMS 溶液倒进有毒废液回收瓶中。倾倒溶液时要非常小心，以免溅出。操作时可以在漏斗中放置一个筛网以截留可能不小心从烧杯中倒出的种子。将 100mmol/L $Na_2S_2O_3$ 溶液加入经诱变处理的种子中，在定轨摇床上振荡孵育 15min，倒出溶液。重复 $Na_2S_2O_3$ 清洗步骤 1 次。然后往烧杯中加入去离子水，摇床上振荡 10min，倒出水。重复去离子水漂洗步骤 1 次。

用于清洗的所有液体都需倒进有毒废液回收瓶。实验结束后，用 100mmol/L $Na_2S_2O_3$ 溶液清洁整个工作区域以及所有接触过 EMS 的工具和玻璃器皿来净化 EMS 污染。

清洗后的种子要么进行短时间的表面干燥，要么尽快种到田里，后者称为湿处理。如果处理后的种子不能尽快播种，则应尽快干燥处理使种子的含水量降到 13% 左右，以防止进一步的生理损伤。一个简单实用的方法是在室温下，在实验台上把种子铺在滤纸上干燥。这个过程称为"回干处理"。经过"回干处理"，种子将保持休眠状态，并能保持几周的良好发芽能力。如果种子需储存更长时间，建议在低温下保存。

上述诱变处理程序是根据 FAO/IAEA 植物遗传育种实验室在大麦中的几项研究整理而成的，适用于其他小粒谷类作物。

2.5.3　NaN₃ 和 MNU 复合诱变大麦种子

本实例将介绍使用 NaN_3 和 MNU 复合诱变大麦种子的处理程序，两次诱变处理之间有一个间隔培养期。该方案运用在大麦上诱发了高频率的点突变，并创建了大麦品种 'Sebastian'（Szarejko et al.，2017）和水稻（Till et al.，2007）的 TILLING 群体。这两种诱变剂虽然都是主要诱发 G/C 到 A/T 的转换，但是突变碱基的侧翼序列有所不同（Kurowska et al.，2011；Tai et al.，2016）。复合诱变的目的是扩大突变谱。

2.5.3.1　准备

计算诱变处理所需的种子数量。大规模处理时，需根据诱变剂的体细胞效应估计所需种子数量。从高发芽率（约 100%）的大麦种子中选择饱满均匀的种子至关重要。

要记住，除了对细胞核内和胞质细胞器中的 DNA 造成损伤，诱变剂还会损害细胞质中的其他所有成分并造成细胞周期紊乱。因此，诱变处理会破坏不同组织器官中细胞的代谢，影响 M_1 植株的生长发育。这些效应统称为"体细胞效应"，具体表现为萌发延迟、出苗率降低、生长放缓、叶绿素缺乏、育性和成活率下降。因此在计算 M_1 群体的大小时，应考虑到 M_1 植株的死亡和不育情况，以确保有足够的种子繁殖成 M_2 群体。通过小规模预备实验来比较不同剂量引发的体细胞效应和遗传效应是值得一做的。这样的实验虽然会增加实验步骤，但一定有助于正确选择大规模诱变的最适剂量。

如果在大规模诱变之前进行小规模预备实验不可行，也必须用不同浓度的诱变剂进行初步的诱变处理，建立剂量-反应曲线（或剂量致死曲线）来评估最适诱变剂量。在大麦中使用标准幼苗测定法，即常规发芽试验，来统计出苗率和测算幼苗生长损伤量。具体操作是：在种植盆中装满营养土，播入经不同浓度诱变剂处理后的种子，再覆盖 3cm 厚的细沙。诱变处理 7～10 天后，从基部贴近细沙表面剪下所有幼苗，统计出苗率和测量苗高。分别计算各个品种不同剂量和不同重复的幼苗生长损伤率（见第 1 章）。如果处理后的 M_1 种子不能立即播种，应将种子放在滤纸上，待完全晾干后再收入塑料袋中，4℃ 保存直到播种。大麦不同基因型对诱变剂的反应可能不同,因此建议分别评估不同基因型的诱变最适剂量（图 2.7）。如前所述，最适剂量可能会因诱变实验或育种目标的不同而不同。

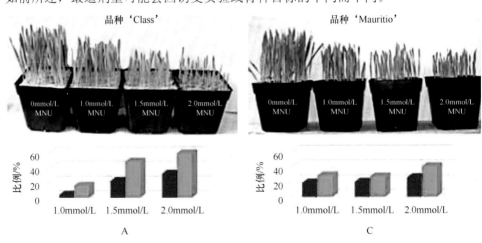

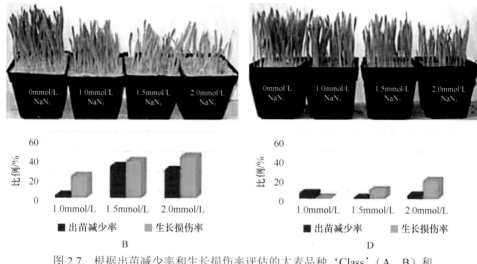

图 2.7　根据出苗减少率和生长损伤率评估的大麦品种 'Class'（A、B）和 'Mauritio'（C、D）对诱变剂 MNU（A、C）和 NaN$_3$（B、D）的敏感性

2.5.3.2　预浸

诱变处理前先用蒸馏水浸泡活化种子。浸泡所用蒸馏水的体积应是干种子体积的 2～3 倍。室温（20～24℃）条件下，大麦的最佳预浸时间是 8h，但为了方便也可以浸泡过夜。预浸可以减少化学诱变剂的体细胞效应。

2.5.3.3　诱变处理

应该强调的是，大多数化学诱变剂也是很强的致癌物。因此，所有诱变处理步骤都应在通风良好的生物危害通风橱中进行。在进行诱变处理过程中和处理诱变后的种子时，应一直穿戴实验服、佩戴一次性手套。采取这些预防措施对于使用 MNU 这样的强诱变剂和致癌物进行诱变时尤为重要。

NaN$_3$ 的诱变效果取决于处理溶液的 pH（Nilan et al.，1973）。常规用于大麦种子诱变的 NaN$_3$ 浓度为 0.5～4mmol/L，处理 3～5h（Nilan et al.，1973；Maluszynski et al.，2003）。值得关注的是，也曾有研究者利用高达 10mmol/L 浓度的 NaN$_3$ 处理 2h，创建了大麦品种 'Morex' 的 TILLING 群体（Talamè et al.，2008）。

当用两种诱变剂复合处理时，最常规的方案是在两种诱变剂处理之间增加一个 5～6h 的间隔培养期，在此期间，将种子放置在湿滤纸上室温培养。

计算不同诱变浓度所需的处理溶液体积。对于大麦等小粒谷物种子，以每粒种子 0.5mL 溶液计算所需诱变剂处理溶液体积。

配制适量新鲜的 NaN_3 和 MNU 溶液。MNU 应溶解于蒸馏水，而 NaN_3 溶解于 pH 3.0 的磷酸缓冲液。配制 1L pH 3.0 的磷酸缓冲液的方法：称取 54.436g 的 KH_2PO_4，用蒸馏水溶解；加入 3.67mL 的 H_3PO_4，定容至 1L。

评估最适处理剂量时，从基础溶液（处理所用最高浓度）开始，配制不同浓度的诱变剂溶液。基础溶液配好后，留下足够用于处理的量，剩下的逐级稀释至其他所需处理浓度。可以使用公式 $C1 \times V1 = C2 \times V2$ 进行计算，此处 C1 为基础溶液浓度，V1 为基础溶液体积，C2 为所需溶液浓度，V2 为所需溶液体积。配制诱变剂溶液需要在通风橱中进行。

诱变按照预浸、清洗、诱变处理和处理后清洗的顺序进行。诱变处理前，倒出浸泡种子的蒸馏水，用自来水冲洗种子两次后沥干水分。诱变处理在室温条件下进行，即将诱变剂溶液倒入装有经过预浸和清洗的种子的烧杯中。

第一种诱变剂 NaN_3 处理 3h 后，倒出诱变剂溶液并用自来水彻底冲洗种子 3～4 次。然后将种子摆放到铺有几层滤纸的托盘中，用湿滤纸盖好，在室温下培养 6h。然后将种子转入标记好的烧杯中，加入第二种诱变剂溶液 MNU，处理 3h 后倒掉诱变剂，再用流动的自来水冲洗种子 3～4 次。诱变剂溶液应始终倒入有毒废液回收瓶中并妥善处理。

用于构建 TILLING 群体的大麦品种'Sebastian'的复合诱变过程中，采用了两组不同的处理组合。

1）1.5mmol/L NaN_3 处理 3h→间隔培养 6h→0.75mmol/L MNU 处理 3h。

2）1.5mmol/L NaN_3 处理 3h→间隔培养 6h→0.5mmol/L MNU 处理 3h。

两种复合诱变处理都先用 1.5mmol/L NaN_3 处理 3h，但 MNU 处理剂量不同。较高 MNU 剂量（0.75mmol/L，3h）的处理诱发的突变频率高于较低剂量（0.5mmol/L，3h），但也造成 M_1 植株的不育性更高（Szurman-Zubrzycka，私人通信）。

2.5.3.4 诱变后处理

用自来水充分冲洗种子是终止诱变剂作用和去除种子表面诱变剂残留的必要后处理步骤。为便于播种，可以在通风橱中将处理过的种子放在滤纸上进行干燥。然而，不能干燥太彻底，尤其在气温升高时，过分干燥会提高诱变剂的体细胞损伤效应。

2.5.4 总结

实践证明，化学诱变在创造新的基因等位变异中非常有用，这些等位变异可用于功能基因组学研究和植物育种应用。化学诱变技术具有成本低、变异密度大和适用性广的优点。EMS 诱导产生的点突变对基因表达有不同影响，例如，对蛋白质功能的影响就包括从细微的功能改变到功能完全丧失。因此，EMS 诱变可以产生一系列的表型，并为基因功能的深入研究提供材料。复合使用两种不同诱变剂（如 NaN_3 和 MNU）进行诱变可以产生更广的突变谱和更丰富的突变类型，而且获得目标性状所需的群体数量相对较小。然而，高密度诱发突变的积累的确使每个株系都包含大量变异。因此，需要采取后续步骤，如对诱变植株进行回交等，以明确目标突变基因，减少或消除遗传背景中的干扰变异。

第 3 章　突变的类型

突变是指生物体遗传物质发生可遗传的变化。有多种原因可引起这些变化，可能是自然发生的，也可能是诱变产生的。突变可以表现为在整个生命周期的不同阶段的表型变异，但可遗传是其主要特征（Lundqvist et al.，2012）。

3.1　表 型 突 变

所有的突变都发生在 DNA 水平上，在本章 3.2 列出了不同的类型。但对育种等实践活动而言，首先需要确定突变体的突变表型。表型选择是植物育种最基本的组成部分，因此，突变表型与植物育种家对它们的选择存在着必然联系，而这种选择传统上是基于表型的选择。通常人们先通过表型选择来利用突变体，而对其潜在的遗传变化机理的解析滞后很长时间。例如，在发现导致水稻半矮秆突变的直接原因，即赤霉素生物合成突变基因之前，美国已经利用水稻半矮秆突变体培育出了新的矮秆品种（参见本章 3.2.2）。

Forster 等（2012）以大麦为例介绍了在种子、幼苗发育、营养生长、生殖生长、花序形成、穗发育、减数分裂、开花及成株成熟等不同发育阶段的一系列诱导性表型突变，以及这些突变如何进行分类和编目。

植物育种家能够从田间观察中快速发现和选择新的、理想的突变性状，包括半矮化株型、开花时间、病虫害抗性和产量等农艺性状。然后利用表型突变描述将符合目标表型的突变株系纳入育种计划。表型水平上的突变还包括质量性状和营养性状（蛋白质、油、矿物质、维生素等的组成和含量）。

表型突变不应与不可遗传的生理性病变相混淆。很多情况下，这些生理性病变与突变表型比较类似（Lundqvist et al.，2012）。这在突变第一代（M_1）的突变诱导和检测中尤为重要。M_1 植株由于受诱变剂的影响产生损伤效应，通常长势较弱，并出现生理性异常。因此，M_1 不能用于突变表型的选择。而 M_2 是进行突变表型筛选的第一个机会（仅限于植物单株选择，参见第 4 章和第 5 章）。

3.2　基 因 型 突 变

基因型突变描述的是基因组中的主要突变事件，即 DNA 序列的变化（这部分内容将在后面的章节中进行介绍），也可能包括通常不会产生可遗传突变的表观遗传修饰（示例 3.1）。

示例 3.1

表观遗传修饰类似于基因突变。最常见的修饰是 DNA 甲基化/去甲基化，通常由环境效应触发产生，可干扰基因表达。有关非生物胁迫（如寒冷、盐碱化、干旱、渗透压或矿物营养不平衡）下发生的 DNA 甲基化变化的报道有很多。例如，在番茄中，甲基化基因 *Asr2* 与减轻水胁迫的反应有关。人为干旱胁迫可使该基因调控区域去甲基化，从而导致该基因表达，使植株适应缺水胁迫条件（González et al.，2013）。响应生物胁迫的表观遗传变化也有文献报道。例如，被细菌性枯萎病菌 *Xanthomonas oryzae* 感染后，水稻中的抗性基因发生了去甲基化（Li et al.，2012）。在没有诱导信号的情况下，表观遗传修饰可以通过有丝分裂或减数分裂稳定地传递给子代。植物的甲基化在有性生殖过程中得以维持（Eichten et al.，2014；Quadrana and Colot，2016）。在诱变育种过程中，重要的是不要混淆表观遗传变化与通过使用物理或化学诱变剂而引起的核苷酸或染色体变化。然而，在某些情况下，两者之间的界限可能并不清晰。在拟南芥中，维持正常胞嘧啶甲基化模式所必需的 *ddm1* 基因的突变导致了主要重复序列的去甲基化，并随后激活了转座因子（Jeddeloh et al.，1999）。下一章将介绍转座因子的作用，它可以在基因组中诱发新的变异（参见第 4 章 4.5）。

细胞的基因组，包括嵌于染色体中的 DNA，存在于细胞核中，也存在于细胞器中。植物细胞质中的线粒体和质体也携带 DNA。

所有 DNA 都可能突变，发生在细胞核中的突变将传递给雄性和雌性生殖细胞（精子和卵细胞），而发生在细胞质（细胞器）中的 DNA 突变只能通过卵细胞的细胞质传递（但是也存在一些罕见的情况，如在香蕉中，后代的细胞质是由花粉精细胞提供的）。

3.2.1　基因组突变

细胞核型包括细胞核内的全部染色体，因此，我们用染色体组的数目（n）来定义生物体。倍性突变包括基因组数量的变化，以减少或增加一组完整染色体的形式表现，如二倍体（$2n$）减少为单倍体（n），这种变化可以自然形成也可以通过实验诱导产生（参见第 8 章 8.1.2）。在多倍体物种中，其单倍体有不止一套染色体，故称为"多单倍体"。单倍体经自然加倍或秋水仙素诱导的染色体加倍形成的双单倍体（doubled haploid，DH）植物，是稳定的纯合品系。它们在基因上是纯合的，且是完全可育的（在减数分裂时有一组平衡的配对染色体），因此在植物育种和遗传学研究上是无价的。它们是突变育种中固定隐性等位基因突变最常用的方式（参见第 8 章 8.2）。Maluszynski 等（2003）介绍了 20 多种作物的双单倍体的详细创制方法，包括谷物、蔬菜和水果。一种产生单倍体胚胎的方法是先利用辐射形成灭活或死亡的花粉，然后再进行授粉。此时，花粉可以刺激卵细胞发育成单倍体胚胎，而不需要受精（孤雌生殖）。可以在多数物种中应用这种方法（Germana，2012）。

包括作物在内的许多植物在进化过程中，自然产生了基因组复制（同源多倍体）或基因组添加（异源多倍体）的多倍体。这些多倍体已用于创制新物种，如小黑麦，它结合了小麦和黑麦的基因组。多倍体的一个作用是增加细胞核的体积，继而又增加了细胞、组织和器官的大小，最终增加了整个植物的大小，在这个阶段，多倍体植物可能比它们的二倍体亲缘种表现得更好。多倍体可以通过加倍二倍体的体细胞染色体数目而产生，但有研究认为在野生环境中，多倍体可能是由于 $2n$ 配子在减数分裂过程中出现错误而形成的（Ortiz and Peloquin，1992；Heslop-Harrison and Schwarzacher，2007）。异倍体具有更多优势，因为异倍体中不同的基因组包含不同的基因集，因此可以通过增加新基因来丰富基因的多样性，促进杂种优势和减轻有害突变。无论是自发的还是诱导的多倍体都对驯化和改良作物具有吸引力。多倍体作物：三倍体的香蕉、西瓜和苹果；四倍体的棉花、花生、芸薹属植物、硬粒小麦、韭葱、马铃薯和烟草；六倍体的普通小麦、燕麦、小黑麦和菊花；八倍体的大丽花、草莓、小黑麦和三色堇等。

有些物种的多倍体来源久远，以致无法用细胞学技术识别，只能在分子水平上进行检测，例如，通过分子检测发现基因重复。这样的古多倍体有油棕、玉米、水稻、橡胶和大豆等。

多倍体人工诱导始于 20 世纪中期，并在器官大小特别重要的蔬菜作物中获得成功（Akerberg and Hagberg，1963）。最近的一个例子是小麦/黑麦杂交种——小黑麦的培育。小黑麦是将小麦的高产特性与黑麦的非生物胁迫耐性相结合的产物，已经创制出六倍体和八倍体的小黑麦。现在，六倍体小黑麦可以种植于不适合小麦栽培的贫瘠土地上（Hao et al.，2013）。

3.2.1.1　染色体突变

对每个物种来说，染色体的整倍体（正常）数目、排列和结构都是确定的。然而，除了上述染色体组数目的变异，即 $n=×1$、$×2$、$×3$、$×4$ 等，突变还能造成其他几类变化。

1. 非整倍性

非整倍性是一类染色体数目异常（非整倍）的染色体突变。一般来说，非整倍体染色体组与野生型仅差一条或少数几条染色体。非整倍体的染色体数目可以大于也可以小于整倍体染色体组。非整倍体是根据特定染色体的拷贝数来命名的。例如，非整倍体 $2n-1$ 被称为单体（即"一条染色体"），因为某些特定的染色体只有一个拷贝，而不是通常在整倍体中看到的两个（一对）。非整倍体，$2n+1$ 称为三体；$2n-2$ 称为缺体；$n+1$ 称为二体，是一种单倍体生物的畸变（Griffiths et al.，2000）。这种非整倍性染色体组常见于多倍体物种，如普通小麦。

非整倍体可以自然发生，也可以在杂交后代中因亲本提供的基因组和染色体数目不等而大量产生。关于小麦中非整倍体利用的详细讨论请参见 Law 等（1987）的报道。非整倍体，如单体，可以由低剂量 X 射线、γ 射线和快中子处理种子、花器官或花粉粒而形成。现已证实，非整倍体对许多植物种类，特别是作物种类而言，在遗传材料的创制和基因定位研究中都是非常有价值的（Sanamyan et al.，2011）。

用 γ 射线处理三倍体香蕉的细胞培养物可以显著减少染色体数目（Shepherd and Bakry，2000）。这表明在进行植物诱变，特别是离体诱变实验的时候，首先需要确定用于突变的植物细胞的核型。Roux 等（2003）证明流式细胞技术可用于筛选突变的植物材料。他们用 35Gy ^{60}Co γ 射线辐射处理三倍体（$2n=3x=33$）香蕉品系'Grande Naine'的茎尖，继代到 M_1V_4，检测到了染色体数为 $2n=31$ 和 32 的非整倍体植株。

2. 染色体重排

1946 年，赫尔曼（Hermann）在他的题为"突变的产生"的诺贝尔奖演讲中指出，电离辐射引起部分染色体重排，其原因是染色体断裂之后，在断裂的末端之间发生与以前顺序不同的连接。这位诺贝尔生理学或医学奖得主还报告了他和同事们发现的明显的剂量效应关系。

DNA 双链断裂（double strand breaks，DSB）因存在细胞的自身修复机制，从而保持遗传的稳定性和完整性。主要的 DSB 修复途径有同源重组（homologous recombination，HR）和非同源末端连接（non-homologous end joining，NHEJ）（Puchta et al.，1996；Waterworth et al.，2011）。关于植物 DNA 损伤修复过程的综述详见 Manova 和 Gruszka（2015）。DSB 修复最主要的途径是 NHEJ。HR 主要发生在细胞的 S 期和 G_2 期。然而，这两种途径都容易出错，最终正是这些错误导致了染色体重排，包括缺失、重复、倒位、插入或易位（图 3.1）。采用基因组原位杂交（genomic *in situ* hybridization，GISH）法分析染色体重排的例子见图 3.2。

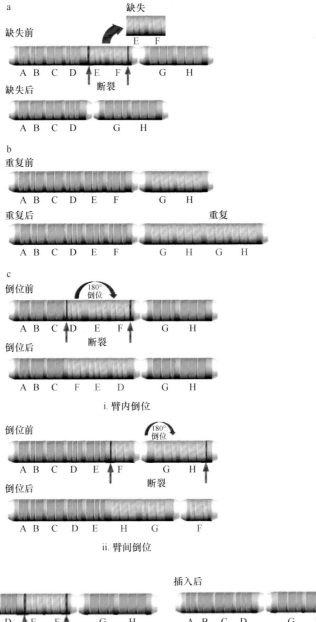

i. 臂内倒位

ii. 臂间倒位

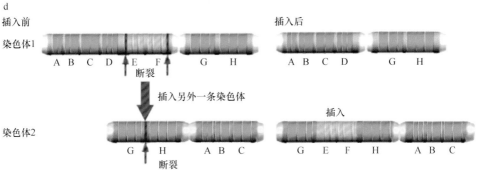

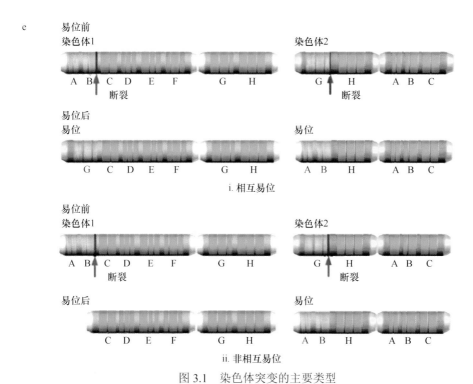

图 3.1　染色体突变的主要类型

a. 缺失：染色体的间质部分在双链断裂后丢失。末端重新连接后，染色体缩短。缺失的片段是无着丝粒的，如果不插入另一条染色体，将会丢失（参见图 3.1d）。b. 重复：产生一个重复的染色体区域。重复区域可以彼此相邻，也可以不相邻。c. 倒位：染色体上发生两个断裂后，两个断裂之间的区域旋转 180°，然后与两个末端片段重新连接。由于没有遗传物质的缺失或复制，倒位通常不会引起表型变化。臂内倒位和臂间倒位这两种倒位是不同的。在臂内倒位（i）中着丝粒在倒位区间之外，而臂间倒位（ii）包括着丝粒。d. 插入：一段因双链断裂而丢失的染色体片段插入另一条染色体中，这需要在第 2 条染色体上发生一个断裂，然后在其末端重新连接染色体片段。e. 易位：两个非同源染色体各自在末端发生断裂后，如果相互交换染色体片段，产生了末端易位，则称为相互易位（i）；如果其中一条染色体断裂后的片段丢失，则称为非相互易位（ii）

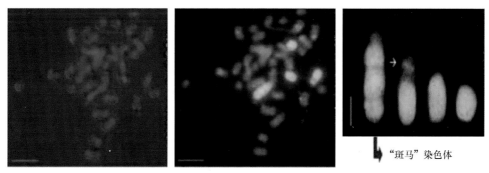

图 3.2　欧洲油菜（*Brassica napus*）与辐照处理后的黑芥（*Brassica nigra*）原生质体进行体细胞杂交试验，经 X 射线照射后的杂交体细胞发生染色体重排

用基因组原位杂交（GISH）分析中期染色体扩散，左：DAPI（4',6-diamidino-2-phenylindole，4',6-二脒基-2-苯基吲哚）复染；中：GISH，欧洲油菜为橙色，黑芥为黄绿色；右：带有"斑马"表征的染色体是由黑芥片段多次插入形成的，箭头指示的是在欧洲油菜背景中插入小片段的黑芥染色体（Nielen et al., 1998）

3. 易位

易位主要有两种类型：染色体内易位或染色体间易位。在染色体内易位时，间质片段发生臂内或臂间移位或易位。染色体间易位可为末端易位、全臂易位、相互易位或插入易位。Wang 等（2012）对这 4 种类型的易位解释如下。

1）末端易位（图 3.1e）是最常见的类型，它是指一条染色体的远端被另一条染色体（如外源染色体）的一段取代。

2）当在着丝粒区域发生断裂时，可能会导致整条臂易位，即一条染色体的整条新臂取代另一条染色体的臂。

3）相互易位（图 3.1e-i）是一种染色体重排，涉及两个非同源染色体的染色体片段之间的交换。

4）目标外源片段代替同源（相关）染色体等效片段的补偿性易位可能更有益。插入易位是指一个染色体片段插入另一段染色体中。但是插入易位很少发生，因为这需要同时发生多个断裂和重组事件。而这类易位又是我们所需要的，它使一个含有目的基因的外源片段插入到宿主染色体而不造成宿主基因的丢失。为了获得这类染色体易位，需要在宿主染色体上发生一个断裂，而在外源染色体上发生将目的基因夹于其间的两个断裂。切下的外源基因片段含有不稳定末端，这个末端可在断点处与宿主染色体的不稳定末端结合。如果插入的外源片段很短，特别是如果插入片段的染色体是通过自交已经纯合的，那么这种插入就不会干扰同源宿主染色体的配对。

辐照可有效地诱导二倍体或染色体附加系形成易位，从而导入含有目的基因（如抗病基因）的外源染色体片段。在小麦中，利用 ^{60}Co γ 射线辐照处理种子或配子从外源染色体导入基因的例子有很多（Friebe et al.，1991；Mukai et al.，1993；Liu et al.，1998，2000；Chen et al.，2013）。

4. 倒位

倒位就是指染色体的一个片段旋转 180° 后在原来的地方重新连接（图 3.1c）。因此，基因的线性顺序与野生型是相反的。如果倒位涉及着丝粒，则称为臂间倒位（图 3.1c-ii）；如果不涉及着丝粒，则称为臂内倒位（图 3.1c-i）。涉及倒位的减数分裂重组事件导致重组子要么带有染色体片段的复制子，要么缺失染色体片段。臂间倒位常产生新的核型。臂内倒位的杂合子在减数分裂前期形成反向环状配对。由于环内发生互换，在减数分裂 I 后期可能出现双着丝粒桥和无着丝粒碎片，导致异常配子的形成，异常配子携带缺失或插入染色体片段，无着丝粒或有两个着丝粒。缺少交换的染色单体和同源重组配对的不充分还导致了臂内倒位的重组频率降低。在玉米（Morgan，1950）、蚕豆（Sjödin，1971）和大麦（Ekberg，1974）的研究中发现臂内倒位的杂合子引起花粉败育。

　　染色体倒位极大地促进了自然界的物种分化。在许多动、植物群体中，染色体倒位显现出种间的固定差异和种内的多态性。在某些群体中，物种的形成与染色体倒位及核型的其他变异有关（White，1978）。Hoffmann 和 Rieseberg（2008）、Lowry 和 Willis（2010）对植物染色体倒位的进化作用进行了大量的研究。

5. 片段重复

　　如前所述，在所有生物的进化过程中 DNA 序列的重复是一种常见的突变。一般来说，如果 DNA 重复长度大于 1kb，称为片段重复（图 3.1b）。在二倍体和多倍体物种的基因图谱中都发现有这种重复，这为二倍体芸薹属植物来源于原始染色体基数少于预期的祖先的发育假说提供了证据。在高粱（Paterson et al.，2009）和油棕（Singh et al.，2013b）中通过比较基因组学的研究同样也证实了染色体区段的复制。

3.2.1.2　核外突变

　　如本章前面所述,除了真核生物的核基因组,基因也位于细胞质内的细胞器（如线粒体和质体）中。这些细胞器是半自主的，因为调控它们功能所需的蛋白质只有一部分是由自己的基因组编码的，而其余的是由细胞核基因组编码的。在植物中，细胞器基因组分为叶绿体基因组（质体）和线粒体基因组。在大多数高等植物中，它们含有 100 ～ 150 个编码基因，其中包括核酮糖的大亚基核酮糖-1,5-二磷酸羧化酶/ 加氧酶（ribulose-1,5-bisphosphate carboxylase/oxygenase，RuBisCO）基因。由于物种的不同，线粒体含有 200 ～ 2000kb 的环形和线形 DNA 分子，更加复杂。

　　细胞器具有非孟德尔遗传的特征，即主要是单亲遗传，通常是母系遗传。另一个特点是细胞器遗传包括遗传上比较特殊的细胞器的体细胞分离。有关细胞器遗传的更多细节，请参见 Greiner 等（2015）的报道。由于很难获得细胞器基因的突变，因此并没有很多相关的报道。Prina 等（2012）报道了这种突变的基因组及其功能。由线粒体基因编码的细胞质雄性不育（cytoplasmic male sterility，CMS）在杂交种生产中具有重要的作用，因而引起了人们的兴趣（Wang et al.，2006）。利用 CMS 可以培育只有雌蕊发育正常（能正常结实）的植株，必须通过异花授粉生产 F_1 杂交种子。最早在玉米中利用细胞质雄性不育技术生产杂交种 F_1，使玉米 F_1 的产量得到极大提高。目前，人们非常关注 F_1 杂交育种，正在将一些主要农作物尤其是水稻和黑麦转化为 F_1 杂交种，同时也在积极计划其他作物的 F_1 杂交育种。

3.2.2　基因突变

　　基因突变可分为拷贝数变化的结构性变异和核苷酸点突变。
　　在染色体突变中，当一个基因组的染色体数或单染色体数目异常时，DNA 序列的拷贝数也会因突变而改变。这一般是指长度1kb以上的基因组大片段拷贝数增加或者减少，也包括20～50bp短片段的插入和缺失（insertion and deletion，InDel）。一个拷贝数增加的典型例子是活跃的反转录因子，它通过"复制和粘贴"机制成倍增加拷贝数（参见第4章）。反转录因子是独立的并具有完整的编码机制，能够进行反转录并将新拷贝重新整合到基因组中。其他拷贝数变异（copy number variation，CNV）是由非等位基因的高度相似DNA片段之间进行非等位基因同源重组引起的。Żmieńko等（2014）总结了目前关于植物基因组拷贝数多态性的研究，包括拷贝数变异与植物表型的关联。普通小麦（*Triticum aestivum*）开花时间和株高多态性的研究就是这种关联的一个例子，其中CNV导致两个主要基因——光周期响应基因*Ppd-B1*和春化基因*Vrn-A1*的改变，为每个基因创造了新的等位基因。*Ppd-B1*拷贝数增加的等位基因具有早期开花表型；*Vrn-A1*拷贝数增加的植株对春化的需求增加，因此需要更长时间的低温过程才能开花（Díaz et al.，2012）。

点突变是指只有一个碱基对受影响的DNA突变，分为碱基替换和碱基插入或缺失两大类。碱基替换可以是转换，也可以是颠换。转换是一种嘌呤（A或G）转换成另一种嘌呤，或一种嘧啶（C或T）转换成另一种嘧啶；颠换是一种嘌呤转换为一种嘧啶，反之亦然。如果这些替换在一个基因的编码区内，它们会产生以下几种突变：①错义突变，一个已经突变的三联密码子编码了一个不同的氨基酸；②无义突变，新的三联密码子产生了一个终止密码子，从而导致翻译提前终止；③沉默突变，这种突变对合成肽/蛋白质的氨基酸序列没有影响（表3.1）。

点突变对表型性状的影响范围很广，从无效，到使酶丧失全部功能或引起部分功能失常，甚至产生一个先前植物中从未出现过的全新性状。如前所述（第2章），点突变，即一个核苷酸的变化，主要是由化学诱变剂引起的。然而，已经证实γ射线诱导水稻产生的半矮突变体Calrose 76（Rutger et al.，1976，1977）是一个点突变的结果，即一个编码赤霉素合成途径的基因，发生了C到T的转换，形成了Sd1位点（Spielmeyer et al.，2002）。

碱基的插入和缺失会产生移码突变，这些突变可以合成新的蛋白质，产生一个或几个新的性状。而另一个碱基的插入或缺失可以抑制移码突变，从而重新恢复原阅读框（图3.3）。

3.2.3 基因突变在性状水平上的表达

性状分为质量性状（单基因性状）和数量性状（多基因性状）两类。在启动突变育种计划之前应慎重选择这两类性状。任何利用诱发突变进行植物改良的建议都必须首先考虑与传统技术相比成功的可能性和获得理想基因型所需的努力。成功的可能性可以用相关物种的繁育体系和待改良性状的遗传控制来衡量。首先要做的是选定某个特定性状，如产量、株高、开花时间、抗病性等，这时候通常

表 3.1　DNA 编码区内的突变类型

突变类型	DNA 突变	例子
无	无	Met　Thr　Asp　Pro　Lys　Gly　Thr 5' - A - T - G - A - C - C - G - A - C - C - C - G - A - A - A - G - G - A - A - C - C - 3' *
沉默突变	碱基替换	Met　Thr　Asp　Pro　Lys　Gly　Thr 5' - A - T - G - A - C - C - G - A - C - 【C】 - G - A - A - A - G - G - A - A - C - C - 3'
错义突变	碱基替换	Met　Pro　Asp　Pro　Lys　Gly　Thr 5' - A - T - G - 【C】 - C - C - G - A - C - C - G - A - A - A - G - G - A - A - C - C - 3'
无义突变	碱基替换	Met　Thr　Asp　Pro　stop! 5' - A - T - G - A - C - C - G - A - C - C - G - 【T】 - A - A - G - G - A - A - C - C - 3'
移码突变	插入/缺失	Met　Thr　Asp　Ala　Glu　Arg　Asp 5' - A - T - G - A - C - C - G - A - C - 【G】 - C - G - A - A - G - G - A - A - C - C - 3'

注：移码突变——核苷酸的插入或缺失导致翻译阅读框的错位

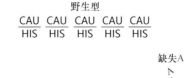

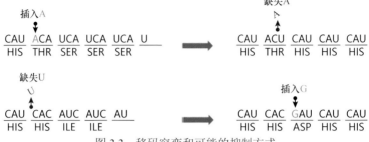

图 3.3　移码突变和可能的抑制方式

不考虑基因。单基因，特别是发育基因，如控制开花时间的光周期和春化基因及控制株高的半矮化基因等，可以对其他性状，尤其是产量，产生重要的多效性影响，因为它们是使品种适应其生长环境的主要遗传因素。然而，这些主要基因通常固定在优良种质中。如果育种家想针对性地定向改良这些性状，可能需要被迫创制与性状有关的微效数量基因的突变，这对育种家来说更具挑战性。

3.2.3.1　质量性状

质量性状由一个或两个基因控制，其特征是遵守简单的孟德尔遗传定律。典型的质量性状包括株高、开花时间、籽粒大小、花和叶的颜色、种壳的厚度、种子氨基酸含量等。质量性状从杂交组合中分离出来的通常是非连续变异的明确类型，例如：豌豆中的绿色或黄色种子，油棕的薄壳或厚壳。

当抗病性由小种特异性主效 R 基因控制时，我们认为抗病性是一个质量性状。新的病原体出现会使植物变得脆弱。如果一个具有质量性状抗性的特定栽培种连续种植，病原体受到的压力就会越来越大，新小种就会进化，从而破坏植物的抗性，植物就变成感病的。因此，对于一个可持续的育种项目，理想的是将几个主要抗病基因组合到新的品种中以获得广谱的抗性。这一策略已成功地应用于控制小麦的秆锈病中（Singh et al., 2011）。然而，当一个病原体出现新的致病性更强的小种时，抗病性可能会减弱。例如：1999 年在乌干达出现的秆锈病菌（*Puccinia graminis*）的小种 Ug99（Pretorius et al., 2000）。Ug99 通过风媒孢子传播，迅速从东非向南进入也门，向东最远到达伊朗，威胁到了整个世界的小麦生产，并且受 Ug99 感染地区的小麦收成只能通过大量使用昂贵的杀菌剂来保证。在国际原子能机构区域间技术合作项目 INT/5/150 的支持下，新的抗病突变品种已经培育出来（参见本章 3.3.1 的实例）。

3.2.3.2　数量性状

数量性状的特征是连续变化，后代表型呈现正态分布。理论上，只需要少数（4个）等效基因就可以产生正态分布；因此，数量性状可以由少数（4 或 5 个）或更多基因控制。对于一个数量性状的基因分离，每一个基因占总变异的一部分，它们通过与其他基因和环境相互作用而调整表达（Paran and Zamir，2003）。影响性状的每个基因的净效应可以分解为几个分量，分别用以下几个方差表示：加性遗传方差、显性遗传方差、上位遗传方差、基因×环境相互作用的方差和其他环境方差，它们对于所研究的群体具有高度特异性。

基因位点的未知效应和相互作用增加了所涉及基因作用的复杂性，在这样的背景下许多数量性状基因座（quantitative trait loci，QTL）仍然未知。许多对育种有价值的重要性状，如谷物/饲料产量、种子重量、穗重、茎粗、株高和种子品质在性质上都是数量性状。为了增强数量性状的遗传变异，可以像对质量性状一样对数量性状用诱变剂进行诱变。

QTL 基因分离的频率和效应决定了一个群体与环境的方差及遗传力的大小（Kharkwal，2012）。通常，突变引起的遗传方差在许多性状和作物种类上表现出狭窄的变异范围（Keightley and Halligan，2009）。在稳定选择的情况下，大效应值的分离基因表现出较低的期望杂合度（Turelli，1984），因此预测方差与控制数量性状的基因的总突变率成正比，与选择强度成反比。

人们提出了许多用于剖析多基因控制复杂性状的遗传学理论，同时开发了统计方法来提高对这些基因作用的了解水平（示例 3.2）。统计遗传学一直专注于变异成分分解、参数估计、表型育种值预测方法的研究。

示例 3.2

在 QTL 突变体有效选择方法的研究中，Ukai 和 Nakagawa（2012）在谷类作物上演示了单穗单粒选择法。这个方法的假设基础是数量性状表型值服从正态分布（A），正态分布平均值为 N，标准差为 s，这里的 N 为正常植株的基因型值，s^2 为环境方差。

假设一个目标突变（$A \rightarrow a'$）发生在一个具有高遗传效应的遗传位点上，且每个细胞的突变率为 p_1；接下来再假设纯合子 $a'a'$ 的表型值服从另一正态分布（B），平均值为 M（$> N$），标准差与正常植株的值相同（σ）。换句话说，突变体的基因型值为 M，环境方差为 σ^2。最后，作者还假设突变的等位基因对原等位基因是完全隐性的，并且杂合子（Aa'）的表型值遵循分布 A。那么，M_2 突变群体表型值就遵循 $A+B$ 的组合分布，两个正态分布 A 和 B 的比值为 $(1-0.25p_1) : 0.25p_1$。在这种情况下，所有表型值高于阈值（Th）的植株都会被挑选出来。在这种选择法中，与突变基因型和环境变异有关的 Th 值的确定就变得非常重要。

突变引起的数量性状表型值的变化可以通过集中趋势（平均值）和离散度（方差）来检验，而不再用比率或遗传模式来确定。通过辐射配子（花粉粒）或胚胎（休眠种子）获得的群体数量性状的平均值在大多数情况下低于未处理群体的平均值。Khan 等（2004）对绿豆（*Vigna radiata*）数量性状的遗传突变进行了研究，他们认为，方差分析是确定 QTL 突变效应最可靠的统计方法。两个绿豆品种的三个数量性状的各类遗传参数，即基因型变异系数（genotypic coefficient of variation，GCV）、遗传力（h^2）和遗传进度（genetic advance，GA）的估计值已经充分证明诱变处理可以改变平均值，并创造出超预期的数量性状的遗传变异。

随着基因组学的出现，分子标记和测序等多种手段都可以鉴定 QTL。分子标记用于分析数量性状的表型遗传，有助于定位基因组中的特定基因及确定其对这些性状的作用大小。基于 DNA 标记技术的高密度遗传图谱将有助于理解这些 QTL 的特性，例如，影响某一性状的单个或多个基因的效应及其在染色体上的位置，单基因的多拷贝效应，控制性状的基因间的相互作用，不同环境条件下基因作用的多效性和稳定性（Paterson et al.，1988）。结合高通量基因分型和表型技术进行 QTL 定位对于识别与数量型农艺性状有关的遗传区域是非常有效的。另外，通过分子标记辅助选择（marker assisted selection，MAS）可以将从两个或多个在不同品种或近缘种中鉴定出的控制不同性状的 QTL 整合到同一个优良品系中（Ashikari and Matsuoka，2006）。这样就可以推断出数量性状的分子基础。

3.3　实　　例

3.3.1　实例 1　单基因突变的选择：小麦 Ug99 秆锈病抗性育种

1999 年，在乌干达由秆锈病菌（*Puccinia graminis*）引起的小麦秆锈病中发现了一个新的强毒性生理小种 Ug99（TTKSK 小种）。Ug99 造成的小麦秆锈病会导致小麦绝产。由于没有任何小麦品种具有 Ug99 抗性，且病菌孢子由风传播，因此该病迅速传播，病情严重。Ug99 每年造成 830 万 t 的小麦损失，约合 12.3 亿美元，从而威胁到全球数十亿美元的小麦生产。

2009 年，对 Ug99 越来越多的关注促成了 IAEA 技术合作项目 INT/5/150 的成立，项目名为"小麦秆锈病（Ug99）跨国威胁的应对"，涉及 20 多个国家。参与该项目的有 18 个国家，以及 5 个国家和国际研究机构。在项目中测试了所有可能的诱变技术来应对 Ug99 带来的挑战。为加快项目进程，在肯尼亚和土耳其多次召开项目研讨会。

2009 年，在 FAO/IAEA 植物遗传育种实验室针对 Ug99 进行了诱变处理。首先测定了每个参试小麦品种的辐射敏感性，然后以最适剂量辐射处理种子。这些诱变处理提高了生物多样性，处理过的种子被送到锈病高发的肯尼亚埃尔多雷特

（Eldoret）进行测试。国际原子能机构还在肯尼亚援建了灌溉系统，保证每年能进行两季小麦的生长和试验。

2013 年，从来自阿尔及利亚、伊拉克、肯尼亚、叙利亚、乌干达和也门 6 个成员国的小麦品种中培育出了 13 个高抗 Ug99 的突变株系。

2014 年 2 月，第一个抗 Ug99 的小麦突变品种'Eldo Ngano1'（斯瓦希里语，意为"埃尔多雷特故事"）正式向农民供种。该品种抗病且高产，从突变体诱导到品种审定仅用了短短不到 5 年的时间（表 3.2），这是前所未有的。2013 年，该品种在肯尼亚埃尔多雷特生产了 6t 种子并继续繁殖。2014 年，在'Eldo Ngano1'审定后的第一年，当地农民即获得了充足的'Eldo Ngano1'种子，种植了 400 ~ 500hm²。随后，第二个突变品种'Eldo Mavuno'（斯瓦希里语，意为"埃尔多雷特收获"）在 2014 年 5 月获得肯尼亚政府审批。

表 3.2　小麦突变品种'Eldo Ngano1'从突变体诱导到品种发布的研究进展

日期	品种选育
2009 年 3 月	选择亲本品种'Chozi'和'Njoro Ⅱ'（肯尼亚）
2009 年 4 月	突变体诱导——在 FAO/IAEA 植物遗传育种实验室进行 γ 射线诱变处理
2009 年 6 ~ 9 月	M_1 在肯尼亚的埃尔多雷特大量种植
2009 年 10 月至 2010 年 2 月	M_2 群体（大约每品种种植 10 000 穗行）种植于病害高发的肯尼亚埃尔多雷特；从 5 穗行选出 16 个抗病植株
2010 年 5 ~ 9 月	M_3 选择的株系在肯尼亚埃尔多雷特继续以穗行种植；选出 5 个抗性株系
2010 年 10 月至 2011 年 2 月	M_4 选择的株系在肯尼亚埃尔多雷特的温室进行幼苗人工接种侵染，进一步测试、筛选；选出的株系在田间种植并验证抗性
2011 年 6 ~ 9 月	M_5 选出的株系以穗行种植于肯尼亚埃尔多雷特感病农田；5 个株系确认了抗性
2011 年 10 月至 2012 年 2 月	M_6 选出的株系种植于肯尼亚埃尔多雷特的感病农田
2012 年 3 ~ 10 月	M_7 选出的株进入国家区域试验；从 5 个株中选出 4 个突变株系（3 个来自'Chozi'，1 个来自'Njoro Ⅱ'）
2012 ~ 2013 年	选出的 4 个突变株系在肯尼亚埃尔多雷特进行扩繁
2013 年 3 月	继续进行第二年国家区域试验；放弃 1 个产量低的品系，另外 3 个继续，增加一个新品系
2013 年 8 月	正式发布第一个审定品种'Eldo Ngano1'

3.3.2　实例 2　诱导突变对高粱数量性状的遗传改良

高粱是世界第五大重要的谷类作物，生长在干旱和半干旱地区的贫瘠土壤中。非洲和亚洲国家是主要的高粱生产国（占世界 83% 的种植面积和 57% 的产量），以地方品种为主，主要用于食用（Rakshit et al., 2014）。在印度，南部和中部各邦占高粱总产量的 70%。该地区大部分处于雨养条件下，主要种植杜拉型地方品种。

这类品种高大、晚熟、对光敏感，收获指数较灌溉品种低。为了提高当地品种的食用和饲用品质，以及它们对生物和非生物胁迫的耐受性，人们尝试利用突变育种方法来改良这些性状，包括使用各种物理诱变剂（X 射线、γ 射线、电子束和快中子）、化学诱变剂（EMS、MMS、NaN_3 和 ENU），以及各种物理诱变剂+化学诱变剂的组合进行高粱的诱变（Reddy and Rao，1981）。近年来，有研究采用碳离子束诱变技术提高甜高粱茎秆的多汁性（Dong et al.，2017）；也有研究用 γ 射线诱导高粱数量性状的突变，如穗长、籽粒产量和饲用品质（Soeranto et al.，2001），以及 Co-S-28（Jayaramachandran et al.，2010）和 Yezin-7（Htun et al.，2015）等品种的穗粒数、粒重和籽粒产量。

Maldandi、TC-2、TH-11-10 和 TJP-1-5 等高粱地方品种，作为食物和饲料，在印度南部各邦广泛种植。它们的产量较低，籽粒呈有光泽的珍珠黄色，易感染高粱芒蝇和炭腐病。为此，2012 年启动了一个利用 γ 射线和 EMS 改良当地品种数量性状的研究项目。简而言之，每个品种选择 3000 粒含水量为 10%～12% 的自交种子用于诱发突变。每个品种具体处理程序：①用 300Gy 的 γ 射线照射全部 3000 粒种子（剂量率为 38Gy/min）；②一半经辐射后的种子再用 EMS 处理。将 1500 粒种子在 250mL 水中振荡、浸泡 16h，然后在室温下用 0.1%（v/v）的 EMS 处理 8h。处理过的种子在室温下用自来水冲洗 4h 并风干。处理后风干的种子直接种植于田间，单粒点播，株行距 45cm×10cm。γ 射线和 γ 射线+EMS 处理的种子被分别播种在 15m×3m 的小区内，以未处理亲本品种为对照。采取当地栽培管理措施种植 M_1 代植株。开花前对每一花序进行套袋以保证自交，单穗收获。每一个可育穗按穗行种植 M_2 代，单株收获。

所有形态和其他变异（白化、黄色突变、翠绿色和失绿）都随时记录下来。在随后的世代中，以对照植株为参考，选择 15%～20% 具有突出特征的优良变异植株继续以株行种植，直至 M_5 代。M_6 代，在 TC-2 和 TJP-1-5 群体中选出了一批有应用前景的突变体，它们的开花期提前 10 天，高产（$2600kg/hm^2$；对照品种 $1600kg/hm^2$）且大粒（4.1g/100 粒；对照品种 3.5g/100 粒，见表 3.3）。这些突变体的其他数量性状也存在广泛的变异，如株高（115～338cm）、茎粗（0.8～2.2cm）、穗长（8～34cm）和穗宽（7～25cm）（Badigannavar et al.，2017）。其中，大而亮丽的珍珠黄籽粒是消费者的首选，在市场上价格较高。此外，从 TC-2 和 TJP-1-5 两个亲本材料突变诱导后代中还鉴定出 5 个与亲本相比铁含量增加（17～21mg/100g）的突变体和 4 个锌含量增加（2.5～4.1mg/100g）的突变体。目前，TC-2 和 TJP-1-5 的这些突变系正在印度农业研究委员会（Indian Council for Agriculture Research，ICAR）的正式国家区域试验中测试它们后雨季的表现。更多化学诱变细节见第 2 章。

表 3.3　4 个高粱优良突变体在 2 个地点、3 个生长季的平均表现

数量性状	TC-2 突变体	TJP-1-5 突变体	TH-11-10 突变体	M-35-1（对照）
开花时间/d	53	52	57	62
穗长/cm	23.5	20.5	19.2	14.5
穗宽/cm	6.5	5.8	7.2	4.5
粒重/（g/100 粒）	4.0	3.95	4.0	3.6
籽粒产量/（kg/hm^2）	2700	2500	2450	1550

第4章 诱变处理种子当代损伤效应和生物学效应

4.1 植物损伤与致死效应

如第 3 章所述，诱变处理后第一代（M_1）群体普遍存在生理损伤，这也是 M_1 代不能进行突变表型筛选的主要原因。除此之外，大多数诱发突变是隐性的，突变表型只能在纯合突变个体中观察到。再者，诱变处理产生的突变最初只是一个单细胞事件，并不是植株的每个细胞中都有，因此必须将 M_1 代植株视为嵌合体（见本章 4.4）。在实际应用中，诱变处理对 M_1 代植株产生的最大影响是生长迟缓、育性降低或死亡。生理损伤可能与染色体本身及其他细胞组分的损伤有关，通常这两种因素会同时存在。不管诱变处理产生的影响及成因如何，M_1 代植株普遍生长较弱的实际情况意味着 M_1 代群体需要种植在适宜（无胁迫）的生长条件下，从而最大程度地促进其生长，繁育产生下一代（M_2）。诱变处理的生物学效应与所用诱变剂及其剂量密切相关。Jan 等（2012）综述了 γ 射线辐射对植物形态、生理和生化方面的影响。

在诱变处理实验中，产生的生理损伤程度限定了剂量增加的范围，当所处理材料的致死率达到 100% 或 M_1 种子不能发芽时，即达到了辐射处理剂量的最高值。因此可以用诱变处理后所产生的生理损伤作为设计诱变剂量的参考依据。对种子而言，种子外层结构受损、有丝分裂受阻、细胞分裂消失等都是导致 γ 射线处理后不能发芽的原因（Lokesha et al.，1992）。种子经 γ 射线处理后，其植株的存活率与剂量呈正相关关系，γ 辐射甚至影响成熟植株的成活率；而经 EMS 处理后存活率与剂量的相关性则相对较小（Mahamune and Kothekar，2012）。尽管植株自种子萌动至成熟之间的任意时期都可能发生死亡现象，但是在植株发育关键时期的致死效应更为突出；同时，减数分裂、花粉、胚囊和种子发育的异常通常会导致 M_1 植株产生不育现象（Micke and Wohrmann，1960）。因此统计致死率或存活率时，应当注意植株的发育时期，标明数据收集时间。另外，田间种植时由于植株在生长发育的关键时期可能存在环境胁迫等，因此在实验室内观察到的存活率可能与大田条件下存在较大差异。

在化学水平上，活性氧（reactive oxygen species，ROS）的产生是导致诱变处理后发生生理损伤的主要因素。ROS 的毒性会引起脂类物质中不饱和脂肪酸发生氧化（即脂质过氧化），也可能引起特定酶氧化失活，从而间接对 DNA 或 RNA 造成损伤（图 4.1）。此外，由诱变处理引发的胁迫条件可能会使 ROS 触发特定基因的转录，这是目前研究认为较低辐射剂量（根据物种的不同，在 10～50Gy）处理能够刺激发芽的原因之一。同化色素、叶绿素 a、叶绿素 b 和类胡萝卜素的含量也会随着辐射剂量的增加而增加（Marcu et al.，2013）。γ 射线处理对细胞分裂、生长和发育的刺激作用称为"毒物兴奋效应"。应该注意的是这种刺激作用（超过未辐射对照的正常表现）通常很小且持续时间非常短暂，不会对产量产生显著影响（Miller and Miller，1987）；随着处理剂量的增加，ROS 的抑制和毒性作用以及电离辐射对 DNA 的直接影响逐渐超过刺激作用（Marcu et al.，2013）。

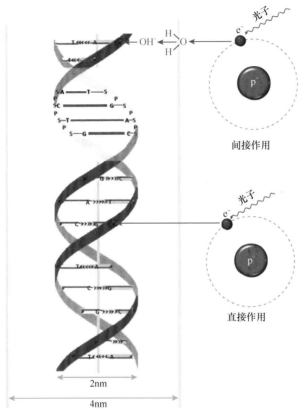

图 4.1　γ 射线和 X 射线处理对 DNA 的间接作用和直接作用

上方：通过电离辐射产生的 ROS（此处为羟基自由基）导致 DNA 链断裂；

下方：DNA 链断裂是电离辐射对 DNA 直接作用的结果

　　ROS 的产生取决于受辐射组织的含水量。也正因如此，离体培养外植体或组织培养材料所需适宜剂量比干种子低得多。接受辐射时的种子含水量对诱变效应影响很大，种子中的含水量越高，对电离辐射的敏感性越大，在辐射敏感性实验中，利用不同含水量的种子进行诱变处理能够很容易地观察到这一现象。为减少由含水量造成的影响，诱变处理种子前，通常先将其放入干燥皿中干燥处理一段时间，使含水量均一化，一般应当调整到 12%～14%（参见第 1 章）。

　　植物突变育种过程中，适宜的诱变剂量产生的损伤较小，同时能够诱导目标性状产生适宜的有益突变频率且突变冗余较低。这就需要育种家斟酌所要处理的 M_1 数量和后代突变群体大小，从中进行平衡。对于任意诱变处理，以谷类作物为例，M_1 幼苗高度和存活率与突变频率之间均存在相关性（Gaul，1959；Suresh et al.，2017）。

　　M_1 损伤效应的定量分析和辐射敏感性检测是突变育种的常规程序。检测 M_1 损伤效应最简单且最常用的手段包括发芽率测定、植物特定发育期（通常是幼苗期）苗或根的生长率测定。这些分析通常在实验室或温室中进行。可以测量并与对照（未处理，以下称野生型）进行比较的参数包括发芽率、成苗率、株高、根系生长、叶色、开花时间、开花量、结实率和单株产量等（详细内容见第 5 章）。

4.2　细胞学效应

　　一些 M_1 的诱变损伤效应可以在细胞学水平上观察到，并分析其染色体畸变的频率。种子处理后，对芽或根尖细胞第一个有丝分裂周期的分析是确定诱变效应的快速检测方法之一（图 4.2）。虽然这种方法比测量苗期性状（如苗高减少量等）更耗时费力一些，但是其所提供的信息也更多，因此当在育种或研究计划中采用新的诱变处理时一般应进行细胞学效应分析。在多种作物中，都以幼根根尖为材料进行染色体分析，并且有成熟的实验方案可供参考，用以检测中期染色体扩散（Maluszynska，2003）。

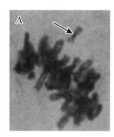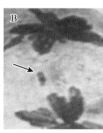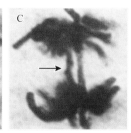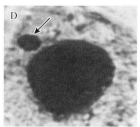

图 4.2　γ 射线诱导洋葱（*Allium cepa*）染色体畸变（Kumar et al.，2011）

A. 游离染色体；B. 落后染色体；C. 染色体桥；D. 间期微核

4.2.1　染色体观察

　　种子经诱变处理并发育为幼苗后，在根尖和芽尖等有丝分裂活跃的组织中可以观察到染色体畸变（图 4.2）。作为诱变处理的效果，在有丝分裂后期，一般能够观察到染色体桥和染色体断片，而分裂间期通常可以观察到微核。相关示例见 Maluszynski 等（2009）、Kumar 等（2011）。

　　诱变处理通常会推迟种子萌发和细胞分裂，并延缓有丝分裂周期。在处理或固定根尖或芽尖以进行细胞学观察时，应充分考虑这一实际情况。如大麦的细胞核分裂从种子根开始，随后在胚芽鞘、叶片和芽尖中继续（Wertz，1940）。

4.2.2　彗星电泳

彗星电泳是一种检测 DNA 链断裂程度的巧妙方法，也能够分析诱变处理所产生的染色体畸变（图 4.3）。实验时，用刀片在冷却的 Tris-HCl 缓冲液中切碎幼叶，分离细胞核；然后将细胞核嵌入到用琼脂糖包被的载玻片上；用高盐溶解液处理，去除细胞膜和核质，随后打开核小体，溶解组蛋白，保留带有负超螺旋 DNA 的核仁用于电泳。经电泳和荧光染料如溴化乙锭（ethidium bromide，EB）或 4′,6-二脒基-2-苯基吲哚（4′,6-diamidino-2-phenylindole，DAPI）染色后，在荧光显微镜下用紫外激发光观察。其基本原理是 DNA 断裂导致超螺旋解旋，电泳时 DNA 碎片向阳极迁移，从而形成类似彗星尾巴的电泳条带；而没有发生双链断裂的 DNA 超螺旋则不会移动，并最终电泳形成彗星的头部。彗尾长度与 DNA 损伤程度和诱变剂量之间具有明显的相关关系。有关彗星电泳及其原理、应用和局限性的论述详见 Collins（2004）。有意思的是，通过采集诱变处理后不同时间段的样品，利用彗星电泳分析，可以研究 DNA 损伤修复的动力学特性。Gichner 等（2000）用 20Gy 和 40Gy 的低剂量 γ 射线分别辐射处理烟草幼苗，并在 24h 后监测到 DNA 已经完成损伤修复过程。彗星荧光原位杂交（fluorescent in situhybridization，comet-FISH）是对彗星电泳的改良，改进后的方法使彗星电泳不仅可以用于定量检测，还可以用于对诱变损伤染色体区域的定性分析。comet-FISH 研究表明，彗尾中的端

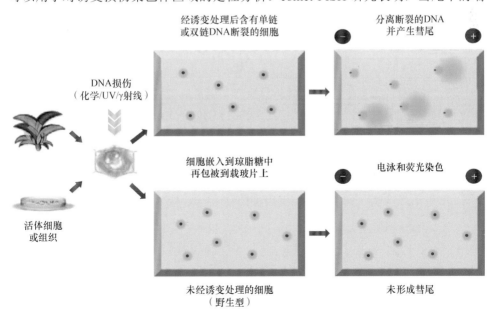

图 4.3　植物组织彗星电泳原理（http://www.sigmaaldrich.com）

粒 DNA 序列比着丝粒序列更常见（Kwasniewska and Kwasniewski，2013），这一结果可以通过染色体畸变所需的断裂次数来解释，即在染色体末端缺失仅需一次断裂，而在着丝粒区域缺失则需要两次断裂。

4.2.3　低剂量刺激效应

γ 射线的低剂量刺激效应导致有丝分裂活性增加，但剂量增加后也会导致细胞分裂次数减少。例如，在豇豆有丝分裂中期观察到四种类型的由诱导产生的异常染色体结构，包括纺锤体纤维形成受到完全抑制的 c-中期结构、聚集粘连在一起的染色体、受干扰的中期结构、频率较低的多倍体细胞；在后期至末期观察到染色体桥和落后染色体（Badr et al.，2014；Kozgar et al.，2014）。Kamaruddin 等（2016）在辐射处理后姜的根茎有丝分裂前期、中期和末期都观察到了聚集在一起的染色体，而在中期和后期有粘连染色体。

4.2.4　对减数分裂的影响

减数分裂时期是植物生长发育的一个敏感阶段，受到遗传和环境因素的双重影响（Wijnker and De Jong，2008）。调控减数分裂是植物育种家梦寐以求的，但在实际应用中很难实现，仅有通过染色体交联和多倍体化实现无融合生殖从而繁殖种子的例子（如臂形草属牧草），其他则鲜有报道。通过物理、化学和生物等诱变方法处理，影响植物减数分裂时期染色体配对和重组，并诱导染色体易位，有时也能达到预期结果（Puchta et al.，1996；Lagoda et al.，2012）。对处于减数分裂时期的实验材料进行诱变处理，能够诱导外源染色体片段导入目标物种中（Wang et al.，2012）。例如，辐射处理处于减数分裂时期且携带附加染色体的非整倍体小麦，诱导染色体产生断裂并与其他染色体配对，以创制小麦异源易位系。Sears 等（1956）用 X 射线辐射处理带有小伞山羊草（*Triticum umbellulatum*[①]）抗锈病基因染色体的小麦非整倍体材料；Chen 等（2005）用 γ 射线辐射带有大赖草（*Leymus racemosus*）抗赤霉病基因染色体的小麦非整倍体，都获得了小麦抗病异源易位系，其机制是辐射引起 DNA 双链断裂，在损伤修复过程中产生了非同源染色体重组。但令人遗憾的是，目前仅有极少数用诱变处理调控细胞减数分裂和染色体重组的实例，这可能与减数分裂过程的超敏感特性有关，该领域还有待更多更深入的研究。

4.3　不　育　性

诱变引起的育性降低有不同表现和原因。不育包括 5 种现象：一是严重的发育

[①] 拉丁名现为 *Aegilops umbellulata*——译者注。

迟缓或生长抑制，阻碍开花；二是有花但没有正常的生殖结构；三是有生殖结构但花粉或胚珠败育；四是能授粉但胚胎在成熟前败育；五是能发育成种子，但种子不能正常发芽或发芽后死亡。不育的可能原因包括染色体突变、基因突变、细胞质突变和生理效应等 4 个方面，而染色体突变应是所有诱发突变导致不育的最主要原因，主要是由于减数分裂失败产生了无功能配子。与生理损伤一样，育性的降低为实际应用中诱变剂量的设计提供了重要参考指标。

用 EMS 化学诱变拟南芥时发现，突变频率受 M_1 植株不育株的多少而非致死量的影响。对部分雄性不育突变体的详细研究表明，花药形态建成、小孢子发育、花粉分化和花药开裂等方面的缺陷都是导致雄性不育的因素（Sanders et al.，1999）。也有人对诱发突变导致花粉（雄性）和胚珠（雌性）不育的相关基因进行了研究报道（Robinson-Beers et al.，1992；Sanders et al.，1999）。

尽管不育性是影响突变体创制的一个重要问题，但也是可以加以利用的，尤其是在 F_1 杂交种生产过程中。在杂交育种的背景下，选育雄性不育株（即雌性系）是商业化杂交种生产的最优制种途径。Chaudhury（1993）在关于植物雄性可育性研究进展的综述中论述了各种雄性不育突变体，并认为有多个基因共同调控雄性个体的育性。

4.4　嵌　合　体

简而言之，嵌合体是由具有多种基因型的细胞组成的植株个体。第 5 章、第 6 章和第 8 章分别详细讨论了嵌合体的产生和分离。诱变处理后所产生的嵌合体对后续育种计划的实施，特别是对突变群体的处理非常重要。

嵌合体类型大致分为体细胞和生殖细胞两种（见第 5 章）。体细胞嵌合体最明显的表现是叶片因叶绿素缺失而表现出花斑，在单子叶植物的叶绿素缺失区域形成纵向条纹、在双子叶植物中形成不规则的叶绿素缺失斑块。嵌合体能够在无性繁殖作物中持续存在，但在有性繁殖作物中则有可能快速分离。然而即使是在有性繁殖作物中，嵌合体也能以较低的频率传递到下一代。嵌合体在 M_2 植株中的分离首先取决于产生生殖系（遗传有效细胞）进而形成配子的原基细胞数量，还取决于每个细胞中是否有突变发生。更多内容见示例 4.1。

示例 4.1

以大麦为例，已经确定每 4～5 个主穗为一组，均是由 2～4 个原基细胞生长发育成的（Gaul，1964）。Ukai 和 Nakagawa 介绍了一个利用 M_1 穗法分离突变体的例子（Shu et al.，2012），该方法是 Stadler（1928）建立的，其基础是从 M_1 植株的每个穗子中分别收获 M_2 种子，于是 M_2 突变体的分离频率取决于

发育成每个穗子的原基细胞数量。在只有一个原基二倍体突变细胞发育成穗的
情况下，M_2 的分离频率与单隐性基因突变（$a'a'$）的分离比率相同，即 0.25；如
果除了突变细胞还有其他细胞参与穗子的发育，则 M_2 中将会出现嵌合区，同时
其分离比也会低于 0.25。原基细胞数量与分离频率之间的关系可用公式 $0.25/k$ 来
表示，其中 k 为原基细胞数。这意味着在突变育种实践中，随着突变原基细胞数
量的增加，在 M_2 中发现纯合隐性突变的概率将会变小。值得注意的是，诱变处
理可以杀死原基细胞，并且多个原基细胞可以分别发生不同的突变，在后一种
情况下，育种家能够获得更多具有不同性状的 M_2 突变植株。影响突变分离频率
的另外一个因素是所谓的双倍体或单倍体选择，即不同基因型细胞之间的竞争，
特别是突变细胞和非突变细胞之间的竞争，发生在体细胞的二倍体期或产生配
子和形成合子的单倍体期（参见第 3 章、第 5 章、第 6 章、第 8 章）。

在无性繁殖作物中，嵌合体的问题可能会更为棘手，因为科研人员需要花费
大量的精力来分离嵌合体以获得同源稳定株系（见第 6 章）。

无性繁殖作物的嵌合体是由茎尖分生组织中的突变引起的，所产生的嵌合体
的特性与突变在茎尖分生组织分层结构（图 4.4）中发生的位置有关。被子植物的
茎尖分生组织通常有三层不同的细胞，分别为 L1、L2 和 L3。其中 L1 是最外侧的
单层细胞，衍生形成表皮；L2 是单层表皮下细胞层，发育形成配子和叶片表皮下
的叶肉细胞；L3 衍生形成包括维管束在内的其余所有内部细胞层。根据发生突变
的细胞层，将嵌合体分为扇形嵌合体（sectorial chimera）、混合型嵌合体（mericlinal
chimera）和周缘嵌合体（periclinal chimera）三种类型（参见第 8 章 8.1）。周缘嵌
合体是指一层细胞与另一层细胞在遗传上互不相同，是最稳定的嵌合体类型，其
突变来自单层单个细胞，该突变通过垂周分裂形成一个承载该突变的均匀层。在
混合型嵌合体中，一层中的细胞突变不会扩展到整层，这些突变是不稳定的，可
能会消失，也可能会发育成周缘嵌合体。扇形嵌合体的特征是突变扇区分布在多
个细胞层中，这种类型的嵌合体也是不稳定的，通常会在生长过程中发育成非嵌
合体组织，并可能形成遗传同质类型。以三倍体卡文迪什香蕉（Cavendish banana）
为代表的无性繁殖作物突变育种的关键是，如何在诱变后分离出嵌合体，并尽快
培育出能对目标性状进行筛选的同源克隆。Roux 等（2001）测试了不同组织培养
方法对二倍体和三倍体小果野蕉（*Musa acuminata*）嵌合体分离的效果，他们以多
倍体细胞嵌合体为突变模式系统，使用流式细胞仪可以很容易地进行检测。研究
采用三种不同的继代培养方式，分别为茎尖培养、多顶端组织培养和球茎切片培养，
当采用茎尖培养时，细胞嵌合体的平均比例从 100% 降低到 36%，用球茎切片培
养时从 100% 降低至 24%，而用多顶端组织培养时则从 100% 降低至 8%。

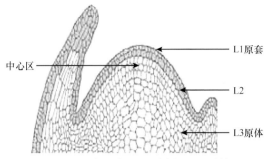

图 4.4　茎尖分生组织顶端细胞层结构

如果观赏型花卉植物的嵌合体扇区具有有益突变，如新的花色或花形，则可以将这些突变组织分离出来并进行组织培养，以培育具有有益突变性状的再生植株。例如，通过组织培养和器官再生技术将菊花扇形嵌合体中的突变小花组织再生成植株，成功保留了该突变（Mandal et al.，2000）。

4.5　次级效应：转座子激活

由各种诱变剂诱导产生的绝大多数变异是基因功能的丧失，因此大多数突变都是隐性的。相反，转座因子（transposable element，TE）插入可以产生广谱表型变异（Lisch，2013）。TE 又称为"跳跃基因"，是能够移动并插入基因组不同位置的内源性移动元件，当其插入其他基因时，往往就会产生突变。与其他遗传变异来源相比，TE 插入有可能诱发同源异型转换、显性异位表达突变和环境诱导的基因表达变化（Naito et al.，2009；Lisch，2013）。有证据表明这些内源诱变剂直接参与了植物的驯化和改良。重要的是，TE 所产生的有些突变不是简单的点突变或插入和缺失（insertion and deletion，InDel）能得到的，这是由于 TE 插入携带的调控序列和 TE 的表观遗传调控作用能够改变相邻基因的表达。因此，尽管 TE 确实会产生无效突变，但它们还具有诱导产生新的调控突变谱的能力。

包括辐射处理在内的胁迫条件可以激活沉默的 TE（Bui and Grandbastien，2012；Bradshaw and McEntee，1989；Sacerdot et al.，2005；Farkash et al.，2006；Qüesta et al.，2013），参见 https://www.cospar-assembly.org/abstractcd/COSPAR-12/abstracts/F4.6-0009-12.pdf。

有报道表明离子束处理激活的 TE 在诱导花形态相关突变体中起作用（Okamura et al.，2006）。另有研究对用于辐射敏感性实验的水稻植株进行分子生物学分析，结果表明反转录因子 Tos17 是在 γ 射线辐射处理水稻种子的过程中被激活的（Nielen et al.，2000）。这些结果都表明 TE 在诱导突变过程中有重要作用，利用 TE 进行突变育种的潜力还没有得到充分挖掘。

4.5.1　TE 诱导突变在植物育种中的应用实例

在作物改良过程中，有许多利用 TE 诱导突变的范例。例如，分枝减少与大刍草（teosinte）驯化成玉米相关，这一性状的诱导就是由于 *tb1* 基因上游插入了反转录转座子携带的增强子元件（Studer et al.，2011）。红色素在血橙果肉中的温敏性表达，是色素基因上游插入了反转录转座子编码的调控元件引起的（Butelli et al.，2012）；二次重排后留下了一小部分转座子，导致红色果肉颜色增强，这也成为 TE 诱导产生功能获得型有益显性突变的典范，并在以扦插或无融合生殖方式繁殖的物种中应用。

TE 通过利用反转录转座编码序列的习性诱导番茄（*Solanum lycopersicum*）中 *IQD12* 基因组织特异性表达发生变化，这是大多数现代番茄都呈椭圆形的原因（Xiao et al.，2008）。葡萄（*Vitis vinifera*）浆果的白色也是在调节花青素生物合成的 *Myb* 相关基因上游插入了一个反转录转座子造成的（Kobayashi et al.，2004）；内部重组在插入位点留下一个内部元件消失的单长末端重复（solo long terminal repeat，solo-LTR）序列后，只有部分浆果转呈粉红色（Pelsy，2010）。因此，TE 插入可以导致各种细微的调控变化，从而产生有益性状，可用于植物育种。

也有报道显示 TE 插入介导产生环境适应性变化，大豆的光敏色素 A 感光基因 *GmphyA2* 中插入一个反转录转座子后，导致其产生了对光周期不敏感的特性，这一变化有利于大豆种植范围向东亚高纬度地区扩展（Kanazawa et al.，2009）。此外，由于插入了反转录转座子提供的新启动子，因此激活了 *Pit* 抗病基因在水稻抗病品种中的转录活性（Hayashi and Yoshida，2009）。

一些由反复插入引起的类似适应性突变的例子也有报道，包括特殊的"重叠花"型报春花突变（示例 4.2）。这些研究报道很重要，因为它们显示出 TE 的重要性，如果没有 TE 存在，可能就不会有这些突变。在一个普通小麦六倍体品系中，上游反转录转座子的插入导致春化基因 *Vrn3* 上调表达，使得春化处理后开花时间变早，从而赋予其春小麦的生长习性（Yan et al.，2006）；而另外一个不同的反转录转座子在同源 *Vrn1* 基因上游插入后，使四倍体硬粒小麦也表现出相同的特性（Chu et al.，2011）。小麦、高粱和大麦的耐铝特性也与 TE 相关，不同的 TE 在上游插入后，介导柠檬酸盐转运蛋白的基因上调表达，根尖会重新定向（Delhaize et al.，2012）。

示例 4.2

备受推崇的"重叠花"型报春花是 TE 诱发突变的一个重要例证（图 4.5）。重叠花形表现为萼片转化为花瓣，这是由 MADS 盒子基因的组织特异性表达变化引起的，而这种变化与 *gypsy* 反转录转座子插入到 MADS 盒子基因启动子中有关（Li et al.，2010）。"重叠花"型报春花在花期上表现为持续开花（四季开花），这是因为内含子插入导致调控开花转变的基因剪接失败，从而使本应由光周期和温度共同调控的开花特性转变为一年四季持续开花（Iwata et al.，2012）。反转录转座子重组留下 solo-LTR，恢复了正常剪接功能，但产生的开花习性并没有回复到春季盛开的野生型表型特性，而是表现为逐步开花，偶尔也会在秋天重新绽放。

重叠花　　　　　　　半回复突变　　　　　　回复突变

图 4.5　报春花（*Primula vulgaris*）的重叠花突变体

有证据表明，TE 不仅能对胁迫作出反应，而且能产生更强的耐逆性。例如，导致血橙颜色变化的反转录因子插入还同时赋予其对低温的耐受性；类似地，在水稻中插入微小反向重复转座因子（miniature inverted-repeat transposable element，MITE）赋予其耐寒性和耐盐性（Naito et al.，2009）。对其他生物胁迫和非生物胁迫也是如此，这对提高作物的环境适应性具有重要意义。

TE 通常是通过一个复杂的表观遗传沉默系统来调控的。其对胁迫的响应最有趣的一个方面是它可以导致沉默系统逆转，从而使 TE 成为新变异的来源。例如，Tos17 是水稻中的一个反转录因子，在组织培养过程中被短暂激活后，就可以用于产生数以万计的新等位基因（Piffanelli et al.，2007）。类似地，20 世纪 50 年代的研究中，辐射诱变处理激活了沉默的玉米 *En/Spm* 因子（Peterson，1991）。最近的研究证据表明，UV-B 和离子束处理可能也会激发 TE 活性（Yan et al.，2006；Huiru et al.，2009；Ya et al.，2011；Qüesta et al.，2013）。

在进化过程中 TE 经过了长期的自然选择，其负面效应已经非常微小了，因此在平均水平上 TE 活性的危害比随机突变要小得多（Naito et al.，2009）。此外，在突变育种过程中 TE 也有其自身的优势，其一，如果已知某一特定 TE 家族在特定物种中具有活性，则该 TE 家族可作为标记来检测由其引起的新突变，从而使新表型的分子鉴定（相对于从 DNA 位移到点突变）变得相对简单。其二，在 TE 增强辐射诱变中，激活 TE 所需的辐射剂量可能远低于直接由辐射处理获得大量突变所需的剂量水平，从而可以最大程度降低突变冗余。据推测，这将减少总的染色体重排，而这些染色体重排会增加后续染色体渗入的难度。其三，TE 还可以作为 DNA 多态性标记，在作物新种质创制过程中用于生物多样性和基因型结构分析。

　　致谢：本节是根据 2014 年 6 月 2 ～ 6 日在奥地利维也纳举行的 FAO/IAEA "通过物理和复合诱变处理提高诱发突变效率" 顾问会议的成果起草的，我们对此深表感谢。

第5章 有性繁殖作物突变育种

本章内容是在 1977 年《突变育种手册（第二版）》中由康扎克（Konzak）等撰写的第 7 章"有性繁殖作物突变育种"内容基础上的修订和更新。本章以一年生禾谷类和豆科植物为例，论述了有性繁殖作物的突变育种方法和步骤，包括突变材料的选择、诱变群体的产生和诱变后代的处置，重点描述了从 M_1 到 M_3 代的处置与选择。本章还介绍了影响突变育种效果的主要因素，如诱变群体的规模、诱变后代的收获和种植、目标性状的类型、突变体的选择方法等。文中用示意图和照片说明了诱变处理的不同步骤，有助于理解突变育种的实际应用。

5.1 突变材料的选择和诱变后代的处置

突变育种工作的首要任务是确定目标，用以改良特定的植物表型/基因型。常见的目标：①改良现有优良品种或品系的个别性状（参见第 7 章）；②在一个苗头品系中诱发形成一个形态标记（颜色、芒、苞片、绒毛等），使其易于识别且具有特异性，达到符合品种登记的要求；③诱发产生雄性不育系或恢复系，用于杂交种生产。

5.1.1 突变材料的选择

应选择以下品种或品系材料用于诱变处理：①近期审定推广的品种；②即将审定的优良品系；③存在个别不良性状的优良品系或引进品种，如抗倒性差、不抗某种病害或虫害、容易落粒等。

选择诱变亲本的首要考虑是可以通过诱发突变创制一个或多个在亲本材料中缺乏的性状。所选品种在大多数重要农艺性状上应具有足够的一致性。由于纯系品种性状稳定，诱变后代容易鉴定和选择，因此应选择纯系品种作为突变材料。通常来讲，新近审定的品种在大多数重要农艺性状上一致性较高，如纯度 > 98%。育种家在突变育种过程中应注意亲本材料可能通过机械混杂和异交产生混杂问题。然而，就植物育种的目的而言，突变育种过程中的混杂问题可以不必细究。缺少纯系材料并不是使用诱发突变技术的障碍。在此情形下，为了提高突变育种效率，育种家可以采取以下措施：①限定育种目标，只针对个别性状进行改良；②限制进一步混杂或遗传变异；③繁殖足够量的未经处理的 M_0（对照）材料，了解亲本材料的自身遗传变异，并通过自交提高亲本的纯度，从中选择用于备份实验的纯系；

④建立详细的信息表，说明通过诱变改良的每个单株和株系的特征。对于某些作物，可以通过加倍单倍体技术产生纯系。

5.1.2　M_1 代的规划

5.1.2.1　辐射敏感性

确定要诱变的原始材料并且获得了纯合种子之后，即可对种子进行诱变处理。未经诱变处理的种子视为 M_0 代。如第 1 章所述，辐射敏感性测试是确定适宜诱变剂量的重要依据，应在大量诱变处理之前进行。进行辐射敏感性测试的材料一般在温室种植，当然也可在大田中种植。不同物种或同一物种的不同品种的辐射敏感性均存在差异。图 5.1 展示了豇豆和玉米经过种子诱变处理后典型的辐射敏感性试验设置。

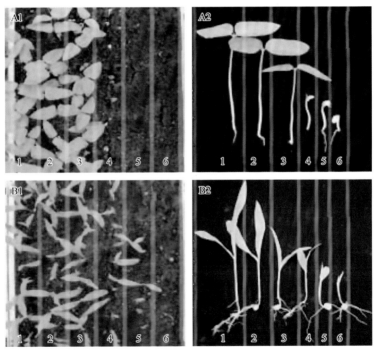

图 5.1　豇豆（A，豆类）和玉米（B，谷类）的 γ 射线辐射敏感性测试

种子用不同剂量 γ 射线辐射两周后，两周龄幼苗的成活率和生长量下降。1，0Gy（对照）；2，75Gy；3，150Gy；4，300Gy；5，450Gy；6，600Gy。γ 射线源为 ^{60}Co 伽马室，剂量率为 150Gy/min。

图片由 A. 穆赫塔尔·阿里·加尼姆（A. Mukhtar Ali Ghanim）提供

5.1.2.2　对照群体

对照（未诱变处理）群体应始终为满足以下 3 个目的而种植：①比较诱变处理对萌发、生长、存活、M_1 代损伤和不育度造成的影响；②评估诱变亲本材料的表型变异情况；③提供经过提纯复壮的亲本材料，作为诱变处理的备份材料。如有需要，可以用诱变处理后的备份材料建立一个新的 M_1 群体，与来源于前一个 M_1 的 M_2 群体在同一个生长季种植。

5.1.2.3　诱变剂和剂量

在进行具体诱变处理时，以采用 3 个诱变剂量为宜，剂量值应在由辐射敏感性测试得到的最适剂量的 ±20% 范围内。通常，用于谷类作物的处理剂量是在实验室条件下导致幼苗生长量减少 30% ～ 50% 的剂量。在实践中，应至少设置 2 个重复，每一个重复的种子数量应为每个剂量选用种子数量的一半，以此作为防止失败和错误的保险措施。当处理大量种子时，如每次处理 5000 ～ 10 000 粒种子，考虑到辐射室大小的物理限制，为了方便操作，可将种子分成几个重复进行处理，可以提高处理的一致性。

5.1.2.4　M_1 代群体规模

假设有 90% 的把握在 M_2 代群体中获得一个所需要的突变体，该突变在每个试验单位（如穗、果实或枝条）中发生的频率为 $1×10^{-3}$，并且每个植株预计产生 3 个单位；如果 M_1 具有 80% 的存活率，则待处理的种子量约为 600 粒。然而，如下所述，考虑到在期望突变频率方面的估计误差、在预测 M_1 存活率方面的不确定性、处理严重程度的变化等因素，建议实际处理时的种子用量为所估计种子数量的 10 倍，以确保有足够大的群体进行突变体筛选。因此，在上述的例子中，处理大约 6000 粒种子可能产生多达 10 个目标突变体。

虽然推荐使用计算方法来估计获得目标突变体所需的诱变群体规模，但由于以下几个原因，这种计算方法在实践中的价值比较有限。第一，对突变频率的最佳估计也可能包含比较大的误差；第二，许多不可预见的物理和生物因素可能影响诱变处理的效果，因此目前还不能确保获得所需的突变频率的最适诱变剂量；第三，育种家仅靠单个目标突变体是难以完成育种目标的，因此最好有几个表型相似的突变体，为进一步评价和选择最佳突变体提供选择。

在 γ 射线辐射诱变中，放射源的活性影响诱变作用，而且这种作用随着时间的推移而减弱。这意味着 γ 射线的诱变作用在 M_1 代是最大的。而种植和管理 M_1 群体不需要耗费太多的空间和精力。因此，种植大量的 M_1 材料对成本几乎没有影响，而且确保了可以获得足够大的 M_2 群体用于筛选目标突变体。

5.1.3　M_1 代的种植

考虑到诱变剂对种子活力的不利影响（参见第 4 章），对 M_1 的管理必须比对未经处理的对照更加细心。因此，M_1 应该在良好的条件下种植。

5.1.3.1　温室条件

如果条件允许，M_1 应该在温室里种植，这样在浇水、施肥、光照、温度、除草、病虫害控制等方面都能给予细心的管理，以最大限度地提高植株的存活率和种子产量。在温室中 M_1 群体的隔离也更为容易，因为温室限制了外源花粉的进入，避免了产生不必要的（非突变）变异。一般，每个 M_1 植株只需要少量种子（M_2），通过在小盆里单株种植或在生长盒里几株一起种植可以减少开花单位（如分蘖）的数量，这也最大化利用了温室空间。然而，应该指出的是，温室种植相对于大田费用较高。

5.1.3.2　田间条件

如果不具备或负担不起温室条件，那么可以使用大田条件种植。特别重要的是，要确保为播种 M_1 准备的种子床的水分和物理条件是最适宜幼苗生长和发育的。土壤的氮肥水平应正常或略低，以限制过度分蘖，因为通常一株只需收获一个单穗；但其他养分应在最佳水平。在大田种植 M_1 材料的一个限制是，只能针对所选品种的生长习性在适宜的季节进行。

5.1.3.3　M_1 的播期

如果在气候最适宜早期幼苗生长和植物发育的季节播种，并且杂草控制也不成问题，那么 M_1 材料将得到最理想的发育。但是，稍晚播种（晚 2 或 3 周）可限制植株分蘖，并且推迟开花，从而通过错开花期防止异花授粉。推迟播种的时间不应太长，否则将导致杂草难以控制，作物也会因光温条件的变化而改变其熟期，或会增加作物对其他危害的敏感性。由于诱变处理的伤害，需要春化的作物最好在实验室中进行春化而后移栽，没有实验室条件的可在生长季早期露地播种，使作物正常低温春化。在可能的情况下，M_1 应进行隔离种植，防止品种间串粉。

5.1.3.4　处理过的 M_1 种子的保存

干种子更容易进行机械化播种或手工播种，而且不需要特殊管理就能够均一生长。在湿度足够低的条件下，干种子可以在播种前储存一段时间。真空包装是最好的方式。如果条件允许，可将诱变过的种子进行真空包装，使其能储存更长的时间，以便在适宜植物生长发育的季节播种。

5.1.3.5　播种密度

一般情况下，M_1 种子的行株距设置应限制谷类作物一次分蘖的发育（以每株 2～3 个分蘖为宜），或限制籽用豆类作物和其他双子叶作物一次分枝的发育。播种密度也可以根据可用空间、处理的 M_1 种子数量、基于剂量效应的预期存活率和预期 M_2 群体规模等因素进行调整。

5.1.3.6 杂草控制

一般，应在 M_1 种子播种之前准备一个相对无杂草的种子床。播种前可使用为当地和所要种植的作物推荐的苗前除草剂来有效控制杂草。如果 M_1 种植地块太大或者杂草太多而无法人工拔除，则可使用触杀型苗后除草剂来除草。通常不要在谷物中使用内吸性除草剂，如 2,4-D，因为它们更容易引起副作用，可能严重影响诱变群体中部分单株的发育，而且经常导致植株不育、表型异常和 M_1 植株一次分蘖的种子产量降低。根据作物种类及其种植面积还可以采取覆盖等其他措施来控制杂草。

5.1.4 M_1 代材料隔离

一般，即使在自花授粉植物的亲本材料群体中，也始终存在一定程度的遗传异质性。而品种通常来自 F_5 或更高世代姐妹系和高代系的混合群体，总会存在一定的异质性。此外，机械混杂或异交导致品种混杂的可能性也很高。因此，在突变育种进程中，特别是在田间种植条件下，可能会遇到以下几种干扰或破坏性危害，给突变育种带来很多麻烦，影响诱变群体中变异来源的确定性。

1) 异交。附近生长的同一个物种的变种或品种可能通过风或昆虫远距离传播它们的花粉粒，对 M_1 后代造成混杂。混杂的程度随作物品种、诱变处理方法、物种繁殖方式及外源花粉距突变育种田的距离与风向而变化。适当的自交方法，例如：在开花前适时套袋自交，可以防止异交（图 5.2）。在异花授粉的植物中，若雌雄异花，则可通过人工辅助授粉的方式完成自交。

图 5.2 高粱 M_1 植株开花前套袋隔离

开花前套袋可以防止异交和确保自花授粉。如果袋子一直保存到收获季节，袋子也可以用来保护种子免受鸟类啄食。图片由 A. 穆赫塔尔·阿里·加尼姆（A. Mukhtar Ali Ghanim）提供

2）"自生苗"作物。M_1 代不应种植在前茬为同类作物的地块上，尤其是对人工播种的豆科作物更应如此。

3）鸟害。由于经过诱变处理的材料的成熟度变异范围可能更大，因此鸟害对 M_1 材料所造成的破坏通常大于未经过诱变处理的植物材料。在实践中，M_1 的种植应该远离鸟类栖息地。在某些情况下，可在不同的日期播种另一块地，以将鸟类从突变育种试验地引开。当 M_1 群体不得不种植在可能受到鸟害的地方时，可将自交袋保留到成熟期或采用成本比自交袋低的尼龙网或金属网覆盖植株，以防止鸟害（图 5.2）。

4）土壤传播的毒性、疾病，或在某些情况下，寄生杂草［如独脚金属寄生杂草（*Striga* spp.）］都可能导致 M_1 群体颗粒无收，因此，应特别小心，避免在出现过这些问题的地块上种植 M_1 种子。

5.1.5　M_1 代栽培管理和数据记录

如前所述，不论在温室还是在田间都应对选定作物的 M_1 群体进行最佳栽培，包括补充灌溉，使用除草剂或机械手段控制杂草，必要时预防严重病害。此外，M_1 在不同发育阶段需要记载以下项目。

1）出苗率。经过诱变处理的种子往往出苗迟缓，为了反映其延迟程度，应在对照群体出苗率达到 50% ～ 90% 时，记载 M_1 的出苗率。如果诱变处理群体出苗很差，则表示剂量过高或苗期管理有问题，应找出原因，加以改进。

2）存活率。应在大田分蘖期或分枝期来估算幼苗的存活率，存活率反映了诱变处理的延迟影响，若存活率低于出苗率，则表示剂量过高，以后要适当调低。

3）M_1 嵌合体诱发情况。记录 M_1 植株外观上叶绿素缺失或其他形态变化的原始数据，有助于估计诱变处理的有效性和强度。

4）发育迟缓程度。记录幼苗的形态建成、植株开花或成熟的时间以及处理内植物发育的变异情况，这些指标反映了 M_1 材料的生长发育迟缓程度。

5）成株率。在植株成熟时对每个处理中存活的 M_1 植株数量进行统计，与播种数相比，得出的成株率反映了诱变剂对 M_1 植株的损伤严重程度。

6）M_1 代中的不育度。有多种测定方法，例如：可以采取收割相等数量的 M_1 株和对照株，进行产量比较的方法，也可以采用田间目测估计的方法（图 5.3）。

5.1.6　M_1 代的收获

M_1 代收获方法必须根据物种的个体发育模式、预定的 M_2 代群体规模、种植与筛选方法以及预期对目标突变体进行筛选的世代等来确定。在大多数情况下，诱变剂处理诱发的突变是以嵌合体的形式出现在 M_1 植株的体细胞组织中（参见第

| 0Gy | 100Gy | 200Gy | 300Gy |

图 5.3　不同辐射剂量下的大麦 M_1 植株育性（结实情况）

随着 γ 射线辐射剂量由 0Gy（对照）升高到 300Gy，大麦 M_1 植株育性明显下降。

图片由 A. 穆赫塔尔·阿里·加尼姆（A. Mukhtar Ali Ghanim）提供

4章），个体发育模式是影响生殖细胞组织中突变组织嵌合体表达的主要因素。然而，个体发育模式和每个 M_1 花序的种子产量可能对判断 M_1 植株的突变嵌合情况有影响。单子叶植物的发育模式通常与双子叶植物不同，而属、种甚至变种的发育模式也可能不同，尽管后者的差别可能很小。在异花授粉的植物中，如果雌雄异花，且雌雄花着生于同一植株的不同部位（异花授粉植物），那么它们可能是由诱变处理过的种子中不同原基细胞分化发育而成的，因此 M_2 后代突变基因可能是杂合的，需要进一步自交到 M_3 代才能分离出纯合的突变体。

　　考虑到这些影响因素，常用的 M_1 代收获方法有以下 3 种。

5.1.6.1　穗（分枝）收法或株收法

　　单子叶禾本科谷物的主茎及低位一次分蘖原基的靶细胞数较多，突变频率较高。一些二次分蘖在 M_2 中可能在某些突变上观察到较高的突变频率，但相同的突变一般也出现在一次分蘖的后代中。所以对谷物 M_1 代植株可以针对主茎穗和一次分蘖穗采用穗收法。主茎穗和一次分蘖穗通常最早表现出成熟，这可以作为判断主茎和一次分蘖的依据，特别是当存活率较低，种植密度不能有效减少所有 M_1 植株的分蘖时。双子叶自花授粉植物，如菜豆、豌豆、番茄等，主分枝相当于谷物的一次分蘖，M_1 代可针对主分枝采用枝收法，类似于谷物 M_1 材料的穗收法，也有的研究对二次分枝进行收获。正如前所述，对任何特定物种采用的收获方法应以该物种发育的个体发育模式为基础，因为原基的性质，包括预生芽的数量和顶端优势的程度，以及其他因素可能影响嵌合体形成的模式。

一些作物如兵豆（*Lens culinaris*）、豌豆（*Pisum sativum*）、鹰嘴豆（*Cicer arietinum*）等，当每枝或整株的种子产量较低时，M_1 一般采用对所有分枝按枝收获或整株混收的方法。而有些作物有很多分枝和花序，每果种子粒数也多，或每个植株有聚合果，则只需从每一 M_1 植株的主枝上收获足够的种子即可。

M_1 种子的播种量，必须根据实际情况进行调整，以达到预期的发芽率和成活率。

5.1.6.2 一粒或少粒混收法

按处理类型，从 M_1 代群体每一株主穗（主枝）或低位一次分蘖上，或者从每一 M_1 株上随机采收一粒或少粒种子（2～3 粒或稍多些），收获后混合种成 M_2 群体。其中单粒传法是基本方法，既适用于单子叶植物，也适用于双子叶植物，其理论依据：在 M_2 代群体规模相同的条件下，每个 M_1 穗子仅收取 1 粒种子时，其后代出现单一突变类型的概率要大大超过穗行法。

Brock 等（1971）在南苜蓿（*Medicago polymorpha*）突变研究中采用了改进版的一粒混收法，其做法：从 M_1 单株上收获豆荚，从每个豆荚中随机选取一粒种子，混合种成 M_2 群体。

5.1.6.3 混收法

以处理为单位，经除伪去杂后，对 M_1 代群体实行混合收获，混合脱粒留种。此法比较适合于可机械化收获且 M_1 单株的产量受到控制的材料。若 M_1 单株的种子量很大，则可人工收获部分样品混合成 M_2 代。

5.1.7　M_2 代的种植管理

在突变育种实践中，目标性状的特性，田间、温室或实验室的可利用空间，所需的劳动力，机械化作业，以及其他资源都对收获方式的选择和突变体选择的精度及效率具有重要影响。图 5.4 给出了从 M_0 到 M_3 突变世代的种植和选择示意图。

诱导产生的突变大多属于隐性突变。在自花授粉作物中，质量性状的突变表型最早在 M_2 代才可以显现（图 5.5），以供选择。然而，在异花授粉植物中，突变基因很可能在 M_2 中是杂合的，应将 M_2 进一步自交以产生 M_3 后代，从中选择出突变基因纯合的个体。然而，对异交作物来讲，通过诱发突变敲除其处于杂合位点的显性等位基因从而使其表现出隐性表型是一个有效策略。

5.1.7.1 M_2 后代的处置

对于有性繁殖植物，所有突变体的选择方法都是基于系谱法，并根据 M_1 植株的嵌合体结构进行了修改。由于在 M_1 群体中任何目标基因或表型的诱变频率明显

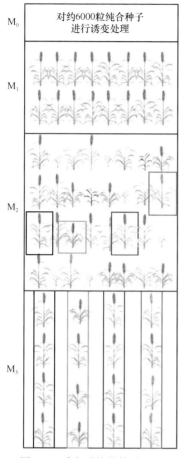

M₀	·原始亲本材料（M₀）：处理前种子高度纯合。
M₁	·突变第1代（M₁）：处理过的种子通过密植来限制分蘖/分枝。 ·确保不发生异交。 ·每个植株单独收获或适当混收。
M₂	·突变第2代（M₂），开始实施筛选：穗行行法种植，选择质量性状突变体单株。 ·未经处理的对照种子应同时种植，以验证突变体的真实性，并排除混杂。 ·对于异花授粉的植物，M₂单株自交产生M₃株系。
M₃	·突变第3代（M₃）：种植选出的突变体种子进行进一步的筛选和验证。 ·数量性状以穗行为基础进行的选择，一般可从M₃开始。 ·通过适当的隔离措施确保突变种子的纯合性。 ·异花授粉植物在M₃开始选择。

图 5.4　诱变群体的构建、鉴定筛选和从 M₀ 代到 M₃ 代的处置方案

图 5.5　番茄种子（M₀）经 300Gy 的 γ 射线辐射处理后，白化突变幼苗（黄色箭头）在 M₂ 群体中的分离情况。图片由 A. 穆赫塔尔·阿里·加尼姆（A. Mukhtar Ali Ghanim）提供

低于在 F_1 群体中通过杂交方式引入的特定基因的频率，因此突变体选择的适用方法是基于群体遗传学程序的。此外，由于 M_1 植株中的突变组织可能只出现在穗、荚或果实的一部分，种子荚、果、穗等后代中突变株的分离频率通常低于一般的单基因杂合材料。在这种情况下，突变育种家必须采用最适合自己情况的筛选方法，育种家在选择突变体时应该考虑 M_2 群体处置方法的优点、要求和其他方面的特点。下面描述的选择方法主要用于自花授粉的谷类作物，但经过适当的微调，它们可以适用于其他自花授粉的植物。

1）M_1 混收法。M_1 代采用混收法，M_2 代实行混播或混种法。这种方法比较适用于诱变原始材料纯度较高、M_1 植株的分蘖受到密植控制，且 M_1 隔离种植的材料；特别适用于须对种子的大小、重量、形状等进行机械筛选与分级处理的材料。对于有些到 M_3 才进行选择的材料，可能需要采用组合方法：M_1 代采用混收法，M_2 代采用一粒混收法，M_3 代采用穗收法；或 M_1 代采用混收法，M_2 代采用穗收法，M_3 代采用穗收法。

2）M_1 随机穗收法。该方法基于从 M_1 群体中随机采收穗子，M_2 代穗行法种植。此方法类似于下面的方法 5），但不同之处在于没有保持各个穗（分枝、果实等）彼此之间的关系。该方法允许与方法 4）类似的混合，但和方法 4）相比，所需的 M_2 代规模更小，每个穗子所收的种子只需保证 M_2 代穗行有 25～30 株即可。适用于从 M_1 植株收获穗子，将所收的每穗种子减半进行混合。与方法 1）和 5）一样，以限制一次分蘖数量的方式种植 M_1 仍然特别重要。该方法的操作成本中等，精度与方法 4）差不多，但低于方法 5）。

3）M_1 代一粒或少粒混收法。M_1 代一穗（或果实、分枝等）一粒或少粒混收，M_2 代实行混播或混种法，形成 M_2 单株群体。从 M_2 群体中鉴定筛选的含有突变性状的单株，可在 M_3 代中进一步进行表型验证。或者，M_2 群体单穗收获，M_3 代种植成穗行并从中选择突变体。就成本和空间利用率而言，该方法可能是最有效的，但如同方法 1），其效果取决于在 M_2 中鉴定出单个突变体的能力。值得注意的是，特别是对于一粒混收法，只有种植与其他方法相同数量的 M_2（以 M_2 植株的数量计），该方法才能获得更高效率。这就需要处理更多的亲本材料（M_0）以诱变产生更大的 M_1 群体。如果 M_3 或更高世代继续采用该方法，则每个世代的群体数量不会增加，而缺点是采种费工费时。

4）M_1 株收法。在这种方法中，M_1 代按单株收获，所有 M_1 种子在 M_2 代种成株行。该方法的效果在很大程度上取决于二次分蘖或分枝的控制程度，因为二次分蘖往往会稀释 M_1 突变体的数目。该方法最适合用于单株种子产量相对较低的作物，如蚕豆（*Vicia faba*）、豌豆（*Pisum sativum*）、兵豆（*Lens culinaris*）等。谷类作物的单株产量较高，采用这种方法的效果取决于筛选效率、目标性状和可用土地面积。该方法的土地、劳动力等的总成本介于穗收法和混收法之间。

5）M_1 单株穗收法。M_1 代以株为单位，对每株上各个穗（或分枝、荚、果实）

分别收获，M_2 代按品种和处理，将 M_1 代各个单穗（或分枝、荚、果实）以株为单位种成穗行，然后进行突变体的鉴定筛选。每个穗行既相对独立，又与其他穗行保持清晰的系谱关系。当诱变处理原材料高度纯合，并且在材料种植上有效地控制了异交，这种方法可以精确地判断突变体的起源。这是因为来自同一单株的穗行极少出现表型相同的突变体，而且穗行之间突变体的比率也不同。然而，这种方法在空间、劳动力、设备和材料方面是成本最高的（图 5.4）。

所有这些 M_2 代处置方法都假定对异交有一定的控制，并且在任何诱变型中，育种者都有能力分辨出亲本基因型的特征。

5.1.7.2　M_2 代群体规模

M_2 代的群体规模需根据目标性状的突变频率、诱变后代的处置方法和试验条件而定。M_1 群体大小的确定，依赖于 M_2 代所需的群体规模。对于已定的 M_1 群体规模，所需的 M_2 代规模又影响着 M_1 代的收获方法。若 M_1 群体小，但育性相对较高，则可从每一株 M_1 植株收 $2 \sim 3$ 个穗，每穗保证有 $20 \sim 25$ 粒种子；若 M_1 群体大，但育性较低，则可从每一株的主穗上采收 $1 \sim 5$ 粒种子。原则上，M_2 群体规模越大，获得目标突变体的机会就越大。

M_1 代采用混收法，其 M_2 代的群体规模一般应为 M_1 采用穗收法或株收法的两倍，用以弥补混收法较低的选择效率。M_1 代采用一穗一粒法收获的，其管理的高效性只有在种植与穗收法相同规模的 M_2 代时才能体现出来，而若 M_1 一穗一粒法产生的 M_2 群体规模要和 M_1 穗收法产生的 M_2 群体规模一样大，则一穗一粒收获法要求有更大的 M_1 群体。例如，M_1 代种植 5000 株，采用穗收法，每株选 3 穗，每穗留 30 粒种子，则总的种子数为 30 粒/穗×（3×5000 穗）=450 000 粒，即 M_2 代群体规模为 45 万株。M_1 一穗一粒法收获，如果只从主穗或主枝采收种子，要达到 M_2 群体规模 45 万株，M_1 代最少应有 45 万株结实株，这在实践上很难实现。一种改进的方法是，针对同一个稍小的 M_1 群体，反复实施几次（$2 \sim 3$ 次）一穗一粒混收，获得几个种子数相同的测试单元。这个改进方法主要考虑的是这几个测试单元在 M_2 代群体中有相同的代表性。

突变育种方法的成功应用取决于育种家对具有目标表型性状突变体的选择，因为许多突变体也会携带其他性状的突变。因此，所种植的群体应足够大，以确保有机会选择多个具有所需表型的突变体。有证据表明，某些类型的突变比其他类型的突变更罕见，这在本章后面有更为详细的讨论。突变诱发频率也影响 M_2 代群体大小的确定。突变频率较高的性状，如育性、花期、花形态、株高和叶色等，其 M_2 代群体可适当减小；突变频率较低的性状，如抗病性、抗虫性等，则 M_2 群体应该扩大。一般，诱发产生的突变大多数是隐性突变，而显性突变比较罕见，但仍然可以获得。不同类型突变频率存在的差异可能取决于亲本基因型（特别是多倍体植物）以及处理后分生组织的个体发育模式。对于由单细胞或不定芽发育

而来的 M_1 植物，即无性繁殖作物，突变频率可能高于由多细胞分生组织发育而来的植物。总的来说，迄今的研究表明花粉的诱变处理比种子的诱变处理产生的突变频率要低得多。

5.1.7.3　突变体的鉴定筛选技术

采用准确、快速、有效地鉴定筛选突变体的技术是提高突变体选择效率的重要环节。育种家可以根据实际情况选择合适的鉴定筛选技术。

1）目测法。鉴定筛选可见的形态大突变，如抗病性、早熟性、株高、颜色变化、不落粒性、对土壤和气候的适应性、生育期等，一般采用田间常规的目测选择方法，基本上是单株选择法，其程序和常规的杂交育种相同。育种家只关注对育种有重要价值的突变性状，而忽视其他类型的变异。但是，稀有的遗传变异可能对基础研究和建立以未来育种为目标的突变种质资源库都具有价值，作为预防措施，应收获并保存这些突变体种子。在突变育种中，一些严格有效的辅助技术可以作为田间常规目测选择的补充，以帮助育种家能从相对较大群体中鉴定筛选出少数目标突变体。因此，高通量的表型和基因型鉴定筛选技术特别适合用于突变育种。近年来，实验室和温室技术等筛选方法的进步（图 5.6 和图 5.7）提高了突变体的目测选择效率。

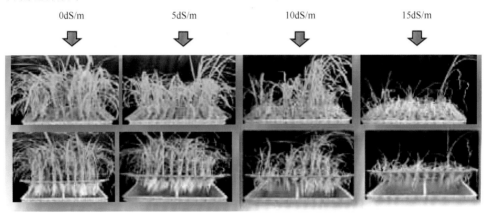

图 5.6　在水培营养液中筛选水稻耐盐突变体

图中显示在 4 个盐（$NaCl_2$）浓度（0dS/m、5dS/m、10dS/m 和 15dS/m）处理 14 天后茎叶和根生长的变异情况，
上排突出显示茎叶生长，下排显示根生长。该实验于 2014 年在 FAO/IAEA 植物遗传育种实验室完成。
图片由 A. 穆赫塔尔·阿里·加尼姆（A. Mukhtar Ali Ghanim）提供

2）机械或物理法。该方法可以非常有效地筛选种子大小、形状、重量、密度等。采用合适的机械，可以鉴定筛选大批量的种子。这些方法通常应用于 M_2 植株产生的种子的筛选，并且可能最适用于筛选 M_1 混收法的 M_2 代种子。单个 M_2 株系或单株也可用这种方法，但成本更高。

图 5.7　在不同 PEG6000 浓度的水培溶液中筛选兵豆耐旱突变体

图中显示不同 PEG6000 浓度处理 6 周后兵豆的生长情况，PEG6000 浓度分别为 0（A）、10%（B）、15%（C）、
20%（D）。这是 2014 年在 FAO/IAEA 植物遗传育种实验室做的逆境胁迫处理优化试验。
图片由 A. 穆赫塔尔·阿里·加尼姆（A. Mukhtar Ali Ghanim）提供

3）分析测定法。对某些类型的突变可能需要其他的分析方法，如化学、生化、生理和理化方法等。然而，几乎所有的方法都采用视觉参数来加速突变体的检测。例如，低生物碱含量的突变体可以通过对 M_2 种子或植株甚至 M_3 种子的比色试验来鉴定；利用比色、色谱或电泳技术可对 M_1 植株的单个种子、M_2 植株的单株种子或 M_2 群体植株的混合种子的蛋白质含量进行分析，分析效率取决于这些技术的机械化程度。在易感品种的诱变群体中筛选抗除草剂或抗杀菌剂突变体时，可通过在实验室或田间使用稍高浓度化学制品对 M_2 幼苗进行喷施来完成。之后应在这些植株上重复喷施该化学制品来证明植物具有耐性或抗性，以此确认这种抗性反应，但还需对选择的抗性个体进行后代测试，以确认突变体的遗传基础。例如，筛选耐除草剂性可以很容易地进行，方法是，稀播一个大 M_2 群体，然后对整个群体喷施一定浓度除草剂，并保留任何存活单株进行进一步测试。虽然这是一个非常有效的筛选方法，但它确实意味着为了鉴定目标突变体而牺牲了群体其他的所有单株。在澳大利亚，利用这种方法已成功选育耐咪唑啉酮类除草剂的大麦品种'Scope'（Moody，2015）。在种子萌发和活力测试中，只需将 M_2 植株的种子或 M_3 混收种子浸泡于给定浓度的苯酚溶液中，然后通过观察颜色的变化来判断突变体种子活力的变化。对赤霉素（可能导致矮化）不敏感的突变体的筛选可以通过将赤霉素溶液喷洒到幼苗上或将种子浸泡在赤霉素溶液中，然后寻找反应很小或没有反应的幼苗来确定。当已知某一特定途径所涉及的酶因发生突变而改变时，可设计方法来识别该特定酶的存在与否，其前体或衍生物可用于快速筛选所需的突变体。

4）对抗干旱、盐碱、高温等非生物胁迫突变体的筛选，需要建立选择压力并

在 M_2 和 M_3 群体间保持一致的胁迫条件。水培技术和实验室技术的进步导致了传统育种计划中对非生物胁迫抗性的筛选方法的发展，这些方法可以很容易地用于处理较大规模的突变群体，并更有效地识别 M_2 或 M_3 代的表型突变（Sarsu et al.，2017；Bado et al.，2016）。在哪个突变世代实施选择方案在很大程度上取决于目标性状的性质，是质量性状还是数量性状。对于质量性状，选择方案应进一步扩大，以便量化性状的影响（如产量），并在不同环境中进行测试，以确保性状的稳定性和遗传力，并保证选择方案对育种家广泛通用。近年来，在高通量表型研究（现称为表型组学）方面取得了巨大进展。表型组学筛选通常涉及光学成像，包括红绿蓝（RGB）彩色模型和多光谱相机，以及定制的软件成像分析程序（Tardieu et al.，2017）。先进的表型组学可以涉及自动化、机械化的温室、苗圃和田间平台。田间试验可以在多个层面上远程成像（手动、无人机或从外层空间）。这些方法提供了前所未有的通量，在提高突变检测效率方面具有巨大的潜力，无论是在准确性方面，还是在增加可筛选的突变体数量方面。缺点是这些系统非常昂贵，特别是对于更复杂的系统。但是，简单、廉价的系统如手持式成像摄像机也可用于突变体的筛选。

5.1.8　M_3 代的种植管理

M_3 代是突变体鉴定与继续选择的世代。M_2 选出的单株在目标性状突变位点可能是纯合的，但其他性状仍继续分离，应在 M_3 代种成株系或穗行，以调查突变性状的遗传稳定程度，或供继续选择之用，并评估其育种利用价值。在极少数情况下，突变体可能是由多个修饰位点之间的上位性关系发生改变所致的，在这种情况下，M_2 代突变体表型可能不会在 M_3 后代中重新出现。如果突变表型是杂合位点相互作用的结果，那么它不能在自交系中固定，这可能解释了 M_2 和 M_3 世代之间突变表型消失的现象。如果突变表型是独立位点之间互作的结果，配子自由组合引起位点丢失从而导致 M_3 代突变表型消失，那么回到 M_2 代收获更多种子，种植更大的 M_3 群体并从中鉴定筛选该突变体将有助于突变表型的检测和最终固定。

对于那些容易受环境影响且难于在 M_2 单株中识别的突变性状，例如，色素沉着和一些生化或生理机制相关性状，需要在 M_3 代种成株系或穗行进行鉴定。当 M_1 代单株种子数、荚果数、果实数、穗数等较低时，最好等到将从所有 M_2 植株中收获的种子种成 M_3 代株系或穗行再进行突变体的筛选，因为在某些实际情况下，多达 60% 的突变体在 M_3 代中首次显现。在未经过选择的诱变群体中，M_2 代突变个体的突变频率高于 M_3 代，出于选择效率和空间成本方面的考虑，通常只在 M_2 代进行突变体的鉴定和筛选。对于那些容易受环境影响的突变性状，基因型筛选比表型筛选更为有效（参见第 8 章 8.3），例如，针对某一特定基因的突变进行筛选，但基因型筛选需要事先掌握相关基因的信息，同时需要一个高效的突变基因检测系统来检测可能导致表型变化的突变。

　　在多倍体作物中，如硬粒小麦（*Triticum durum*）和普通小麦（*Triticum aestivum*），有些突变性状要推迟到 M_3 代才能显现，从 M_3 代选择的突变单株在 M_4 代仍按株系进行种植，以确定该变异性状是由突变引起的。经过 M_3 代的选择，多数 M_4 株系已趋稳定，可以亲本材料和当地主栽品种为对照，进行产量预备试验及特性（抗性、品质等）鉴定试验。在一些罕见的情况下，可以从特别有用的 M_3 突变体中选育出新品种，但需要通过进一步的杂交和选择，才能选出具有市场竞争力的品种。超低筋大麦品种 'Kebari' 的选育就是一个很好的例证（Tanner et al.，2016）。首先，醇溶蛋白编码基因位点上的 3 个无义突变体通过杂交以产生一个三重无义突变体，然后从中选择优良的株系，同时保持突变特性，从而育成一个低面筋含量品种，其面筋含量远低于乳糜泻患者所能耐受的最大值。

5.1.9　自花授粉作物诱发突变体的混杂

　　鉴定诱变群体中性状变异的遗传基础不仅是遗传学家感兴趣的问题，也是育种家关心的问题。在突变育种过程中也会遇到材料的混杂问题，这为育种工作带来很多麻烦。对于不从事育种工作的单位，混杂可能是一个更大的问题，因为他们必须购买商品种子，而不是像育种公司那样使用自己的纯系种子。商品种子必须达到严格的纯度要求，但即使品种的纯度达到 99%，也意味着每 100 粒种子中就有 1 粒可能是混杂物。当混杂只影响很小比例的诱变群体，且杂种的特性很容易被识别时（图 5.8），混杂是可以控制的。但在实践中，杂株可能难以识别，因为在种子生产过程中已经去除了明显的杂株。然而，必须强调的是，无论是混杂带来的风险，还是对无法确定诱变群体中变异来源的担忧，都不应阻止育种家更有效、更方便地利用突变育种的方法去实现特定育种目标。通过采取一些简单的预防措施，混杂可以减少到可控的水平。此外，混杂物（根据来源）通常可以通

图 5.8　水稻浅绿色突变体在稻田的异交

图中深绿色的高大植株可能是野生型与突变型杂交的后代，异交频率通常高于突变频率。图片由舒庆尧提供

过表型特征来区分，并且可以通过一些分析来判断诱变群体中分离出的遗传变异的起源。目前，很多作物以相对较低的成本就可以建立全基因组图谱，然后可以对照亲本基因型检测潜在的突变体，以快速区分真正的突变（与亲本相同的图谱）和混杂物（不同的图谱）。

5.1.9.1 混杂的原因

诱变群体中产生混杂的主要原因如下：机械混杂有时发生在收获亲本材料当代或上一代种子的过程中，这些混杂种子来自未充分清洁的收割机或收获过程中不同小区的植株；或来自同一物种上一代植物种子的截根苗；或是由人为、机械、水或动物等带入了其他材料的种子。理想情况下，突变体应隔离种植，以防止与附近种植的同一作物的其他品种发生串粉。在诱变剂处理之前或之后的任何一代，种子在贮藏中也可能发生混杂，但在选择和种植成株系之后，混杂就不那么重要了，因为杂株很容易去除。随着诱变剂量的增加，诱变群体的雄性不育性增加，异交结实的机会也会增加。

建议通过自交和子代测验对诱变亲本材料进行鉴定和纯化，以确保其一致性。在开花前去除杂株可以减少天然异交而产生的混杂。在诱变处理前减少亲本材料的遗传变异是防止混杂的最有效措施。

5.1.9.2 区分混杂物和突变体的标准

考虑到成本、便利性和适当设施的可用性，不可能杜绝所有可能导致混杂的情况。然而，育种家可以通过一些试验把突变体和杂株区别开来。

1. 混杂

（1）机械混杂导致的遗传变异

在下列情况下，变异很可能是源于亲本种子的机械混杂。

1）在 M_2 群体中频繁出现与对照材料相同的变异类型。

2）在 M_2 代，单株的所有穗系高度一致，没有观察到某个表型的分离。

3）在 M_2 代的穗行中出现某一变异性状的分离比约为 3∶1。

4）M_2 分枝、穗或植株后代中出现变异单株，与原始亲本相比，在其他性状上也有广泛的变异。

（2）异交混杂导致的遗传变异

尽管并非总是确定的，但在下列情况下，可以怀疑是由 M_1 和其他外源材料或是机械混杂材料杂交导致的变异。

1）M_2 代出现的变异单株，不仅在许多性状上都表现出变异，而且到 M_3 代继续出现较大的分离，这些分离涉及几个独立变异性状的变化；相反，只有一个或几个性状改变的变异很可能是一个突变体。

2）在 M_2 代群体中出现频率很高的相同表型的变异株。来自同一个 M_1 分枝、穗或植株的一个或多个 M_2 姊妹植株的后代中不出现类似的变异。然而，这个测试并不重要，因为突变株甚至可以起源于单株相当小的嵌合体，也可能是来自碱基序列改变的重组子，这在姊妹植株中不太可能发生。

3）在出现的变异株中能明显地鉴定出杂交种父本的某些显著特征性状。

4）在 M_2 代或 M_3 代出现可疑株的那些株系，还继续分离出一定数量的雄性不育株，表明其上一代是部分不育的，更容易接受异花授粉。

2. 突变

（1）源于突变的遗传变异

由于种子原基诱导变异的嵌合体性质，因此下列几种类型的变异可能与突变事件直接相关。

1）同一表型的变异通常以很低的频率出现，即使是在 M_1 大群体中也是如此。

2）在一个分枝、一个穗或一个植株后代中出现突变株的数目一般为 1 至数个，而同一株系的若干穗（或分枝）行后代中，并不是所有穗（或分枝）行都会分离出突变株，一般只是 1 或 2 行分离出突变株。突变株在这 1 或 2 行中出现的比例从来不是 3：1，而是更低。只要 M_1 植株的后代数量足够多（40 ～ 50 单株），突变株和正常株的比率明显小于 1：3 或 3：1。

（2）源于诱发突变的遗传变异

经过诱变处理的群体后代，不同穗行之间的突变性状并不一定相同，不同株系的后代也可以分离出彼此极其相似的突变体，且其发生的频率明显高于对照材料 M_0。同一时间自发突变数量极低。当然，自发突变可以在生命周期的任何时候发生，但在某种程度上可以通过上述程序来确定。

5.1.9.3　基因型和表型分析

一般，出于实践目的，下面描述的标准是最关键的，尽管它们很少能针对大量突变体进行分析。然而，在大多数情况下，很少有必要对大量的突变体进行测试，对育种家有用的突变体相对较少。通过以下分析，一般可以判定突变体的遗传变异来源。

1. 基因型分析

1）后代测试：在 M_3 中选择的单株突变体应该是纯合的，但在 M_2 代中选择的突变体可能不完全纯合。如果在 M_2 单株后代中确实发生了性状分离，那么这种变异应该局限于所选择的性状，尽管其他 1 ～ 2 个性状有时也可能发生分离。

2）回交和其他杂交：突变体和亲本材料或其他品系的回交后代一般都呈现简单的遗传分离（1个或最多2个基因分离）。

2. 表型分析

1）形态特征：一般来说，除了与所涉及的突变相关的修饰，突变体应该表现出与亲本基因型的相似性。通常一个简单的遗传突变可以引起表型的复杂变化，但在许多其他特征上应该仍然存在相似性。

2）生理、植物病理学和生化特征：突变体应在大量已测性状上与亲本材料相似，特别是在品质性状、病虫害抗性、生化性状等由多个不同基因或复合体控制的性状上。

5.2　诱发突变的检测

突变诱发和突变检测是两个独立的过程。在什么程度上诱发的突变可以存活并在生物体水平上产生突变体受以下许多因素影响。

1）单细胞或多细胞的原基结构（芽和胚分生组织）。

2）繁殖方式：无性繁殖或有性繁殖；自花授粉或异花授粉。

3）发育成花序的原基细胞的分化阶段（它们已经存在于休眠的胚胎中还是在突变发生之后出现）。

4）发育成每一花序的原基细胞的数目。

5）植物生命周期中出现这种原基的时间。

6）生物体的遗传结构（主要是二倍体或多倍体）。

7）突变过程中所涉及的位点的特征（单个或多个基因）。

其他遗传因素，如多基因遗传、连锁、基因互作和所研究性状的先前选择史，可能会降低诱发突变的表型检测频率。与所用诱变剂、处理条件、处理前和处理后的修饰因素有关的变量也会影响诱发突变的表现、传递和恢复（van Harten，1998；Toker et al.，2007；参见第1章、第2章和第3章）。

诱发突变是很容易实现的，但这种突变除非在生物体水平上表现出来并传给后代，否则对育种家没有用处，诱发突变的表现和传递将取决于几个原则。因此，采用上文所述的适当筛选方法选择突变体的步骤应得到高度重视。

5.2.1　体细胞间选择和体细胞内选择

单细胞生物体很容易筛选突变，并且不会像多细胞生物体中所描述的那样出现突变恢复的问题（Brunner，1995）。农作物都是多细胞生物，因此携带任何突变的细胞在生长和存活方面都必须与正常细胞竞争。然而，在无性繁殖的植物中，这种竞争可以在离体条件下被克服，例如：在紫罗兰（*Saintpaulia* spp.）或其他观赏植物中，可以利用单个细胞培养成整株植物（Broertjes and van Harten，2013）。在有性繁殖的植物中，这种竞争导致两种内源选择，内源选择将在任何处理过的种子产生的诱发突变在 M_2 代中表达之前进行干预。

第一个选择过程发生在 M_1 体细胞组织中，称为"二倍体选择"，定义为"分生组织内细胞之间的竞争"（Klekowski，2011；Rajarajan et al.，2014）。第二个选择过程发生在 M_1 植株的配子中，因此称为"单倍体选择"，定义为"单倍体阶段发生的竞争，即配子之间的竞争"，目的是产生突变并将其传递给合子（图 5.9）。单倍体选择在花粉中比在胚珠中更为严格。只有通过体细胞筛选和配子筛选的突变才会在 M_2 和后续世代中表现出突变表型。在有性繁殖的植物中，雌雄同株同花或雌雄同株异花植物的处理程序比雌雄异株植物简单。另外，在无性繁殖或无融合生殖的植物中，体细胞筛选是唯一重要的选择，因为配子筛选不起作用。无融合生殖又分为营养的无融合生殖和无融合结子两大类。有性繁殖植物和无融合生殖植物必须分开考虑，因为突变体的恢复问题对每种植物来说都是非常独特的。

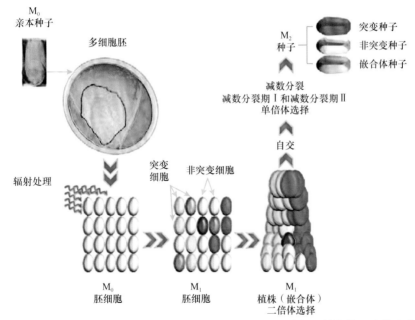

图 5.9　多细胞胚辐射处理后，突变细胞的二倍体（体细胞）选择和单倍体（减数分裂）选择对突变体 M_2 种子的影响示意图

在水稻和小麦中，分生组织中的原基细胞数目可能从一个到两个或多个不等。当只有一个细胞参与诱变过程时，整个花序将携带突变。或者，如果有几个细胞参与，花序可能出现嵌合体。M_2 代分离比率将有助于估计花序原基细胞的数量。如果只是单个原基细胞发生突变，则突变表型与正常表型的比率预期为 1 : 3；当

存在一个以上的原基细胞时，因为所有细胞不可能同时突变，M_2 代中突变体分离比率将小于 25%（Cheema and Atta，2003）。

当一种植物能够产生多次分蘖时，如大麦或小麦，最初形成的分蘖可能比后来形成的分蘖携带更多不同的突变。这是因为第一次形成的分蘖很有可能是由诱变处理时休眠胚胎中已经存在的几个原基细胞发育而来的。因此，通过密植减少分蘖可以增加 M_2 中突变体的频率。研究发现，将辐射过的大麦种子密植降低了发育成穗部组织的原基细胞的平均数量，从而增加了突变扇形体的面积（Singh，2016）。然而，二倍体选择并不是在所有的植物中和所有试验条件下起到同样的作用。Frydenberg 和 Jacobsen（1966）证明大麦二次分蘖穗比主穗携带更多的突变。双子叶植物的情况更为复杂，Scheibe 和 Micke（1967）也证明了种子辐射后甜三叶草的基部次生枝突变发生频率较高，而在主茎中由于花前存在大量的分枝因此突变率下降。

对看麦娘属（*Alopecurus*）等多年生禾本科牧草的诱变试验结果表明，M_1 代第一次收获种子的突变频率最高，次年第二次收获的种子的突变频率急剧下降。因此，最好将每一花序的种子分开保存，并在 M_2 代将种子按穗行法种植，而不是按整株收获种子株行种植。这将有助于避免减少群体中突变体的数量，从而有助于突变体的鉴定。

5.2.2　遗传结构

植物的遗传构成极大地影响了体细胞筛选和单倍体筛选的严格性。在许多多倍体中，基础代谢因子存在重复基因位点，其突变和染色体畸变的存活率要比具有严格二体遗传结构的植物更大。因此，多倍性有利于后续诱发突变的恢复。另外，由于重复因子的缓冲作用可能掩盖了诱发突变表型的表达，因此，在许多多倍体植物中，M_2 世代中很少出现叶绿素突变表型。然而，尽管叶绿素突变可能很少见或不存在，但普通小麦等多倍体中可能发生高频率的形态突变（Hancock，2012）。

多倍体的性质对于诱发突变的挖掘和表达也很重要。了解遗传构成将有助于制定适当的处理程序。例如，在基因型为 *AAAA* 的同源四倍体中，如果一个位点上 *A* 突变为 *a*，那么 M_1 就会变为 *AAAa*；到了 M_2 中，只有 *AAAA*、*AAAa* 和 *AAaa* 基因型的植株会出现（除非存在随机的染色单体分离）；因此，M_2 群体在表型上是纯合的，隐性表型只可能出现在 M_3，在这种情况下，表型筛选应该在 M_3 代及其后续世代进行。

5.2.3　位点功能

相关位点及其邻近基因的功能也将决定突变传递的可行性和频率。显然，一个具有重要代谢功能的基因位点发生突变，其存活的可能性比一个与植物的生长和存活无关的基因发生突变要小。

5.2.4　易变性

有的基因容易出现某类突变，而有的基因则比较困难，不同的基因并非同样易突变。例如，研究玉米的自发突变率时发现，颜色基因（r）相对容易突变，而糯胚乳（wx）和萎缩胚乳（sh）基因相对稳定（Bennetzen and Hake，2009）。Cox（1972）指出，同一细胞中不同位点的突变率可能有很大差异，并且这些突变率是由基因控制的。为了证实这一假设，作者认为高等生物中的基因可能不是根据其功能来组织的，而是按照具有不同内在突变率的基因组片段来组织的。

5.3　突变体的鉴定、评估和记录

5.3.1　突变体的鉴定

从植物育种实践的角度来看，在诱变群体中发现有用的变异材料，可不必细究其来源，不管是诱发突变体，或者是天然突变材料，亦或诱变亲本材料自身的变异、处理材料与其他材料串粉的杂交种后代等都是可以的。但是从突变育种研究和总结突变育种经验的角度来看，为了进一步提高育种效率，很有必要鉴定诱发突变体的真实性。

在具体的诱变试验中，很难有绝对的把握肯定处理群体中出现的变异材料是诱变剂诱发产生的突变体，但是如果在自花授粉作物的诱变群体中出现典型主效突变体，如矮秆和半矮秆、斯卑尔脱穗型（spelt）、早熟、抗病类型和其他主要表型变化，而且这些变异性状在原始亲本的较大群体中未曾出现过，那么可以认为上述变异性状是突变性状，是诱变处理的结果。下列预防措施和方法可能有助于验证突变体的真实性。

1）选择纯系作为诱变亲本材料，最好使用在隔离条件下单个植株反复自交繁殖的种子。

2）诱变使用的纯系原材料具有区别于其他育种材料的特异性状。

3）M_1 代严格隔离种植。

4）从 M_2 代到 M_3 代或 M_4 代进行系谱选择。

5）在突变体后代对突变体进行重新选择。

6）将突变体与类似的品系和品种进行比较。

7）利用病原菌不同生理小种对突变体进行抗病性鉴定。

8）将突变体和原品种进行正交，如有可能，可结合指纹或 DNA 和 RNA 测序的结果进行分析。

　　9）从 M_2 代到 M_4 代，都对突变体进行遗传分析。

　　10）利用类似表型的材料对突变体进行测交。

　　11）对突变基因进行定位。

　　12）采用细胞学方法观察突变体细胞的染色体重排。

　　13）对导致突变表型的候选基因进行 DNA 检测或测序。

5.3.2　有用突变体的繁殖和评价

　　诱变群体中发现的有发展前景的突变体，可通过以下两种途径加以利用（图5.10）。第一，通过反复自交繁殖足够的突变体种子，进行产量比较试验；第二，将突变体作为亲本，通过转育及回交等途径将突变性状转移到诱变亲本材料或其他优良品系。在许多作物中，由于遗传改良产生的遗传增益，因此当时使用的诱变亲本材料不如刚审定的品种，即使在诱变处理时使用了当时最好的品种。从诱变群体中选择的突变体也可能携带其他未被检测到的突变，这些背景突变可能导致突变体产生不良性状，可通过杂交和继续选择等方法改良这些不良性状。在进行多点试验之前，突变体需要繁殖足够的种子。将突变体、诱变亲本材料和其他主栽品种在相同条件下进行种植，以评价突变体。

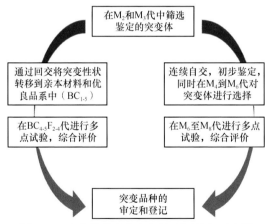

图 5.10　突变体的直接和间接利用途径示意图

　　对种子繁殖突变体进行比较试验的方法和对其他新品系的方法基本相同（Hertel and Lobell，2014；Johnson et al.，2017）。对那些在春化需求、光周期反应、生长习性、株型、生物和非生物抗性以及产量因子等方面表现出差异的突变体，应该在多种环境条件下进行测试评估，即不同的地区、土壤、水肥条件、播量、播种密度和播种日期等。在首次试验中，每个突变体的试验重复数量通常会减少，以便在更多的地区测试更多的突变体。如果邻近小区的品种在株型或生长模式上差异很大，而且在被测品种中很少出现突变型生长类型时，预期会发生品种间竞争。但是，一般难以预先判断是高秆品种还是矮秆品种在具体的试验中更有优势。品种间的竞争效应可以通过调整小区的形状和大小，或将边行排除在小区评估之外来最小化。

突变体档案记载的重要细节包括：处理材料的起源（谱系）和后代（杂交后的世代数）、用于诱变处理的材料（种子或其他）、预处理和后处理、诱变剂类型和使用剂量、首次选择突变体的世代，以及突变体与亲本材料之间的形态和生理差异等。应该指出的是，在大多数国家品种登记和审定系统中，都有对包括突变品种在内的新品种的评价准则。

5.3.3 试验记载

在试验记载方面，应记录突变育种试验的所有相关事实和信息，并应始终以清晰、易懂的方式记录试验结果，并应包括所有重要的试验细节。特别重要的是，应该仔细考虑为进行试验而制定的方案，然后根据标准化的格式将这些方案发表在出版物中。下面给出了一个试验记载的模板（表 5.1），仅供参考。

表 5.1 突变育种试验的记载内容提要

试验名称			
试验的时间和地点、主要试验人员、试验数量等			
具体试验目的			
材料和方法	必要内容	材料	亲本材料的名称、编号、系谱、来源和组成（混合或株系材料）等
			理想条件下，一部分亲本材料最好放置在基因库中保存
			诱变剂及其来源、能量、剂量率，测试并确保纯度等
		方法	预处理：包括处理的准备工作
			处理：①辐射，剂量率和时间、距辐射源的距离；②化学诱变剂、浓度、时间、组成、处理溶液的体积等；③处理条件
			后处理：处理后的材料的处置、储存和种植
	可选内容：根据具体的试验内容，按顺序记录处理号和重复号；针对具体的试验目标，给出详细的试验设计；按照上面的列表安排内容（材料和方法、处理和重复）		
结果			
总结和结论			
参考文献			

5.4 影响突变育种成功的因素

突变育种计划的成功与否主要取决于能否培育出优良品种，也取决于从分离的诱变群体中诱导、鉴定并获得的突变体突变频谱和质量。对于一个诱变实验，即使全面考虑到了试验要求，仍然存在一些可能会限制目标突变性状获取的其他影响因素。这些影响因素主要包含以下 3 个方面。

5.4.1 基因型造成的差异

众多证据表明，遗传差异（即使仅有一个基因的差异）可以导致辐射敏感性的巨大差异，反过来不仅影响总的突变率，而且影响可获取的突变频谱和突变背景程度（Zaman，2007）。尽管没有人可以预测某个特定基因型对突变频谱的影响，但是诱变亲本材料的选择确实是影响突变育种的一个关键因素（Bradshaw，2016）。

越来越多非常确切的信息表明，作物的倍性水平影响突变谱。对二倍体物种而言，绝大多数突变发生在单个隐性基因上。然而，人们经常可以观测到的是由于隐性基因缺乏而产生的偏离正常 3 ：1 的分离比例。二倍体中显性突变存活的可能性很小，事实上，它们在纯合条件下多数是致死或半致死的，对于二倍体物种能够诱导产生这种显性突变的辐射剂量不太可能让植株存活下来。多倍体物种基因的多拷贝特征提高了它们承受高突变负荷的能力，包括总的染色体畸形，而不产生显著的负面效应。因此，在多倍体物种中能够观察到更高频率的显性和半显性突变。

表型缓冲是多倍体物种的另一个特性，它限制许多性状发生突变，尤其是那些对植物整个生命必不可少的性状，如叶绿素生成过程。因此，Jankowicz-Cieslak 等（2017）所引用的 Stadler 在 1929 年的研究结果显示，随着物种倍性的增加，叶绿素突变频率在降低，然而总的突变频率是在增加的。以小麦属作物为例，六倍体小麦的总突变频率是二倍体和四倍体小麦的 3 倍（Rajarajan et al.，2014）。相同倍性不同物种之间或同物种不同品种之间也存在突变反应的差异。不同普通小麦（*Triticum aestivum*）单体由于控制叶绿体发育的因子不同而表现出不同的突变频率（Protic et al.，2013；Lundqvist，2014；Umavathi and Mullainathan，2016）。一篇关于植物突变育种的综述文章指出，品种间的基因型越接近，它们的突变谱和突变频率也越相似（Gottschalk and Wolff，2012）。

在数量性状的诱发突变研究中，不同倍性水平的差异并没有同一倍性水平下的基因型重要（Bharathi Veeramani et al.，2005）。因此，某一特定基因型背景下的遗传变异性是一个重要的影响因素。多位研究者认为，在某一背景下表现出更大变异性的那些性状更容易得到改良，通过诱发突变的方法对它们进行改良也会有更好的预期效果。

对于两年生和多年生的植物，人们更加倾向于利用早花的基因型进行诱变处理，然后在第一个生长季节从 M_1 植株上收获种子。后续研究中任何具有特定育种价值的突变性状都可以很容易地转移到晚熟基因型的品种中去（Wani et al.，2014）。

作为一种基因型特征，杂合程度也会影响突变的类型和频率。在杂合条件下，许多多倍体植物都对染色体畸形不太敏感（Bradshaw，2016）。正如 Gregory（1960）论述的那样："突变产生和恢复的主要制约因素是实验物种的遗传构成，而不是所采用的诱变剂的类型。因此，对植物育种家而言，了解自己所用实验材料的突变预期可能比在亚显微层面解决突变变化的机制更加重要。"

5.4.2　诱变剂的类型与剂量

不同的辐射源处理诱导产生的花色变化的突变谱差异是显而易见的（Jain et al.，2010）。例如，高密度电离辐射（如不同来源的离子束）能够诱导产生相对较多的白化、条纹、黄化等叶绿素突变类型（图 5.11），而 γ 射线辐射诱导产生的翠绿色突变是最普遍的突变类型。因此，拓宽诱变剂的选择可能会大幅度提高目

图 5.11　辐射诱发的大麦不同类型穗部和叶部突变体

A，异形穗；B，白化；C，条纹；D，黄化。图片由 L. 戈麦斯-潘多（L. Gómez-Pando）提供

标突变体的选择机会。然而，正如之前讨论过的，除了诱变剂，其他一些因素也影响突变频谱和诱发的突变体质量。

影响突变体质量的另一个因素是，诱变处理时发生在同一分生细胞中且传递至后代的突变事件的数目。期望发生的突变事件的数量远远低于非期望的突变事件，因此，当每个细胞诱导产生一个以上突变时，只携带目标突变性状的突变植株数目就更少了。可以采取几种措施以避免这种结果。第一，对任何诱变剂，都不能使用过高剂量。第二，应该认真对待所谓的"超级诱变剂"，即诱导植株或穗后代产生至少 50% 突变率的诱变剂。这种诱变剂对突变育种是不利的。第三，一旦诱导产生了很高的突变频率，就要让它们分离，并在 M_3 及更高的世代中去选择有用的突变类型（Hansel et al.，1972）。然而，应该意识到，推迟选择世代的技术并不能去除那些在同一染色体上与目标突变性状紧密连锁的非目标突变性状。

在重复辐射试验中，可获得的突变体数量会增加，但是由于同时含有其他多种突变类型的突变体数目也会增加，从育种角度考虑突变体的质量却可能是下降的（Micke，1969）。比较明智的做法是，让突变材料继续分离，或者投入与重复诱变处理同样的精力对从 M_1 代选出的偏离目标的植株进行杂交以纯化突变特性，或者将目标突变基因位点转移到其他遗传背景中去。杂交或转移两种做法都有可能朝着我们所期望的方向改变突变体的质量。

5.4.3　多效性与连锁性

一般，对于任何物种的起始野生基因型，想获得一个与之相比仅有单一表型发生改变的突变体是几乎不可能的。例如，浅绿植物突变体同时包含植物生长受限、成熟推迟等突变性状。大多数情况下可以观察到一组明显的变异，并且这一组变异作为一个整体以大约 3∶1 的分离比例从一个突变体世代遗传至下一个世代。理论上，对这种现象有以下 3 种可能的解释：①单个突变基因调控了一系列发生改变的性状；②一个包含几个基因的染色体小片段缺失；③几个紧密连锁或相邻排列的基因同时发生了突变。

上述 3 种情况都可能导致单因子遗传分离，但是只有第一种情况是一因多效的真实案例。其他两种情况下，尽管是几个基因丢失或改变，但是只是模拟了一因多效的效果。在实践中大多数情况下，不大可能明确发生了上述哪种情况。因此，文献中"一因多效（或多效基因作用）"的表述一般都用来描述上述的所有情况。

通常，真正的多效性是可以实现的，但毫无疑问的是，由于诱变剂的应用，不仅常会出现小缺陷，还会或多或少地出现紧密连锁的基因同时发生突变的情况（Gottschalk and Wolff，2012）。尽管大量的研究证据表明，不同诱变剂具有不同的染色体破坏能力，然而迄今为止，还没有关于多效性与某种特定的诱变剂诱发的突变相关程度的系统研究。全基因组测序技术的发展使我们可以利用野生型和突变体的详细基因组信息对比来精确鉴定突变基因并将它们与表达的突变表型相关联（Caldwell et al.，2004；Jannink et al.，2010）（参见第 8 章 8.1.3）。

这种基因多效性是突变育种实践过程中严重的不利因素。一大批来自不同栽培植物的革新性突变体就是因为具有与有益特征连锁的不利效应而不能应用于育种实践中。如果整个表型变异谱都是由一个基因的作用引起的，那么由于无法将负面效应分离出去，其中的正面效应也将得不到育种应用。

然而，也有一些实验证据表明，通过将突变基因转入其他遗传背景（包括亲本基因型）中，这种真正的多效性突变谱的具体细节也会发生改变（Gottschalk and Wolff，2012）。因此，如果一个具有重要价值的新性状是一个多效性突变谱的一部分，则应该将该突变体与本物种的大量不同品种或基因型杂交，将其导入多个基因型的遗传背景中去，以期减小和降低特定基因组成中负面性状的密度和强度。

如果多效性突变由染色体片段缺失导致，那么将不可能进行部分修复。但是，如果这种复合性是由相邻的两个或多个独立起作用的基因引起的，那么，原则上是可以通过杂交和靶点选择的方法将正负性状分开的。一些示例证实这种分离是可以实现的（Gottschalk and Wolff，2012）。然而，由于这些问题基因连锁得非常紧密，彼此之间发生重组交换的概率非常低。因此，可能只有对特别重要且通过其他手段无法实现的育种目标，才值得考虑去寻求这种稀有的重组事件来获得目标突变。

最后，应该指出的是，植物体的许多性状是由多基因系统控制的，且不同基因往往产生多种性状，如大麦中的许多密穗突变位点（Kuczynska et al.，2013；Lundqvist，2014）。

第 6 章　无性繁殖作物突变育种

6.1　突变技术的应用

利用植物体的根、茎（包括枝条、匍匐茎、块茎等）和叶等营养器官的一部分作为繁衍的亲本，长成新的完整植株，而不是通过种子进行繁殖的作物称为无性繁殖作物。无性繁殖作物种类很多，包括香蕉、木薯、马铃薯、甘蔗、观赏植物、果树、茶树、橡胶等，这些植物大都具有重要的经济价值和商品价值。例如，大多数食用香蕉是不育的三倍体，无法产生种子，因此很难用传统的杂交育种方法培育新品种。诱发突变技术，结合离体培养以及扦插和嫁接等温室繁殖技术，为香蕉等许多无性繁殖作物品种改良提供了一种有效的途径。

传统的植物杂交育种依赖有效的遗传变异，以用于杂交并选择目标基因型。在传统育种过程中，育种家通常首选在优良种圃，其次在外来种质资源，再次在野生种中寻找可供利用的遗传变异，并通过杂交和减数分裂重组过程将其导入到高世代优良品系中。从分离群体中筛选出目标品系后，再通过一系列的试验选择程序，所选的苗头突变系最终有可能作为新品种进行审定（认定）。然而，这些育种过程仅限于有性繁殖作物（参见第 4 章）。大多数无性繁殖作物是高度杂合的非整倍体或多倍体，具有休眠性、生长周期长、营养生长期长、受精不亲和等复杂的生物学特点，后代需要较大群体进行遗传变异检测，导致耗时过长、占用空间过大、花费过多，因此，大多数无性繁殖作物都不适合用杂交育种方法进行品种选育和改良。

突变育种为无性繁殖作物性状改良和新品种培育提供了一条新途径。通过提高突变频率（相较于自然突变）和诱发隐性性状等目标遗传突变，突变育种能够拓宽遗传变异谱、诱导产生新性状，最终培育出具有优异表型的新品种。正如 Donini 和 Sonnino（1998）所述，大多数无性繁殖作物杂交都很困难，诱发突变是唯一的育种方法。

无性繁殖作物能够用于诱发突变处理的试验材料非常广泛，但每一种都需要特定的方法进行诱变，处理起来更为复杂。近年来，在突变育种中利用生物技术，尤其是组织培养技术有了新的进展，其中包括采用离体微繁技术培养足够数量的群体用于突变诱导、突变体筛选和突变系培育，这些都为无性繁殖作物突变育种提供了有效的方法（Bado et al.，2016）。

6.2　野生型的选择和突变处理

6.2.1　野生型的选择

任何育种家在诱变处理前都要对用于突变处理的品种或品系即野生型进行仔细选择，包括对野生型遗传特性和稳定性的考虑，以及在现有种质基因库中获得目标性状的可能性等。在育种实践中，所选用的野生型应该具有良好的适应性和优良农艺性状，且只需要对少数的性状进行遗传改良，如对特定病害的抗性、抗倒性、株高、秆强等。通常植物的遗传背景决定了突变谱，因此亲本材料非常重要（Suprasanna and Nakagawa，2012）。这一点对通常采用组织培养方法繁殖的无性繁殖作物尤为重要，所以选择的野生型必须适合于离体培养技术。大多数无性繁殖作物是高度杂合的（*Aa* 为二倍体，*Aaa* 为三倍体，*Aaaa* 为四倍体），突变育种的主要目标是敲除显性等位基因，从而使隐性性状得以展现，但也有可能产生罕见的显性突变。目前有很多关于不同倍性的野生型材料诱发突变的研究报道（van Harten，1998）。有些情况下，倍性越高的品种所产生的突变体数越多，如八倍体的大丽花属（*Dahlia*）、六倍体的菊属（*Chrysanthemum*）和四倍体的秋海棠属（*Begonia*）（Broertjes and van Harten，1987）；然而，也有一些多倍体，例如，四倍体的香雪兰属（*Freesia*）就没有发现任何突变体。因此，在设计无性繁殖作物诱发突变试验之前，需要根据每种植物的具体情况和相关报道，认真考虑最适宜的处理方式。

用于诱变处理的材料应无菌无毒，来源、发育一致，是所选克隆、品种或基因型的典型代表。材料最好来源于同一无性系株源，否则可能需要进一步在田间、温室或通过离体培养进行扩繁。

用于突变处理的植物组织有 3 种类型：一是来自活体植物的芽、茎插条、叶、叶柄等的茎尖分生组织；二是来自根插条、茎插条、叶、叶柄、花梗或体细胞等外植体的不定芽；三是来自根、茎、叶、叶柄、花梗等的插条。

一般来说，新诱导形成的芽非常适合于无性繁殖作物的诱变处理。在特定的离体培养或活体培养条件下，植株上固定位置的顶芽和腋芽以及新形成的不定芽都能用于诱变处理。在所有情况下都应根据育种目标选择待处理的植物材料，即通常所培育的目标突变体与野生型间只有一个性状不同（van Harten，1998）。

如前几章所述，分生组织上诱发的突变通常导致嵌合结构，因此在考虑无性繁殖作物诱发突变时必须要考虑嵌合体的问题。这也与所选作物的首选繁殖方式如出芽、嫁接和杂合水平密切相关。为了产生稳定的非嵌合突变体，只应选择均匀且有代表性的克隆或品种材料用于诱发突变。

6.2.2　群体规模

在育种过程中，能否成功获得目标突变体取决于突变群体的规模，同时也要考虑植物基因组突变的随机性和低发生频率。另外，在 M_1V_2 和 M_1V_3 代中的突变频率，往往与 M_1V_1 代中所取腋芽的位置有关。诱变结果也可能因为新形成的芽是辐射处理之前就预先存在于植物材料上，还是辐射之后才产生的而有所不同。因此，每一物种或品种的 M_1V_1 嫩枝的不同部位产生体细胞突变的概率就会高低不同。一旦确定了最适腋芽的位置，可以去掉枝上其他的芽来促进最适芽生长，或者对最适芽直接采用离体培养或嫁接的方式进行扩繁，这种方法通常用在果树等木本植物的诱变上，详情参见图6.1和图6.2。

A. 种子繁殖作物（以 $^{60}Co\ \gamma$ 射线辐射为例）

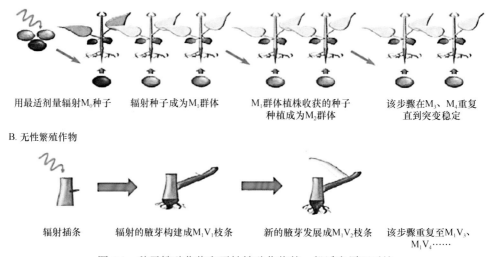

用最适剂量辐射 M_0 种子　　辐射种子成为 M_1 群体　　M_1 群体植株收获的种子　　该步骤在 M_3、M_4 重复
　　　　　　　　　　　　　　　　　　　　　　　　种植成为 M_2 群体　　　　直到突变稳定

B. 无性繁殖作物

辐射插条　　辐射的腋芽构建成 M_1V_1 枝条　　新的腋芽发展成 M_1V_2 枝条　　该步骤重复至 M_1V_3、
　　　　　　　　　　　　　　　　　　　　　　　　　　　　　　　　　　　M_1V_4……

图6.1　种子繁殖作物和无性繁殖作物的一般诱变原理对比

（改良自 Broertjes and van Harten，1987）

突变群体大小决定获得目标突变体的成功率，通过增加处理材料的数量，可以提高成功的概率。一般认为，处理800个芽，在 M_1V_2 代通过无性繁殖的方式扩繁到4000个嫩枝的群体大小就足够了。每个剂量处理50个接穗（含2或3个芽），相同数量未经处理的接穗作为对照。例如，苹果和樱桃树诱变至少需要2000个 M_1V_2 个体（Donini and Sonnino，1998；Micke and Donini，1993）；菊花以10cm 茎段上大约有10个腋芽计算，诱导产生有益突变需要处理80～100个菊花茎段（http://www.fnca.mext.go.jp）。

一般情况下，突变频率约为0.5%，即1000个植株中有5株突变体（Predieri and Di Virgilio，2007）。从理论上讲，突变处理群体至少需要500个植物繁殖体；但是在实践中，如上所述，能够提供比较现实可行的突变选择群体的最小起始群

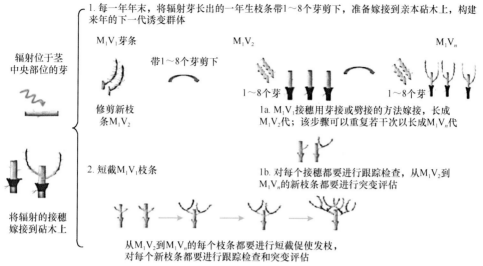

图 6.2　无性繁殖果树的体细胞突变分离（改良自 Broertjes and van Harten，1987）

体应为 800 个处理材料。确定了处理基数后，可以通过无性繁殖增殖率或者离体培养再生率（离体条件下）、辐射后无性增殖周期或者离体继代培养的次数、生根率和植株存活率等,估算后代突变群体数量。辐射后无性增殖周期或继代培养 3～5次甚至更多，由每一轮培养后剩余的嵌合体结构数决定；诱变处理后的生根率只有未处理对照的 80% 左右；植株的存活率可以根据经验计算。Predieri 和 Di Virgilio（2007）建议用以下公式计算用于突变处理的枝条数（X）。

$$X = \frac{P}{\left[(a \times b) \times c \times d\right]} \tag{6-1}$$

式中，P 代表田间计划种植植株的数量；a 代表期望的增殖率；b 代表继代培养次数；c 代表期望的生根率；d 代表期望的存活率。

　　在另一项研究中，Danso 等（1990）采用 25Gy 和 30Gy 的 γ 射线处理 1425个木薯（*Manihot esculenta*）插条，在 M_1V_4 代选择到一个突变品种，命名为'Tekbankye'，该品种具有良好的加工性能、较高的干物质含量（40%）和低木薯花叶病毒感染率。用 15Gy、20Gy 和 25Gy 的 γ 射线辐射可可（*Theobroma cacao*）营养芽后嫁接到砧木上，得到 M_1V_1 代嫩枝。在 M_1V_3 代对可可肿枝病毒抗性进行检测，在 M_1V_5 代筛选得到高产优质的稳定突变系，随后在加纳进行了超过 10 年的多点试验，未发现可可肿枝病毒侵染现象（Danso et al.，1990）。

6.2.3　突变处理

　　选择何种突变处理方法与它的有效性、突变效率、可用突变设施、处理材料的大小和群体规模有关。已经审定的无性繁殖作物突变品种 90% 以上是用物理突变方法培育的（http://mvd.iaea.org）。急性辐射、半慢性或慢性辐射、反复辐射都能用于诱导体细胞突变，其中慢性辐射由于其造成的辐射损伤小，已被证明对无性繁殖作物的突变育种更有效，突变体往往可直接作为一个新品种使用。在辐射类型的选择上，所有种类的电离辐射都已经在无性繁殖作物诱变处理中使用过，包括 X 射线和 γ 射线等低密度电离辐射，它们很容易穿透植物组织；与电离辐射相反，紫外光的穿透能力较低，通常只用于体积小的材料以及敏感的植物部位，如单细胞和薄层组织等。热中子或快中子等高密度电离辐射通常引起剧烈的变化，包括大片段缺失和染色体畸变等，通常是有害的。

　　另外，化学诱变剂有利于微突变，即点突变的产生，这一点非常可取，因为它们最有可能诱导产生 DNA 结构和功能的变化，从而导致可遗传的突变。然而与物理诱变不同的是，化学诱变通常会引起一系列的突变，因此背景突变负荷是一个问题。可用于无性繁殖作物的化学诱变剂包括甲基磺酸乙酯（EMS）、亚硝基甲基脲（MNU）和亚硝基乙基脲（ENU），这些烷化剂非常有效，但对光线敏感，有强烈的挥发性，使用时需要加强防护措施。鳞茎、葡匐茎段、接穗等体积较大的植物材料，难以用化学诱变剂进行可重复的诱变（Broertjes and van Harten，1987）。化学诱变剂通常对植物目标部位的渗透能力较弱，导致其在无性繁殖作物活体诱变系统中效率较低。当接触化学诱变剂时应当按照第 2 章的要求，采取严格的安全措施。

6.2.4　最适诱变剂量筛选

　　突变育种能否成功的最重要的先决条件之一是确定诱变剂的最适剂量。具体试验所需的剂量取决于试验期望达到的效果，但是同时也应考虑到诱变处理产生的不育、致死等不良效果。植物的辐射敏感性与基因型紧密相关，随着剂量的增加会引起如染色体畸变、顶端分生组织细胞严重受损等突变，所以最好选用稍低的处理剂量。建议对每种植物材料都应当进行预备实验以确定适宜突变剂量。通过辐射敏感性实验和化学敏感性实验确定的能够使株高、生根率等降低 50% 的剂量称为半致矮剂量（50 percent growth reduction dose，RD_{50}）或有效突变剂量（efficient mutation dose，EMD），广泛用于预测最适诱变剂量（图 6.3a 和图 6.3b）。在无性繁殖作物突变育种实践中，一般采用 $RD_{30} \sim RD_{50}$ 即 M_1V_1 代株高降低 30% ～ 50% 的剂量，或 $LD_{40} \sim LD_{60}$ 即存活率 40% ～ 60% 的剂量，具体取决于植物材料的敏感性。

　　通常建议使用已确定的 LD_{50} 的 60% 和 40% 分别作为高、低剂量，每个剂量每次处理 30 ～ 50 个茎分生组织芽接穗、茎插条等（Donini and Sonnino，1998），同时种植等量对照进行比较。根据物种的不同，处理后的活体繁殖材料的枝条生

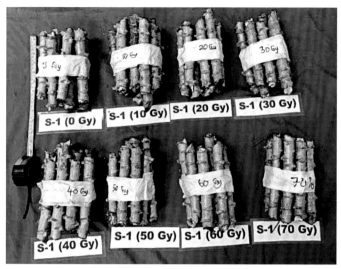

图 6.3a　准备用 γ 射线辐射的木薯品种‘Sepang’（S-1）插条

γ 射线辐射剂量分别为 0Gy、10Gy、20Gy、30Gy、40Gy、50Gy、60Gy 和 70Gy。

图片由 F. 艾哈迈德（F. Ahmad）等提供

图 6.3b　不同剂量 γ 射线辐射对木薯品种‘Sepang’（S-1）插条生长的影响

图中所示为各剂量（0 ～ 70Gy）处理的插条种植 20 天后的发芽情况、枝条长度和叶片大小。

图片由 F. Ahmad 等提供

长受抑制程度应在处理后 30 ～ 60 天测量并记录（Bado et al.，2015），例如，甜樱桃枝条生长受抑评估需要 60 天（Kunter et al.，2012）。Shu 等（2012）详细汇总了不同植物物种对快中子辐射、γ 射线急性辐射、γ 射线慢性辐射的辐射敏感性剂量和 LD_{50} 或 RD_{50} 的估计值。表 6.1 列出了化学诱变剂 EMS 诱变不同无性繁殖作物的推荐浓度，表 6.2 总结了 γ 射线处理观赏植物无性繁殖体的推荐剂量（Suprasanna and Nakagawa，2012；Bado et al.，2015）。

表 6.1　EMS 诱变无性繁殖作物的推荐浓度（Donini and Sonnino，1998）

物种	建议处理方法		
	处理材料	诱变剂	浓度
马铃薯（*Solanum tuberosum*）	块茎芽	EMS	100～500ppm
葡萄（*Vitis vinifera*）	休眠芽	EMS	0.15%～0.20%
甘薯（*Ipomoea batatas*）	茎尖	EMS	0.5%
苹果（*Malus domestica*）	生长枝梢	EMS	1%
康乃馨（*Dianthus caryophyllus*）	生根插条	EMS	2.5%
蔷薇（*Rosa* spp.）	芽木	EMS	2.5%

译者注：ppm 表示百万分之一

表 6.2　用于诱变处理的观赏植物无性繁殖体和 γ 射线辐射剂量
（Suprasanna and Nakagawa，2012；Bado et al.，2015）

植物属/种	无性繁殖体	γ 射线剂量/Gy
孤挺花属（*Amaryllis*）	鳞茎	2.5～50
叶子花属（*Bougainvillea*）	茎插条	2.5～12.5
美人蕉属（*Canna*）	根茎	20，40
大丁草属（*Gerbera*）	生根组培苗	10，20
唐菖蒲属（*Gladiolus*）	鳞茎	2.5～50
木槿属（*Hibiscus*）	茎插条	10～20
欧洲水仙（*Narcissus tazetta*）	鳞茎	2.5，5，7.5
马齿苋属（*Portulaca*）	茎插条	2.5～12.5
晚香玉（*Polianthes tuberosa*）	鳞茎	2.5～80
蔷薇（*Rosa* spp.）	出芽茎	20～60
万寿菊（*Tagetes erecta*）	生根插条	5～20
Lantana depressa	茎插条	10～40
菊花（*Chrysanthemum* sp.）	生根插条	15，20，25

6.3　嵌　合　体

在前几章中，对嵌合体的起源和结构做了大量的描述和讨论，这一章将集中讨论对无性繁殖作物不同结构的嵌合体的处理。

纯合突变体和周缘嵌合体在无性繁殖作物中都可作为新品种（Suprasanna and Nakagawa，2012）。所以首先必须使用适当材料进行实验以分清突变体的嵌合状态，然后对不稳定的嵌合体类型加以分离纯化。对于无性繁殖作物，为了减少突变材料的基因型复杂性，已经研发了多种分离嵌合体的方法，包括诱变后进行组织分离和解剖。

为了分离香蕉嵌合体，Roux 等（2001）评估了茎尖培养、多顶端组织培养和球茎切片培养等 3 种不同的离体繁殖技术体系。经过 3 次继代培养后，使用茎尖培养技术的细胞嵌合体比例由 100% 下降至 36%，使用球茎切片培养技术的由 100% 下降至 24%，使用多顶端组织培养技术的由 100% 下降至 8%。虽然这些技术体系都没能完全消除嵌合现象，但研究表明，嵌合体减少的程度取决于产生的嫩芽的类型（腋生的或不定的）以及增殖率（每次继代培养后产生的新枝条数量）。不过，无论哪种情况下，经过 3 次继代培养以后，嵌合体的比例都会趋于稳定（参见第 2 章）。

6.4　突变群体处理和新品种审定

突变处理势必会对植物造成一定的生理和遗传损伤，因此 M_1V_1 代植株应该与种子繁殖作物 M_1 代一样在无胁迫条件下生长，水分、温度、光照和肥料尤其是氮肥都应调整到最佳水平，否则所获得的 M_1V_2 代群体数量可能不足以进行突变系选育。

一般来说，无性繁殖作物突变群体的构建是完全由营养体繁殖完成的，没有开花、减数分裂和结籽等过程，因此突变只是从发生突变的细胞本身的世系传递下来的，而植株本身其他部分没有别的改变（Suprasanna and Nakagawa，2012）。整个过程如图 6.4 所示，描述如下。

第一年 M_1V_1：由于嵌合体的存在，难以检测到纯合突变体，因此 M_1V_1 代通常不进行突变选择（见第 8 章 8.1）。体细胞突变的检测和分离非常困难，必须在克隆繁殖前采用适当的选择方法。

第二年 M_1V_2：嵌合结构可能在 M_1V_2 代继续存在，因此必须密切监测这一代以鉴别出任何可能发生的突变性状。采用肉眼观察和仪器测量方法，鉴定突变体的生长习性、节间长度、分枝类型、果实特点和芽数等。扩繁选定的 M_1V_2 突变枝条，在 M_1V_3 代进一步确认其突变特性并进行一致性和稳定性评价（Drake et al.，1998）。

第三年 M_1V_3：初步鉴定评估应从此代开始，因为从此代开始会有纯合突变体出现，必须对其进行一致性评估。而那些不纯的突变体应进一步繁殖使其达到稳定。主要目标性状，包括产量、品质、生化指标、微量元素含量、种子和果实大小及重量、花性状等均可在此代或推延至更高世代进行评价。

第四至第九年 $M_1V_4 \sim M_1V_9$：对稳定的无性系进行扩繁，在试验地种植并测试目标性状在生物和非生物胁迫条件下的表现。最早在 M_1V_4 代即可以野生型或当地品种作为对照，对入选突变系进行重复试验。M_1V_5 和 M_1V_6 代可进行多点试验，测试其在不同环境条件下农艺性状的表现。

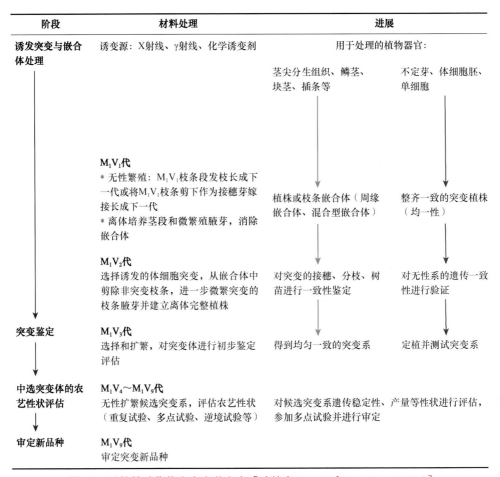

图 6.4　无性繁殖作物突变育种方案［改编自 Donini 和 Sonnino（1998）］

　　根据物种的不同，可以在 $M_1V_9 \sim M_1V_{10}$ 代进行最终评定，目标突变体无性系可作为突变新品种进行审定。对观赏植物而言，根据植物类型、诱变剂和用于诱变处理的外植体材料的不同，可以相对更快地选育出突变新品种，因为在选育过程中，不同花色、花形和生长习性等目标性状可能随时出现。在观赏植物如长筒花、菊花、康乃馨和月季中已经培育出很多突变新品种（http://mvgs.iaea.org/search.aspx），这些突变品种大多是通过辐射生根的茎插条、离体叶和休眠植株等获得的（Ahloowalia，1998）。

　　实际上，就花而言，由于嵌合体花具有独特表型，它们也可以直接商品化。无性繁殖的果树已经培育了许多突变新品种（见下面关于甜樱桃的例子）。其中经典的成功案例是无核柑橘的培育。无核葡萄柚、柠檬、橘子和橙子都是通过 γ 射线、热中子或 X 射线等诱变处理芽木后选育获得的（Bado et al.，2016）。图 6.2 为利用枝条段促进发枝和不断嫁接培育突变系的方法与过程。

旨在提高植物对生物和非生物胁迫耐受性的突变育种计划都需要适当的筛选方法。由于辐射后从 M_1V_2 代到更高世代有大量的单株需要筛选，因此应该在早代采取经济快速的有效筛选技术，以在田间重复试验之前将突变体数量减少到合理水平。

6.5　非生物胁迫的耐受性筛选技术

非生物胁迫主要包括盐、碱、干旱、重金属和高低温等，为此需要研发快速、灵敏、高效的筛选方法，最好是对植物体无损害的检测方法。可以通过测定和评估叶绿素荧光、净光合速率、蒸腾速率、气孔导度、水分利用效率、游离脯氨酸含量等指标的变化来筛选突变体对非生物胁迫的耐受能力。此外，也可用生理参数、生化指标和分子标记进行筛选（见第 8 章 8.3）。下面介绍两种方法。

对植物非生物胁迫耐受性的间接筛选可以在离体培养、温室或田间条件下通过对光合速率、气孔导度、叶绿素荧光、脂质过氧化作用、电解质渗漏、相对含水量等生理和生化指标的检测进行。这些气孔和光合作用相关参数是决定植物产量的关键因子，间接反映植物对胁迫的耐受能力。叶绿素荧光和热成像技术可提供对这些参数的检测，是一项成熟且高效、无损、快速的植物逆境检测和诊断技术（Li et al.，2014）。

与在田间或温室等条件下筛选胁迫耐受性相比，在可控的离体条件下使用胁迫诱导剂诱导产生胁迫进行筛选更为有利。在无性繁殖作物中，通过早期筛选将候选突变系减少到合理数量后再进行扩繁和田间重复试验是非常有意义的，可供借鉴的实例和方法参见 Bado 等（2016）。

6.6　生物胁迫耐受性的筛选技术

与谷类作物等有性繁殖作物相比，无性繁殖作物如香蕉等具有特殊性，多年单一栽培、既不易自花授粉又不能通过异花授粉来提高遗传多样性等原因，导致其遗传多样性呈逐渐减少态势。此外，由于其三倍体单性结实的特性，香蕉不能结籽，常规育种时间太长，因此其品种难以被消费者接受。

尖孢镰刀菌古巴专化型（*Fusarium oxysporum* f. *sp. cubense*）是一种侵染香蕉植株维管束引起香蕉枯萎病的病原真菌，对全球卡文迪什香蕉（Cavendish banana）生产构成严重威胁。Mak 等（2004）在温室条件下，利用双托盘技术开展香蕉抗枯萎病菌的突变育种研究，筛选抗枯萎病的香蕉苗（图 6.5）。该技术包括上下两层托盘，穿孔的上部托盘用于支撑装有无菌沙介质的营养钵，用来种植香蕉小苗；下部托盘用于盛放带有病原菌的营养液。4 个香蕉突变系 'Intan'（Pisang Berangan，AAA）、'Gold Finger'（AAAB）、'Novaria'（Cavendish，AAA）和 'Mutiara'

（改良的 Pisang Rastali，AAB）的两个月大的组培小苗（10 ～ 15cm 高）种于营养钵中，然后将营养钵置于上层托盘的孔中，在温室内接种香蕉枯萎病菌 4 号生理小种进行抗性检测。在 10 ～ 30 天感病植株就会在叶子和根茎上表现出症状，因此该技术可作为一种抗香蕉枯萎病的早期快速筛选方法。

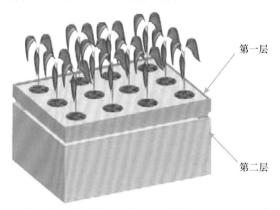

图 6.5　香蕉枯萎病抗性筛选的双层法示意图［改编自 Mak 等（2004）］

第一层: 将小苗种在填满无菌沙的小钵中，小钵底部有孔。将这些小钵放置在上层托盘的小孔中固定，悬于病原真菌过滤液中，小苗通过根系吸收带有病原菌的溶液。第二层：盛放与根系接触的真菌过滤液

6.7　无性繁殖作物突变育种实例

无性繁殖作物突变育种的方法很多。有关香蕉、甘蔗和西瓜等的一部分离体培养技术和操作方法将在第 8 章 8.1 详细介绍。这里介绍甜樱桃果树及最新的马铃薯微块茎突变育种实例。

6.7.1　甜樱桃果树突变育种实例

甜樱桃果树突变育种实例，详见图 6.6a 和图 6.6b。

6.7.2　马铃薯突变育种实例

马铃薯突变育种实例，详见图 6.7a 和图 6.7b。

第1年	前处理	1	⁶⁰Co γ射线辐射处理0900 Ziraat休眠接穗（每个剂量50个芽）←	2	辐射敏感性测试：25Gy、30Gy、35Gy、40Gy、45Gy、50Gy、55Gy和60Gy
			确定有效突变剂量为33.75Gy		
第2年	M_1V_1	3	用有效突变剂量辐射2000个休眠芽并嫁接到砧木甜樱桃（*Prunus avium*）上		
			幼树遮阴生长		变异表型观测：叶绿素缺失、嵌合体、形态改变等
第3年	M_1V_2	4	移植进果园，株行距3m×5m		种植授粉株（授粉株：诱变株=1：5）
			幼树期M_1V_3和M_1V_4		
第6～9年	M_1V_5～M_1V_8	5	观察和测量 ＊树型 ＊累计产量 ＊品尝、评价果实风味 ＊坐果情况 ＊糖度（可溶性固形物含量） ＊果树学综合评价：果实重量和品质	6	确定候选突变树的质量标准；确认结果并选择参加品种审定的突变树
第10～40年		7	登记2个优质突变品种‘ALDAMLA’（IAEA突变品种数据库编号3425）和‘BURAK’（IAEA突变品种数据库编号3436）		

图 6.6a　甜樱桃（*Prunus avium*）突变新品种‘ALDAMLA’和‘BURAK’的选育（土耳其原子能机构和 Atatürk 园艺研究中心）（Kunter et al.，2012）

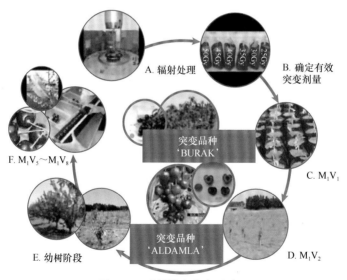

图 6.6b　甜樱桃突变育种过程

图 6.7a　利用 γ 射线辐射培育马铃薯（*Solanum tuberosum*）新品种 'NAHITA'

A. 直接在田间进行辐射敏感性试验（0Gy、25Gy、35Gy、45Gy）并确定有效突变剂量；B. 野生型马铃薯品种 'Marfona' 用选定有效剂量 35Gy 辐射处理；C. M_1V_1 代与野生型一同种植并观测记录表型变异、统计数据，包括花的类型和颜色，以及块茎大小、形状和数量；D. 所有 M_1V_1 单株收获的块茎按行种植成 M_1V_2，进一步观察一致性和产量潜力；E. 按相同程序从 M_1V_3 扩繁至 M_1V_8，直到质量评估全部完成，如通过统计数据进行评估，淘汰所有早期黄芽系；F. 部分表现优良的突变系利用离体培养微繁技术扩繁并转移到温室内；G. 高产优质的优选突变系在 M_1V_9 代审定（认定）；H. 审定的马铃薯新品种 'NAHITA'（Sekerci et al.，2016，土耳其）

第1年	前处理	1	^{60}Co γ射线辐射马铃薯品种 'Marfona' 块茎	←	2	辐射敏感性测试（每个剂量90个块茎）
			确定有效突变剂量为35Gy			
第2年	M_1V_1	3	辐射后的M_1V_1块茎田间种植，野生型作为对照，观测表型突变，如叶片叶绿素缺失、块茎形态变化等			
第3年	M_1V_2	4	M_1V_2代与野生型成行种植进行一致性检测，包括花的类型，块茎大小、形状和数量等			
第4～8年	M_1V_3～M_1V_8	5	M_1V_3～M_1V_8继续种植； 观察和测量： *产量和产量因子 *嫩芽 *单株块茎数 *生物和非生物抗性筛选 *块茎颜色、形状等特性和品质 *耐储藏性		6	突变体评估； 在实验室和田间扩繁中选突变系； 确认结果并选择参加品种审定的突变品系
第9～10年		7	登记一个高产、优质突变新品种 'NAHITA'（IAEA突变品种数据库编号4463）			

图 6.7b　马铃薯突变育种程序（Sekerci et al.，2016）

第 7 章　突变育种改良的主要性状

植物育种中，目标性状的选择和改良策略因植物种类、栽培环境、栽培方法以及产品用途和需求而异。突变育种的育种目标与其他育种方法基本一致，其优势是能够改良优良品种的单一性状，如提高产量、品质、抗逆性及其他重要农艺性状等。对目标突变体的突变诱导和检测是一种快速获得理想优良品种的手段（Bado et al.，2015）。理论上所有的遗传性状都可以通过突变育种加以改良，本章将介绍世界范围内利用突变育种进行作物改良的成果，涉及多种作物种类、各种性状、所获得的各种突变体，以及审定、登记的突变品种。

7.1　高　　产

在各种环境条件下保持高产、稳产是大多数植物育种计划中最重要的目标。产量是一个受其他育种目标影响很大的复杂性状，株型、成熟期、氮利用效率、生物和非生物胁迫抗性等都会影响产量。对于那些经过长期严格选育的、具有较高产量水平的作物，利用突变育种来提高产量潜力存在一定的困难。

尽管产量突变性状很难检测，但毋庸置疑的是产量突变体是客观存在的，一些高产的突变品种也通过了审定（表 7.1）。在 M_2 群体中，增产变异频率很低，可能在 500 ～ 1000 株中才能有 1 株（Saeed and Hassan，2009）。因此，当计划通过诱变来提高产量时，需要加大群体来提高发现产量变异的概率。

表 7.1　高产突变体/突变品种实例

作物	性状	诱变方法	突变体/品种（国家）	参考文献
水稻 *Oryza sativa*	高产	γ 射线	浙辐 8 号 1985 ～ 2005 年（中国）	MBNL[*] No. 25 and No. 26，1985
普通小麦 *Triticum aestivum*	高产		Jauhar-78 1979 年（巴基斯坦）	Ahloowalia et al.，2004
大麦 *Hordeum vulgare*	半矮秆（*GPert*），麦芽品质	γ 射线	Golden Promise （英国）	Sigurbjörnsson and Micke，1974
大麦 *Hordeum vulgare*	半矮秆（*sd1*）	X 射线	Diamant （捷克）	Ahloowalia et al.，2004
芭蕉 *Musa* sp.	高产	γ 射线	Al Beely （苏丹）	PBGNL[**] No. 16 and No. 17，2006

作物	性状	诱变方法	突变体/品种（国家）	参考文献
花生 *Arachis hypogaea*	高产	γ 射线	TAG24 （印度）	Kale et al.，1999
黑吉豆 *Vigna mungo*	高产	γ 射线	TAU-1 （印度）	Ahloowalia et al.，2004
棉花 *Gossypium* sp.	高产	γ 射线	NIAB 78 （巴基斯坦）	Ahloowalia et al.，2004

*MBNL:《突变育种简讯》(*Mutation Breeding Newsletter*)；**PBGNL:《植物遗传育种简讯》(*Plant Breeding and Genetics Newsletter*)。下同

　　就产量突变体的筛选鉴定而言，正确的筛选方法至关重要。由于受环境影响大，仅从单株的产量数据很难鉴定到真实的产量突变体。因此，筛选产量突变体需要比其他质量性状突变体更加小心谨慎。此外，自发或诱发突变体对环境变化的响应有别于野生型，进一步加大了筛选此类性状的复杂度。然而，基因型×环境互作的变化可在作物的实际栽培中加以利用，选出特定环境条件下表现最佳的突变体。举例说明，假如环境的变化是以氮肥施用量或水平来表示的，就可以考虑如何挑选出那些在特定施用量或特定肥料水平下最具竞争力的突变体。产量突变体表型筛选过程中需要考虑的另一个重点是植株间的生存竞争。通常情况下，一个品种在种植时因基因型一致，个体间不存在竞争。然而在进行突变体筛选时就需要考虑不同基因型间的生存竞争。例如，当一个野生型为高秆的品种与诱变后半矮秆突变体一起种植时，将因为遮蔽效应而影响后者生长；但在通常半矮秆品种具有产量优势的正常农业种植条件下就不会出现这样的相互作用。

　　高产突变体的选择方法有两种。第一种是间接选择法，在选定的质量性状突变体的后代中筛选具有增产潜力的个体。这种方法的理论依据是，有些质量性状的基因可能对产量具有有利的多效性，或者这些基因的突变可能与影响产量的其他突变连锁。目前，这种选择方法已经颇具成效，这里应该提到的是大麦的密穗突变体（*erectoides*）。在某些情况下，尤其是在高氮条件下，密穗突变性状与高产关联。但是这种间接选择产量突变体的方法具有一定的局限性。大麦密穗特性受许多突变位点的控制，这些位点发生突变都会产生密穗表型，但并非所有的突变位点都与高产关联。一般推理而言，产量受多基因位点共同控制，每个基因位点的影响都相对较小，而且并非所有控制产量的基因位点都能与观测到的质量性状突变相关。

　　第二种是直接选择法，不受上述性状连锁的限制。选择过程从单个植株的后代测试开始，与杂交后代群体选择类似。由于产量突变体的鉴定对群体量有要求，因此后代选择最早只能从 M_3 代开始。在自花授粉作物的育种实践工作中，有时甚至将后代选择推迟到 M_5 或 M_6，此时后代的纯合度已经比较高了，选中的高产突

变系可以直接进入区域试验。

鉴于环境对产量的影响很大，在单株后代的选择中应尽量设法减少环境影响。加大群体种植间距可以获得足够的种子用于单株后代的重复试验。一般来说，这类试验会包括大量的株系。为了控制试验误差，需要采用特殊的试验设计，例如：广泛使用的由 Gaul（1964）提出的裂区试验设计。这一设计中，每一小区都包括来自同一基因型的未处理对照和诱变处理的不同单株后代，对照和处理的每个单株后代各种一行。所有的测量数据都建立在裂区试验设计的基础上。这样的试验数据可以用来构建连续可变性状的分布曲线（Kusaksiz and Dere，2010）。

就产量而言，增产是育种的主要目标，因此分布曲线的左半部分几乎没有意义。如果仅考虑产量潜力，那么只有产量超过野生型的突变系才有意义；然而品种的实际价值取决于综合农艺性状，因此应综合考虑所有农艺性状。这一点在突变育种与杂交育种中完全相同。

在接下来的世代中，随着每个品系种子量的增加，可以增加小区规模和设置重复，包括多点试验，从而更准确地进行品系间的鉴定筛选。即使 M_4 代的鉴定结果已经相当精准，也不能根据单次试验的结果轻易下结论，原因还是存在基因型×环境的互作。基因型×年份互作的影响在突变品系中也很常见，这种互作在实际应用中无法利用，必须作为试验误差来处理。对于高世代的选择，如 M_4 和 M_5，最好基于两年或两年以上的平均表现来进行。

以上介绍主要适用于一年生自花授粉作物。目前，在异花授粉、多年生和无性繁殖作物的产量和其他数量性状的突变诱导方面，试验结果和实践经验较少。对于无性繁殖作物，如马铃薯，上述产量分析试验也是开展无性系突变体选择的基础（更多内容参见第 6 章）。

7.2　对非生物胁迫的耐受性

非生物胁迫包括土壤盐分、干旱、极端酸碱度、洪涝和恶劣天气等多种不利的环境条件，植物突变育种改良这些性状的方法通常比较简便、易操作。最近，2个由碳和氖离子束诱导选育的水稻耐盐候选品系已见报道（Abe et al.，2007）。

尽管许多非生物胁迫耐受的生理机制尚不清楚，但是全球变暖和气候变化的威胁不断推动作物改良新方法的应用，以培育新品种，使其适应不断变化的环境。大量潜在有用的耐非生物胁迫基因型通过突变育种研究和突变育种计划被创制出来，并被收集在种质资源库中，如耐寒、耐热、耐旱和耐长日照等，这些突变资源在中国、日本、美国等国家都可获得（http://mvd.iaea.org）。

迄今为止，突变育种方法仅在很小程度上用于培育耐低温、高温、干旱和盐碱等非生物胁迫的品种，因此本节仅简述突变育种在作物耐非生物胁迫品种选育中的一般方法和取得的成果，并介绍抗逆相关的遗传基础信息。

7.2.1　干旱

气候变化不仅导致全球性升温，还造成区域性降雨量的改变。缺水对农业生产造成负面影响，这在发展中国家尤为严重。作物从萌发到营养生长再到生殖生长包括果实和种子发育的各个阶段都离不开水。降雨（包括持续时间和雨季的时间）的改变对所有气候区，如干旱区、温带和热带的作物以及作物生产的所有阶段都有影响。表7.2列举了一些已审定的作物耐旱突变品种。

表 7.2　非生物胁迫耐受性改良突变体/突变品种实例

作物	性状	诱变方法	突变体/品种（国家）	参考文献
水稻 *Oryza sativa*	耐盐	γ 射线	NIAB-IRRI-9（印度）	MBNL No. 45，2001
水稻 *Oryza sativa*	耐盐	离子束	日本	Abe et al.，2007
水稻 *Oryza sativa*	耐盐	γ 射线	VND95-20（越南）	Do et al.，2009
普通小麦 *Triticum aestivum*	耐旱	γ 射线	Njoro BW1（肯尼亚）	*IAEA Bulletin*，50-1
玉米 *Zea mays*	耐旱	γ 射线	Kneja 698W（保加利亚）	PMR*，2012
大麦 *Hordeum vulgare*	高海拔（恶劣天气），早熟	γ 射线	UNA La Molina（秘鲁）	MBNL No. 43，1997；Gómez-Pando et al.，2009
尾穗苋 *Amaranthus caudatus*	高海拔（恶劣天气）	γ 射线	Centenario（秘鲁）	Gómez-Pando et al.，2009
水稻 *Oryza sativa*	耐冷	γ 射线	Kahmir Basmati（巴基斯坦）	Ahloowalia et al.，2004
水稻 *Oryza sativa*	耐热	γ 射线	Nagina 22（印度）	Poli et al.，2013
大豆 *Glycine max*	耐冷、耐旱、耐涝	γ 射线	黑农 26（中国）	Khan and Tyagi，2013

*PMR：《植物突变通报》（*Plant Mutation Report*）。下同

7.2.2　高盐

培育耐盐突变新品种有两种途径，一种是对高产盐敏感品种进行诱变，另一种是对低产耐盐品种（如盐渍区种植的传统地方品种）进行诱变。由于改良农艺性状比提高耐盐性相对容易，因此后一种途径是更好的选择。具体实施育种计划时，关键是选择合适的诱变剂和诱变方法，以及后续采用有效的突变体筛选和验证方

法。与所有的突变育种计划一样，突变体选择后的表型验证及确认所选突变性状是否可遗传都十分重要。

7.2.3　温度

在过去的几十年里，科学家在耐低温方面做了很多工作，特别是在谷物、马铃薯、果树和林木方面。抗冻性的遗传基础非常复杂，在不同的栽培植物中明显不同。大麦的抗寒性既受显性基因控制，也受隐性基因控制，其显性程度与平均抗寒性有一定的相关性。一些观点假定抗寒性是多基因互作的结果，一系列复等位基因也可能参与其中。同样，在普通小麦中，多基因聚合是一种有效的方式，并且表现出超亲遗传。小麦的抗寒性可能受显性基因控制，显性程度与所用杂交亲本相关，且不同亲本造成后代间的显性程度存在明显差异。在水稻中已鉴定出 7 个影响"耐低温"性状的显性基因（Cruz et al.，2013）。

更多观察到的迹象表明，在甘蓝（*Brassica oleracea*）、萝卜（*Raphanus sativus*）、荞麦（*Fagopyrum* spp.）、豌豆（*Pisum sativum*）、紫苜蓿（*Medicago sativa*）和羽扇豆（*Lupinus* spp.）的不同种中都广泛存在与抗寒性状相关的遗传变异。此外，马铃薯某些野生种和一些古老品种具有相当强的抗寒性，这些种中也存在一个与抗寒性相关的多基因系统，抗寒性状有一部分以显性遗传，另一部分以不完全显性遗传。再者，有研究表明导致对低温产生耐受的基因甚至存在于那些生长在相对温暖地区的栽培植物的基因组中，这可能对棉花（*Gossypium* sp.）、烟草（*Nicotiana* sp.）、玉米（*Zea mays*）及一些野生番茄种如多毛番茄（*Lycopersicon hirsutum*）和秘鲁番茄（*Lycopersicon peruvianum*）的研究有帮助。

用突变育种方法研究非生物胁迫取得的第一项成果就是大麦的抗寒性改良，利用 X 射线诱导春大麦后获得了冬大麦品种（van Harten，1998），研究发现抗寒性是春大麦的一个隐性性状。燕麦（*Avena sativa*）耐寒突变体与对低温敏感的野生型相比，表现出较高的抗坏血酸含量。

普通大豆品种的发芽温度在 8℃左右，而利用 γ 射线诱导获得的一个大豆突变系在 4℃即能正常发芽（Khan and Tyagi，2013）。毫无疑问，这个突变体将成为宝贵的基础材料，用于培育能在冷凉地区种植的品系和品种。

耐热性研究与耐寒性相似。一些作物中已经选出耐热的突变体。事实上，随着全球变暖趋势的加重和对农业可能产生的影响，耐热性也越来越受到育种家的重视。

7.3　对生物胁迫的耐性/抗性

生物胁迫主要指由真菌、细菌和病毒引起的病害，以及由昆虫、线虫、杂草等其他任何生物原因引起的损害。突变育种在抗病性改良方面已经取得了成功，但在抗虫性方面还稍显逊色。

7.3.1 抗病性

病害的发生涉及宿主植物与病原体间复杂的相互作用，因此抗感反应涉及多个方面，这就意味着在诱变改良抗病性过程中存在许多靶基因。诱发突变可能改变宿主植物与病原体之间的相互作用并抑制感病机制中的某些过程。目前已经通过诱变获得了许多对病毒、细菌或真菌具有增强抗性的突变体（http://mvd.iaea.org；Lebeda and Svabova，2010）。

分子技术的进步和抗病（R）基因克隆的新进展，为作物抗病育种提供了新方法，通过综合应用包括常规育种、基因组学、转基因和突变育种在内的多种手段，使作物的抗病性得到提高。植物遗传抗性的发现归功于奥顿（Orton），他在 20 世纪末选出了抗棉花枯萎病菌（*Fusarium oxysporum* f. sp. *vasinfectum*）的棉花抗病材料（Epstein et al.，2017）。关于抗性（宿主）和致病性（病原体）遗传研究的最新综述，参见 Boyd 等（2013）和 Servin 等（2015）。

抗病育种面临的持续挑战是如何应对和解决病原体新的侵袭性生理小种的产生问题。由于病害是宿主与病原生物之间相互作用的产物，遗传变异在植物体和病原生物体中皆可发生。在病原体中，变异性通过毒性或无毒性基因来表达，这些基因在一组不同变种上的差异使其能够区分为不同的"生理小种"或"致病小种"。寄主体内存在的抗性具有"生理小种"特异性。一般情况下，在育种家培育抗病新品种的同时病原生物也在变异，并产生新的"生理小种"，所以特异抗性的育种价值是有时效的，病原体致病生理小种与植物抗病品种间存在一种动态平衡的关系。因此在植物抗病性改良过程中，必须同时考虑宿主和病原生物，制定包括植物病理学和其他相关学科等在内的整体研究方案。Barah 和 Bones（2015）在一篇关于应用不同生物学方法研究植物-昆虫相互作用的全面综述中指出，在不久的将来，高通量分析技术、生物信息学以及生态学研究数据的整合，将可以全面系统地阐述植物防御反应，进而推动包括突变育种在内的现代育种技术的全面利用，促进作物品种抗性改良。

第一篇关于抗病突变诱导的报道是 1942 年弗赖斯（Freis）和莱恩（Lein）发表的（Gupta，1998）。他们在德国利用 X 射线处理大麦品种'Haisa'，在其后代大约 12 000 个单株中，分离出一个同时对白粉病的三个生理小种具有抗性的突变体。

与其他性状一样，抗病性突变育种的成功取决于对亲本的精心选择、有效的诱变剂和处理方法以及针对性的鉴别筛选方法。所采用的鉴定筛选方法应该能够准确有效地分离感病植株与抗病植株，这就必须首先了解病原菌变异的遗传来源，然后以此为依据选择一个或多个最适宜的生理小种进行接种鉴定。

根据筛选过程中接种的生理小种类型，通过宿主-病原体的相互作用，在感病品种中诱导的突变可以在植株中表现出抗病性或保持隐藏性，其结果是所观察到的突变频率比实际诱发的突变频率低。通过接种一系列生理小种，检测不到的隐藏突变比例减少，检测到的抗性突变谱扩大。至于抗病性选择的世代，在高世代中选择鉴定出目标抗性突变的可能性更高，这是由于高代材料中抗性突变在更多植株上表现出来，尤其是在隐性突变的植株上表现。

物理和化学诱变剂都已成功地用于诱发抗病突变体，其中物理诱变剂使用频率更高（表 7.3）。

表 7.3 生物胁迫耐性/抗性改良突变体/突变品种实例

作物	性状	诱变方法	突变体/品种（国家）	参考文献
水稻 *Oryza sativa*	抗稻瘟病和病毒病	γ 射线	Camago 8 （哥斯达黎加）	MBNL No. 43，1997
普通小麦 *Triticum aestivum*	抗秆锈病（Ug99）	γ 射线	EldoNgano-I （肯尼亚）	PBGNL No. 32 and No. 33，2014
鹰嘴豆 *Cicer arietinum*	抗枯萎病	γ 射线	Hassan-2K （巴基斯坦）	Hassan et al.，2001
兵豆 *Lens culinaris*	抗枯萎病	γ 射线	NIAB MASOOR 2006 （巴基斯坦）	Sadiq et al.，2008
大麦 *Hordeum vulgare*	抗白粉病	X 射线	Comtesse （德国）	MBNL No. 33，1989； MBNL No. 36，1990
大麦 *Hordeum vulgare*	抗白粉病	EMS	Betina （法国）	Sigurbjörnsson and Micke，1974
沙梨 *Pyrus pyrifolia*	抗黑斑病	γ 射线	Gold Nijisseiki （日本）	Saito，2016
辣薄荷 *Mentha × piperita*	抗枯萎病	中子辐射	Murray Mitcham （美国）	Todd et al.，1977

2010 年，FAO/IAEA 联合司出版了一本关于协调研究项目（Coordinated Research Programme，CRP）和技术合作项目（Technical Cooperation Programme，TCP）的研究汇编，内容是关于突变作物和非突变作物的抗病性/耐病性筛选，重点针对真菌病害（Lebeda and Svabova，2010）。

7.3.2 抗虫性

与病害不同，虫害在发生过程中，寄主植物与害虫之间几乎没有特异性的相互作用，因为同一种害虫可以危害不同种属的植物。这种捕食者－宿主之间的关系可能是难以选育抗虫突变品种的原因之一。抗虫性是一种量化反应，可能涉及的植物特性包括植物活力、发芽和生根能力，以及茎秆强度和避害性（害虫流行期内很少或没有营养生长）。近年来，在水稻褐飞虱抗性基因的鉴定方面取得了一些进展（Fujita et al.，2013），因此，可以通过靶向诱变与抗性相关的已鉴定基因来培育水稻抗褐飞虱突变体。实际上，这也是转基因抗虫育种成功的基础，如携带 Bt 毒素基因的转基因作物（genetically modified organism crop）。

自出现农业以来，为了保证作物的蓬勃生长和高产，育种家和农民成功选育并种植了具有各种各样抗性的作物。农学家和土壤科学家通过除草剂与杀虫剂的使用为作物生产提供了加强性保护。然而，这些产品的长期使用已经严重影响了环境和人类自身的健康，因此培育抗虫和抗除草剂的植物，对保护环境和人类健康具有重要意义。Oerke（2006）分析指出，由于有害生物（包括杂草、有害动物、病原体）的影响，全球农作物产量潜力的损失比例从小麦的 50% 左右到棉花的超过 80% 不等。实际损失比例大豆、小麦和棉花在 26% ～ 29%，玉米、水稻和马铃薯分别为 31%、37% 和 40%。作者还指出，总体而言，杂草造成的潜在损失最大（34%），而有害动物和病原体相对较少（损失 18% 和 16%）。因此，突变育种研究正在加大力度应对这种情况。在 IAEA 突变品种数据库中登记了来自中国、俄罗斯、越南和印度的水稻、玉米、黑吉豆、白羽扇豆、饲用甜菜、油菜、杂交玉米和苦瓜的抗虫突变体（http://mvd.iaea.org）。

7.4　品　质　改　良

7.4.1　品质、营养和功能

食物的品质特性通常指植物产生和储存的有机化合物的组成，如淀粉、蛋白质、脂肪酸、维生素和其他营养物质（表 7.4）。因此，提高农产品的营养价值是植物育种的重要目标之一。通过诱变敲除代谢途径中的某些基因是品质改良突变育种中最简单的途径，由此可以增加上游产物的合成量和减少下游产物的产量，或者产生新的基因产物，例如，利用基因突变改良油料作物的脂肪酸成分。除油棕外，所有油料作物均实现了突变改良（Vollman and Rajcan，2009）。对油菜等产油芸薹属作物进行化学或物理诱变，通过降低脂肪酸成分中毒素（硫代葡萄糖苷）和芥酸的含量，获得了食用油品质等重要性状改良的突变材料（Cheng，2014；Singh and Verma，2015）。近年来，突变育种还用于提高重要营养元素在作物中的生物有效性。例如，低植酸含量作物由于可以显著提高矿物元素和磷的生物利用率而受到青睐。最近有两个相关的大麦突变品种已用于商业生产，详细内容请参见 Raboy（2009）。

表 7.4　品质改良突变体/突变品种实例

作物	性状	诱变方法	突变体/品种（国家）	参考文献
水稻 *Oryza sativa*	籽粒品质	γ 射线	VND95-20 （越南）	Do et al.，2009
水稻 *Oryza sativa*	籽粒品质	γ 射线	Shwewartun （缅甸）	MBNL No. 11 and No. 12， 1978；Ahloowalia et al.，2004
水稻 *Oryza sativa*	糯胚乳	γ 射线	RD6 （泰国）	Ahloowalia et al.，2004
普通小麦 *Triticum aestivum*	粒色		Jauhar 78 （巴基斯坦）	MBNL No. 2，1973
木薯 *Manihot esculenta*	蒸煮品质	γ 射线	Tekbankye （加纳）	MBNL No. 44，1999
高粱 *Sorghum* sp.	粒色	γ 射线	Djeman （马里）	MBNL No. 44，1999
向日葵 *Helianthus annuus*	高油酸	γ 射线	NuSun （美国）	Ahloowalia et al.，2004
烟草 *Nicotiana tabacum*	浅绿叶色	X 射线	Chlorina F$_1$ （印度尼西亚）	Sigurbjörnsson and Micke， 1974
葡萄柚 *Citrus paradisi*	红色果肉和 果汁	反转录转 座子	Rio Star （美国）	MBNL No. 37，1991
菊花 *Chrysanthemum* sp.	腋芽数减少	离子束	Aladdin 2 （日本）	Shirao et al.，2013
南非万寿菊 *Osteospermum ecklonis*	花色	离子束	Vient flamingo，Vient labios （日本）	Sekiguchi et al.，2009
美人蕉、大花马齿苋 等花卉	新花色和 花形	γ 射线	Golden Creman，Cream Pra- panpong，Orange Siranut，Pink peeranuch，Yellow arunee （泰国）	MBNL No. 33 and No. 34， 1989；Wongpiyasatid et al.， 2000

　　突变育种也用于培育具有特殊用途的功能性作物品种。例如，针对必须限制蛋白质摄入的人群，如肾脏疾病患者，日本已经选育出低谷蛋白含量的水稻突变品种，如'LGC-1'及其衍生品种。在印度尼西亚，一项高粱诱变改良计划中得到的突变体在蛋白质和淀粉方面具有很高的营养价值，可以作为替代食物来源（Soeranto et al.，2001）。除了营养特性，品质还与医药（如药物）和工业加工特性（如淀粉和油脂）有关。

　　对育种家而言，品质改良过程中所面临的首要问题是如何精确定义目标品质参数，并确定它们在育种家自身特定情况下的优先顺序。然而品质改良也具有挑战性，因为大多数育种计划都优先考虑产量、抗病性和气候适应性等性状，这主要是出于对此类性状重要性的考虑；但是在有些情况下，也可能仅仅是因为此类农艺性状更方便选择而已。除此之外，由于减少了必须进行的费时且昂贵的大样本量实验室测试，以产量等性状作为育种目标具有积极的经济效益也是不争的事实。当然，对于品质改良，如果在开展品质性状筛选之前限制群体数量，那么选育获得具有目标品质特性的基因型的概率也会随之下降。

下一个关键问题是开发简单、快速和经济的筛选技术，对所要改良的品质性状进行筛选鉴定。这种技术应该足够简单，材料需求量少，便于在温室或田间进行早期世代的初步筛选。在某些情况下，筛选鉴定最好分步进行，首先进行粗略和快速分析，甚至只是定性分析；一旦群体量扩大，有更多材料可用，就必须进行更具可信度的化学分析；最终在生产环境（温室或大田）中进行更大规模的测试，并采用接近产品最终用途的方法（如研磨、烘焙测试、酿造、喂养等）在专门的实验室进行品质测试。

品质改良育种的第一步，通常是筛选可用的品种、品系和种质资源。在检测出目标性状后，再选择最经济的方式将这些性状导入优良品种，并将这些性状与其他理想性状聚合起来。

迄今为止，大量谷物种质资源中营养品质性状的筛选分析结果并不十分令人满意。尤其让人失望的是在筛选特定氨基酸，如赖氨酸水平显著提高的基因型时，伴随着赖氨酸水平的增加，产量损失严重。这一点从自然进化的角度是可以理解的，因为赖氨酸含量的提高并不能增强生物的环境适应性。然而，在玉米、大麦和高粱的资源中仍然发现了少数籽粒中赖氨酸含量较高的基因型。如果品质突变是在综合农艺性状优良的遗传背景下诱导产生的，并能适应现代农业生产，且易于在杂交育种中利用，那么突变育种可能在品质改良中具有优势。Jankowicz-Cieslak 等（2013）利用软 X 射线成像和近红外光谱技术在大麦和水稻种子中快速筛选出了籽粒品质突变体。

品质性状可能受到环境的影响，例如，蛋白质含量等数量性状极易受土壤、水分、肥料、温度和光照条件的影响。所以在无法进行重复试验的情况下，难以对品质性状展开选择。因此，对待这类结论应当小心谨慎，突变体的确认必须建立在可重复测试的基础之上。

7.4.2　淀粉

以淀粉为主的多糖是谷物的主要组分，也是最重要的储能化合物。作为一类化合物，不同类型的淀粉在淀粉粒结构和化学成分上都有很大的差异。作物中的碳水化合物包括单糖、双糖、低聚糖、淀粉（直链淀粉和支链淀粉）和非淀粉多糖（通常见于细胞壁中，如戊聚糖）。碳水化合物的多样性主要体现在营养或加工品质方面，如消化率、面包制作和麦芽的适宜性以及烹饪特性等，这对人类和动物营养学来说都是重要的品质参数。例如，谷物的细胞壁多糖可以帮助膳食纤维的摄入，是一类不可忽视的健康因子。于是，近年来提升谷物中的多糖营养品质再一次引起了育种家的关注（Lafiandra et al.，2014）。

玉米中淀粉的含量为 9% ~ 74%。中国正在研发具有高抗性淀粉的水稻品种，用于 2 型糖尿病患者的饮食治疗。这些突变水稻品种的抗性淀粉含量大约是普通水稻品种的 10 倍。初步试验表明，患者食用这种水稻后可以有效控制血糖指数，当然还需要更进一步的研究来证明它的有效性（Shu et al.，2009）。

7.4.3　蛋白质

在世界上许多地方，特别是在低收入群体中，还存在膳食中缺乏蛋白质或某些必需氨基酸的现象。世界上大多数人生活在经济落后的贫困地区，植物特别是谷物是他们的基本食物，也是主要蛋白质来源。谷物的蛋白质含量相对较低，其氨基酸组成总体上不符合人类的需要。因此，以谷物为主的膳食结构必然造成蛋白质和必需氨基酸的缺乏。提高谷物的蛋白质含量和提升其营养品质，例如：提高赖氨酸等必需氨基酸含量，是防止营养不良的潜在手段。

有多种基于氮含量测定的蛋白质定量方法，包括凯氏定氮法和缩二脲法等（De Mey et al.，2008），其中一些方法已经实现不同程度的自动化。然而，由于设备成本较高，这些方法限制了作物蛋白质改良的进程。近年来，在新技术方法的研发中，研究者依据蛋白质与染料的结合特性开发出了一种新的蛋白质定量方法。最常用的染料是吖啶橙，它具有与碱性氨基酸（赖氨酸、组氨酸、精氨酸）特异结合的特性。这种方法假设碱性氨基酸在总蛋白质中的占比是恒定不变的，而只有在碱性氨基酸的占比不发生遗传变异的材料中，这种假设才成立。

在菜豆（*Phaseolus vulgaris*）种子发育过程中，研究人员分别用微量凯氏定氮法、Lowry 法和 Bradford 法测定种子蛋白质含量，对三种方法的测定结果进行比较以确定它们各自的效率。在干豆中采用另外几种核技术测定蛋白质总含量以及氨基酸分布和质量（Vakali et al.，2017）。

7.4.4　脂肪、油脂和脂肪酸

作为最具价值的农产品之一，植物油在能源、必需脂肪酸供给、脂溶性维生素载体以及作为工业产品的资源等方面都具有重要意义。脂肪酸组成是决定植物油价值和效用的主要因素（Kramer，2012）。因此，产油量和品质都是油料作物育种的关键。与其他品质性状分析一样，快速、准确、经济的分析方法也是选育油料作物必需的。采用传统的油脂提取方法，如索氏提取法，需要扩大规模，而且由于花费时间过长，不适宜大量样品的测定筛选。核磁共振（nuclear magnetic resonance，NMR）法可以快速准确地测定油含量，其原理是从核磁共振谱中选择与油组分质子相关的共振，获得代表油含量的"信号"峰，该信号是种子油含量的函数。NMR 信号的数字读取让核磁共振法能用于快速筛选少量种子样品（甚至单个种子），油脂测定的相对误差小于 1%。在像大豆这样的种子中，由于油脂和蛋白质含量之间具有非常高的负相关性，因此 NMR 还提供了一种间接选择蛋白质含量的方法（Weir et al.，2005）。液相色谱法可用于脂肪酸的定量和定性测定。该方法灵敏度高，即使半粒油菜籽也能测定其脂肪酸含量，因此液相色谱法已发展成为一种快速、安全的测试手段和更加便捷的筛选方法（Bromke et al.，2015）。

迄今为止，利用诱发突变改变脂肪酸组成是最为常见的，获得的突变体在亚油酸含量没有任何变化的情况下，亚麻酸含量发生增加或减少的改变（IAEA-TECDOC-781，1994）。

7.4.5 毒素与抗营养因子

许多植物种类产生有毒、有害或口感很差的物质，并以高浓度储存在组织器官中，以达到驱离动物和保护树叶、种子或其他器官的目的。然而，经过仔细的调查研究，发现这些植物种内或种间总是存在一些有毒物质含量的变异，并从中发现了实际上不含有害物质的基因型。合理的解释是，这些植物的野生型最初只含有少量可忽略的苦味或有毒物质，但自发突变引起了代谢阻滞，导致这些化合物的富集和储存。育种家试图恢复低毒性的"野生型"，但到目前为止，仅有少数成功的案例。主要是在大量群体中有效筛选目标性状，是一个比突变诱导本身更棘手的问题。此外，还有一个重要问题是，发生理想目标突变的植物材料可能因为其他代谢物的变化而导致产量降低。

十字花科和豆科植物通常含有以硫代葡萄糖苷、生物碱和葡萄糖苷等形式存在的有毒物质。羽扇豆属植物虽然富含蛋白质，但是由于含有几种不同生物碱而无法开发利用，直至在自然突变体中成功筛选到不含生物碱的突变体［von Sengbusch，1938，由 Boersma（2007）引用］。白花草木犀（*Melilotus albus*）含有一种邻氧肉桂酸类的葡萄糖苷，可以转化为香豆素和有毒的双香豆素。在经历了长期的对非苦味突变体的大规模筛选失败以后，最终在化学诱变和电离辐射诱变处理的突变群体中筛选出了非苦味突变体。该项试验是建立在简单的大规模筛选方法基础上的。每天筛选 1000 株个体，调查它们的上半个小叶。虽然所有非苦味突变体都表现出较低的活力，但通过杂交育种，其活力得到明显改良甚至能超过野生型。

欧洲油菜（*Brassica napus*）、芸薹（*B. campestris*）、印度芥菜（*B. juncea*）和芝麻菜（*Eruca sativa*）是广泛种植的油料作物，但它们的籽粕和绿色部分也是宝贵的蛋白质来源，迄今为止只有部分得到开发利用。其中一个主要原因是这些植物体内含有硫代葡萄糖苷，其降解产物不仅对动物有害，还会通过牛奶等食品对儿童造成伤害。研究人员首先尝试利用常规育种方法，降低硫代葡萄糖苷含量并获得了有意思的结果［Rumble，1973，由 Jambhulkar（2015）引用］，而后又通过诱发突变结合更加精准、复杂的筛选方法进行跟踪研究（Bjerg et al.，1987）。

印度的一些地区食用家山黧豆（*Lathyrus sativus*），但它含有严重伤害儿童的神经毒性成分，会引发一种名为山黧豆中毒的疾病。van Harten（1998）通过对毒性因子的研究，成功分离出了几乎不含主要神经毒性成分 β-*N*-草酰氨基丙氨酸的突变体。木薯（*Manihot esculenta*）是热带地区人类和家畜的重要营养来源，但收获后木薯中氰苷积累所造成的慢性毒性会危害人畜安全。目前已经研发出能够检测大量木薯样本的筛选技术（Tivana et al.，2014）。然而，几个世纪以来的无性繁殖显然已经限制了木薯的遗传变异。突变诱导，结合离体培养技术和精准筛选方法，似乎成为木薯毒性改良育种中最值得尝试的方法。

7.5 农艺性状

7.5.1 开花期和成熟期

早熟和晚熟突变体常常可以通过突变诱导产生，并且易于识别。在寒温带地区，早熟是谷类和豆类作物最有价值的栽培特征之一。早熟为寒冷地区的作物在无霜冻时开花、在霜冻前收获提供了机会，也为干旱易发地区的作物在干旱来临之前保持活力提供了条件。谷物和其他作物的开花期与成熟期由植物感知季节温度和日照信号的能力控制，而这种温度和日照感知能力又是由春化和光周期敏感基因调控的。作为大麦突变育种研究的先驱，瑞典于 1960 年在大麦品种‘Bonus’辐射直接产生的突变体中获得了一个早熟和半矮秆的突变品种‘Mari’（Lundqvist，2014），并由此培育出许多有价值的间接突变品种。在其他许多作物中，如香蕉、棉花、珍珠粟、水稻和大豆等，也已经诱导产生了早花和早熟突变体。

早熟突变通常会伴随一些附加性状变异，如产量下降。然而，在一些作物中利用突变育种已经获得了产量相当于或高于野生型的早熟突变体，特别是稍早熟突变体。据报道，在早熟大麦突变体中，总产量（籽粒+秸秆）与成熟时间呈正相关，而籽粒产量与总产量呈负相关。因此，在评价早熟突变体的实用价值时，也应关注其生长周期中日产量的数据。

早熟突变体的株高也会发生变化，并且株高与成熟时间显著正相关。在早熟大麦突变体中观察到节间数减少，基部节间缩短或上部节间长度增加的现象。此外，根据 Gottschalk 和 Wolff（1983）的研究，穗长、千粒重、穗数、茎秆强度和蛋白质含量等其他性状在早熟突变体中也有变化（Datta，2014）。

通过简单的观察或测量可以发现早抽穗突变体。由于抽穗期的遗传力（广义上）较高，可以较为有效地对早抽穗突变体进行筛选和分离。突变的筛选和分离效率受诱导突变的显性程度的影响。大多数情况下，早抽穗主效突变对原始基因是隐性的。然而，在大麦、燕麦和其他作物中也分离到了显性或部分显性的早抽穗突变（Dumlupinar et al.，2015）。春大麦早抽穗突变体对光照（质量和数量）和温度的差异反应也有报道。对拟南芥的研究表明，早熟突变失去了发芽能力的光照要求，这为早熟突变的发生提供了证据（Franklin and Quail，2010）。

7.5.2　适应性

随着全球性可见的气候变化不断加剧，近年来广适性已成为作物品种的一个重要特征。FAO 在一项研究中探讨了 2050 年之前非洲气候的变化及其对作物改良的影响，广泛研究了等雨量线的可能变化以及确定适宜不同地区栽培的"模拟作物"的难易程度（Burke et al.，2009）。

对光周期不敏感是品种具有在不同纬度、不同地点生长的广泛适应性的前提条件，现已有关于对光周期差异不敏感的突变体的报道。然而，广适性不仅依赖光周期反应，也受到其他环境因素的影响。因此，广适性与各种生理特征关系密切，包括生殖生物学特性。硬粒小麦突变体比其野生型具有更广泛的适应性，尤其在土壤肥力和水资源都不受限制的地区（Donini and Sonnino，1998）。突变育种中，应在不同地点的不同环境条件下对突变体进行检测。突破物种适应能力的外部限制是诱变最具应用潜力的价值之一。许多具有广泛适应性的突变品种已经被选育出来，如大麦突变品种 'Mari'（Sigurbjörnsson，1975；Xia et al.，2017）。现在，大麦可以在生长季短的斯堪的纳维亚半岛种植，也可以在日照短的赤道地区种植，种植地区甚至横跨从海平面以下的陆地地区到安第斯山脉。

7.5.3　植物结构和生长习性

突变育种常用于植物结构改良，包括株高（如谷类的秆长）、株型；分枝或分蘖习性（如分枝或分蘖数）；叶片大小、数量、形状和方向；匍匐茎性状；花的大小和数量等表型特征。最常见的是株高矮化突变体，株高的降低有抗倒伏和增加分蘖的作用，对提高产量有积极意义。对株高突变最成功的应用之一是在一年生谷类作物中使用半矮秆基因，如小麦中的 *rht*、大麦中的 *sdw* 和水稻中的 *sd1*。水稻 *sd1* 突变体的茎秆矮壮，既抗倒伏又增加粒重，从而提高粮食产量。半矮秆水稻和小麦品种是作物育种中的典范，被誉为"绿色革命"，诺曼·博洛格（Norman Borlaug）因此获得了 1970 年诺贝尔和平奖。第一个水稻半矮秆品种 'Reimei' 是 Futsuhara（1968）通过 γ 射线辐射获得的（Kikuchi and Ikehashi，1984），与野生型 'Fujiminori' 相比，株高至少降低 15cm。'Reimei' 携带的 *sd1*（半矮秆）等位基因与自发突变品种‘Dee-Geo-Woo-Gen’和诱发突变品种‘Calrose 76’相同。所有这些品种都在亚洲和美洲广泛种植（Lestari，2016）。自 *sd1* 基因被鉴定以来，在日本审定的 229 个水稻品种中有 80 个源于‘Reimei’。在美国，具有半矮秆性状的品种主要是‘Dee-Geo-Woo-Gen’的衍生后代。此外，其他诱发或自发突变也有报道（Rutger and Mackill，2001）。在小麦、燕麦、大麦及果树如苹果、桃、樱桃中也取得了类似的成就。

一般，半矮秆性状与农业现代化生产有关。半矮秆的优点主要有两方面，首先是改变了源库关系，使能量更多地用于生殖生长，减少营养生长的消耗。其次是半矮秆作物更易于机械（联合）收割。在现代机械化农业生产中，农作物的生长和收获效率还受到其他结构特征的影响，如谷类和豆类作物的分蘖或分枝数、紧凑型生长习性、植株密度、马铃薯匍匐茎长度等。

在花卉产业中，受欢迎的具有增值效应的特性有减少花的数量、改变花形和花色等。日本研究人员在离子束诱导后获得了腋花芽数降低的菊花突变体（Shirao et al.，2013）。这个独特的突变体对于花卉产业非常有益，因为在非突变菊花中，只能通过手工摘除腋芽来获得大花。而突变体则不再需要摘除腋芽。携带这种突变的菊花品种包括‘Imajin’（意为“想象”）和‘Alajin’（意为“阿拉丁”）。

将大麦突变群体用于植株基本形态构成的研究，包含大约 100 个单体突变体（Forster et al.，2007a）。通过研究分生组织在植物不同部位（顶端或侧枝）和不同阶段的个体发育情况，这个突变群体可以用来研究和预测将要形成的器官类型。最基本的植物体单位包含一个茎段，以及其上附着的叶或根，这样的基本单位又称为单体，可以在顶端或侧面进行复制。植物单体突变体也可以用于分类学研究，以确定某一物种由分生组织发育而来的结构类型。例如，小麦属（*Triticum*）和大麦属（*Hordeum*）之间的一个典型分类差异是小麦的小穗数是确定的，而大麦的小穗数是不确定的；相反，小麦的小花数不确定，但大麦小花数确定。这导致了小麦每个小穗有多个小花，而大麦仅有一个。因此，小麦每穗的种子数远多于大麦。然而，大麦中的一个单体突变体，称为“小麦突变体”，表现出不确定的小花数量，因而对提高产量很有意义（Forster et al.，2007a）。同时，这个大麦中的“小麦突变体”也具有分类学意义，因为它暗示着小麦与大麦间这个特殊的分类差异特性受单基因控制。

7.5.4　抗倒伏性

易倒伏和茎秆脆弱是许多农作物生产实践中所面临的严重问题，包括小麦、燕麦、大麦、水稻、玉米、甘蔗、高粱、亚麻、棉花、大豆、蚕豆等。抗倒伏研究已经在作物特别是谷类作物中展开。一般来说，倒伏的情况大致可分为以下三类：植物被连根拔起，茎在近地面处折断，茎倾斜或弯曲。第三类情况最为常见，通常是由大风和暴雨等恶劣天气引起的。倒伏是一个复杂事件，必然伴随着一些外部和内部因素。除了环境条件、农艺措施、病害等外部因素，影响倒伏的最重要的农艺性状是茎的强度和弹性、根系的结构和发育，以及茎的高度。尽管抗倒伏性和矮化并不总是相关，但矮秆植株的确值得选择。除了抗倒伏，矮秆品种通常也更适合机械收割（如联合收割机）。

以下是抗倒伏突变体选择的一般流程。由于茎秆高度与抗倒伏性密切相关，在 M_2 或 M_3 代很容易目测分离矮秆植株。一旦确认矮化突变体，且如果它们具有潜在利用价值，下一代可以在一个单独小区或多个更小的试验区中对它们进行扩繁，以获取其他农艺性状的有用信息。一般从 M_5 代开始进行田间试验，可采取多点试验的方式。就谷类作物而言，高氮条件可以增加选择压。这样就可以在 M_5 及以后的世代中同时开展抗倒伏性、产量和其他重要性状（早熟性、品质等）的测试和鉴定。

目前，通过化学或物理诱变剂处理已经培育出许多抗倒伏突变品系（http://mvd.iaea.org）。

根据目前的研究结果可以得出以下结论。

1）抗倒伏突变在禾谷类作物及其他作物中相对容易诱发。

2）抗倒伏性主要受茎秆高度、节间数量、节间相对长度以及根系等因素的变化影响。在确定所选株系的抗倒性特征时，需要进一步评估这些因素的相对重要性。

3）上述形态和解剖学变化对花序性状、产量潜力、种子品质、成熟期、抗病性等重要农艺性状没有明显影响。

4）抗倒伏性增加的同时还耐高氮的突变系通常产量也有所提高。

5）迄今为止，已在多种谷类作物中筛选到产量优于野生型的硬秆突变体，如燕麦、大麦、水稻、普通小麦和硬粒小麦（Kato，2008）。以这些突变材料为基础，已经培育出了新品种。

6）另外，利用杂交育种有可能去除抗倒伏突变体中可能携带的不良多效性效应（如穗密度过高）。

7）倒伏和茎秆折断的内在遗传机制复杂，甚至在大麦等二倍体物种中也很复杂，阻碍了对抗倒伏突变遗传研究的进展。

8）抗倒伏性这种复杂表型最早出现在 M_2 代，并在后续世代纯化，这可能意味着这一重要性状是由简单的遗传变异控制的。

7.5.5　抗裂荚与抗落粒性

收获前的风雨等天气原因，每年都会造成大量的潜在农产品（果实或种子）损失。作物的特定解剖和组织学特征是造成这些损失的内在原因，包括开荚（如豆类、十字花科、芝麻和荞麦等）和落粒、落果或整个花序脱落（如禾谷类、豆类和饲草等）。

虽然突变育种还没有在抗裂荚和抗落粒改良中充分发挥作用，但过去几十年来已从自发突变群体中筛选到了一些抗性突变体。黄羽扇豆（*Lupinus luteus*）抗裂荚自发突变体自 1935 年首次发现以来，一直是羽扇豆杂交育种的基础材料。在淡黄羽扇豆（*Lupinus lutescens*）、多叶羽扇豆（*L. polyphyllus*）、变色羽扇豆（*L. mutabilis*）、狭叶羽扇豆（*L. angustifolius*）及蚕豆（*Vicia faba*）中都发现了类似的突变体。羽扇豆的抗裂荚性与荚果壁上一层非常薄的纤维有关。猜测抗裂荚性状是隐性的，但该性状非常复杂，目前尚不清楚这种抗性是否真的是由一个基因引起的（Maluszynski and Kasha，2002）。

抗裂荚性是十字花科油料作物的重要育种目标。十字花科不同种和不同品种的栽培植物间抗裂荚性存在较大差异。抗裂荚油菜品种的果壁上有大量特殊的薄壁和木质化细胞。在 X 射线处理后的芥菜（*Brassica juncea*）中获得了相应的具有厚果壁的抗裂荚突变体。同样，在芝麻（*Sesamum indicum*）中也获得了抗裂荚突变体（Ji et al.，2006；Boureima et al.，2012）。

在高粱（*Sorghum virgatum*）中已经发现了两个与种子脱落有关的基因，这两个基因的隐性突变具有抗落粒性。如果野生禾草和野生豆科植物如宿根羽扇豆（*Lupinus perennis*）和许多野豌豆属植物（*Vicia* spp.）能够获得这种抗性性状，那将具有重大意义。这方面最早的研究成果是在经 X 射线处理的虉草属（*Phalaris*）牧草、看麦娘属（*Alopecurus*），以及中子辐射后的大豆（Khan and Tyagi，2013）中获得的。

不落粒的水稻是诱变获得的另一个重要性状。日本研究人员利用 γ 射线辐射诱变一个易落粒籼稻品种，成功培育了一个牧草饲料型水稻品种 'Minami-yutaka'（Hiroshi，2008）。在 γ 射线辐射后的其他禾本科作物中也可能产生这种抗落粒类型的突变，它对落粒性较高的其他牧草作物的改良也是有用的。为了保持农业可持续发展，向更健康和有机生活方式转变，超级结瘤和水肥高效利用等特征将变得越来越重要。该领域的一项重大进展就是超级结瘤大豆品种的成功选育（Takahashi et al.，2005）。

对于农业生产中相对较新的物种，如蓝莓、麻风树，以及迄今为止尚未引起育种家足够注意的物种，如药用植物、烹饪香草和香料等，迫切需要鉴定、发展和确立驯化性状。对于已经驯化了数千年的物种，许多农艺性状来自自发突变和自然选择，并随之融入该作物中。水稻、小麦、大麦等小粒谷类作物就是很好的例子。这些农作物的草状野生祖先具备自然的种子传播机制，即穗头在成熟时散落，携带种子的小穗掉落到地面，并通过钩住过往的动物而传播。这种传播机制不利于农业生产，直到发现不落粒的突变体后，禾谷类作物才得以利用（Ji et al.，

2006）。对自然传播有利的芒刺虽然一直存在，但在现代农业中却不受欢迎。现在人们认为机械收割过程中产生的粉尘与芒刺有关，粉尘会导致"农夫肺"病，因此光滑无芒突变体受到了关注。这些与收获和加工过程中的职业性粉尘吸入有关的呼吸系统疾病已经在啤酒花（*Humulus lupulus*）栽培中描述过了，培育不落粒和无芒的突变品种可以解决这一问题（Reeb-Whitaker and Bonauto，2014）。

7.5.6　其他农艺性状

　　突变体通常以最明显的变异特征命名，在诱变相关的文章中出现了数百个名称不同但在生长习性和株型上有着共同变异的突变体（参见第 3 章）。株型是单个性状变异的整合，必须通过不同的选择标准来描述，同时考虑其他单个性状存在的变异及它们对整体特征的贡献。植物不同的生长和分化模式造就了不同的株型。例如，在不同物种中非常常见的矮化突变体，其特征是株高降低，同时还时常伴随器官数量减少，表明在植物整个生命周期中许多甚至全部组织器官的生长速率都降低了。然而，在有些株型突变体中植物体的组成部分或器官在尺寸上不成比例地缩小，例如，半矮秆大麦的不同矮化突变：大麦中的 *GPert* 突变赋予大麦植株赤霉素不敏感性，导致大多数组织和细胞产生半矮化；而 *sdw* 突变则主要缩短了第一个节间的长度。有研究报道了短枝型突变体，即垂直轴不成比例缩短的突变体。在"粗壮"的高粱突变体中，株高降低到野生型的 3/4，而茎的直径却增加到两倍。其他农作物中也经常观察到各种器官的相对大小和长宽比的类似变化。在豌豆、番茄和大麦中还报道了部分或全部组织器官都增大的巨型突变体。

　　在突变体中还有一类明显的生长习性变异——易衰老或发育迟缓。20 世纪 30 年代末，在玉米、水稻、大麦、羽扇豆和豌豆中发现了促衰老或"惰性"突变体（Howard III et al.，2014）。这些突变体主要用于包括玉米转座子标记在内的基因组研究。Nashima 等（2013）在西洋梨（*Pyrus communis*）中根据果实大小的增加，分析了巨型突变体 'giant La France'（GLaF）和野生型 'La France' 之间的差异表达基因，并得出芽变是一个局部事件，基因组的其余部分不受其影响的结论。这一结果可能为进一步研究确定控制其他重要性状的关键基因开辟了道路。

　　器官致密型突变可以在植物的各个部位形成。例如，多分蘖或分枝突变常伴随着矮化、密集节或多节、簇生叶或双叶、密集紧密或直立穗等突变，大麦棱数增加伴随着多花或多子房类型的变异等。这种株型突变体是根据最具特征的变化来分类或命名的，但也可能同时带有其他性状的变异。表 7.5 介绍了一些有应用价值的农艺性状改良突变品种。

表 7.5　重要农艺性状改良突变体/突变品种实例

作物	性状	诱变方法	突变体/品种（国家）	参考文献
水稻 *Oryza sativa*	半矮秆	γ 射线	Reimei （日本）	Das et al.，2017
水稻 *Oryza sativa*	矮秆	γ 射线	Calrose 76 （美国）	Rutger et al.，1977
水稻 *Oryza sativa*	矮秆、早熟	γ 射线	TNDB 100 （越南）	MBNL No. 45，2001
印度香米 *Oryza sativa*	矮秆、不倒伏	γ 射线	CRM 2007-1 （印度）	PMR No. 1 and No. 2，2006
硬粒小麦 *Triticum durum*	矮秆、抗倒伏	X 射线	Creso （意大利）	MBNL No. 6，1973
硬粒小麦 *Triticum durum*	抗倒伏	γ 射线	Gergana （保加利亚）	MBNL No. 37，1991
大麦 *Hordeum vulgare*	早开花（*Eam8*）	γ 射线	Mari （瑞典）	Sigurbjörnsson，1975
水稻 *Oryza sativa*	半矮秆（*Sd*）	γ 射线	Calrose 76 （美国）	Lestari，2016
大麦 *Hordeum vulgare*	半矮秆（*Sdw*）	X 射线	Diamant （捷克）	Ahloowalia et al.，2004
花生 *Arachis hypogaea*	早熟、半矮秆	γ 射线	TAG24 （印度）	Patil et al.，1995
菊花 *Chrysanthemum* sp.	腋芽减少	离子束	Allajin（Aladdin） （日本）	Shirao et al.，2013
水稻 *Oryza sativa*	不落粒	γ 射线	Mini-yutaku （日本）	Hiroshi，2008
黑麦 *Secale cereale*	短生育周期	γ 射线	Soron （秘鲁）	Gómez-Pando et al.，2009
小果野蕉 *Musa acuminata*	矮秆	γ 射线	Novaria （马来西亚）	MBNL No. 44，1999； Mak et al.，1996
水稻 *Oryza sativa*	抗除草剂	γ 射线	Rice （美国）	Maluszynski et al.，1995
玉米 *Zea mays*	抗除草剂	γ 射线	Corn （美国）	Mabbett，1992
水稻 *Oryza sativa*	抗除草剂	γ 射线	IRAT 239 （圭亚那）	MBNL No. 33，1981
甜樱桃 *Prunus avium*	紧凑生长	γ 射线	ALDAMLA 和 BURAK	Kunter et al.，2012

7.6　促进植物育种的突变体

突变育种已经成为一种加快植物育种进程的有效方式，能直接在优良种质中诱发目标性状突变，而没有或几乎没有副作用。除了直接利用，也有一些突变性状可以在植物育种中进一步加以利用。

1）种间和种内重组增加（见第 3 章）。

2）有限重组——引入本不能重组的"外来"重组子（见第 3 章）。

3）不同物种中的单倍体诱导基因，如拟南芥中的工作（见第 8 章）。

4）异交，细胞质雄性不育，促进自由授粉。

5）活性时间长的花粉。

6）反季节开花（如木薯），不受季节限制。

7）消除/克服自交不亲和。

8）培养性/组织培养力提高的突变体，例如，大麦的'Golden Promise'就是一个很好的高培养力大麦基因型。

9）性状标记［单核苷酸多态性（single nucleotide polymorphism，SNP）］。

第8章 提高突变育种效率的技术

8.1 离体技术在植物突变育种中的应用

8.1.1 植物组织培养简述

植物组织培养又称离体培养，一般指从植物体中分离出小块植物材料（外植体）并在无菌条件下进行培养，长成完整植株的过程。植物细胞具有可塑性和全能性（Haberlandt，1902），因此适合于离体培养。植物离体培养可以在细胞、组织、器官或整株植物等不同层次上进行。植物的芽、叶、花、果、根等各部分都是由同一来源的细胞组成，因此植物的任何部分都可用于组织培养。

20 世纪初，离体培养技术的出现为培养中的细胞、组织和器官的检测与操作开辟了新途径。观察结果表明，当外植体处于不同的培养基、温度、光照等条件下时，会产生不同的响应，特别引人关注的是植株再生，即新植株的产生。离体培养的一个重大突破是从脱分化的愈伤组织中诱发形成胚。与合子胚不同，这些"体细胞胚"通过培养可大量产生并能发育成熟。

自 20 世纪 60 年代初以来，离体培养一直是植物生物学和作物育种的重要组成部分。植物组织培养包括一系列的方法和策略，其中最基本的是将植物外植体转移至无菌条件下离体培养，即通过在超净工作台上无菌操作，将外植体接种在含有各种营养物质（包括碳水化合物、大量和微量矿物质元素、维生素）和生长调节剂的固体或液体培养基上进行培养（Murashige and Skoog，1962；Grafi，2004；Thorpe，2006）。至今，原生质体、花药、小孢子、胚珠和胚胎培养已经分别建立了特有的方法。植物组织培养除用于细胞生物学和植物发育基础研究外，已成为加快植物育种进程的主要工具。植物细胞、组织和器官离体培养体系的建成，为诱变研究和育种引入了新的技术方法，如大规模植物群体的同步构建即克隆生产、单倍体和双单倍体基因纯系的构建、无病原繁殖体的培养和遗传转化等。

8.1.2 植物再生系统

8.1.2.1 微繁殖

离体繁殖主要是由顶芽或腋芽增殖成新发育的芽，并为后续的培养和繁殖提供芽，这是一种克隆技术，称为微繁殖（图 8.1）。微繁殖通常用于植物商业化生产，它能繁殖出与供体植物具有完全相同遗传背景的植株个体。这一技术最初用于植物发育相关研究，如解剖学、组织学和细胞学，随后很快演变为一种产业化工具，用于大规模生产高价值的植物，主要是观赏植物、果树及马铃薯等营养繁殖作物等。对于观赏植物，将微繁殖与突变技术相结合可创造较高的经济效益（Ahloowalia，1998；Jain and Spencer，2006）。

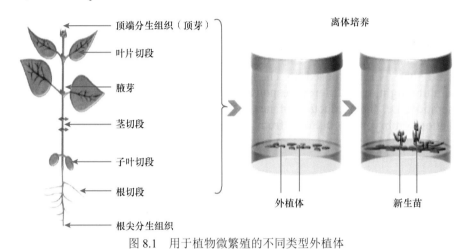

图 8.1 用于植物微繁殖的不同类型外植体

8.1.2.2 分生组织培养

20 世纪 50 年代，人们发现将顶端分生组织区（很少的几个细胞）用于离体培养时，会有更好的克隆增殖率，且产生的繁殖体是无病毒的（Barba et al.，1994）。这一发现在许多观赏植物、粮食作物乃至林木"脱毒植株"商业化生产中得到了重大应用。顶端分生组织由非分化细胞组成，不与维管系统相连，因此含有微量病毒或不含病毒。此外，这些细胞在遗传上稳定、易于进行离体培养，因此顶端分生组织离体培养技术是突变植株快速增殖的有效方法（Ahloowalia and Maluszynski，2001）。

8.1.2.3 离体形态建成

尽管微繁殖能够产生数百甚至数千株个体，但仍然受到最初植物材料上预先存在的芽量的限制。形态建成是一种增加获取新芽的机会，进而增加新植株量的有效途径，包括直接形态建成和间接形态建成两种方式。直接形态建成是直接从培养的组织中产生新芽，如叶、茎和根的形成层、表皮，以及其他组织（图 8.2a）。在间接形态建成中，通常脱分化细胞先形成愈伤组织，再从愈伤组织分化产生新芽（图 8.2b）；间接形态建成也可能经历更为复杂的体细胞胚发育过程，从而形成新的胚（Thorpe，2012）。

| 叶片切段置于培养基上 | 加入细胞分裂素几周后，芽形成 | 发育的芽置于生根培养基上 |

图 8.2a　直接形成器官或胚状体：直接培养木薯叶分生新芽（Duclercq et al.，2011）

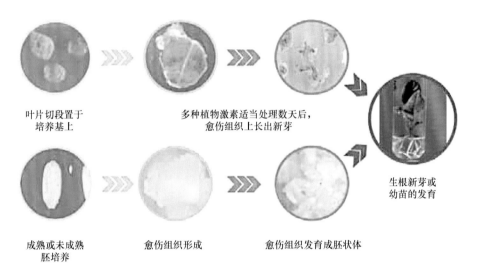

叶片切段置于　　　　　　　多种植物激素适当处理数天后，
培养基上　　　　　　　　　愈伤组织上长出新芽

成熟或未成熟　　　　　愈伤组织形成　　　　　愈伤组织发育成胚状体
胚培养

生根新芽或
幼苗的发育

图 8.2b　间接形成器官或胚状体：（上）木薯叶片切段上的愈伤组织形成；（下）未成熟胚培养
中芽和次生胚胎发育［改编自 Duclercq 等（2011）］

科学家在探索组织培养的遗传基础方面不断取得进展（Phillips，2004）。植物离体培养系统已广泛应用于突变诱发、突变选择和突变系培育等方面。

8.1.2.4　单倍体和双单倍体

在一些突变诱发实验中，由于绝大多数可利用的性状是隐性的，因此在杂合型时，难以观察到表型。单倍体和双单倍体技术能够产生单倍体突变，随后形成纯合型的双单倍体突变植株，为突变育种开辟了新方法。单倍体培养在突变育种中的应用具有广泛的优势，包括稳定纯合隐性性状、快速固定突变基因、提高选择效率、离体筛选目标突变体，同时也能节省大量实验时间。更多内容参见第 8 章 8.2。

8.1.3　植物组织培养在突变育种中的应用

植物组织培养与诱变相结合能够提高诱变处理的整体效率，如能创造新的遗传变异、可处理大群体、实现早期离体选择、易于扩繁筛选出的突变体等。植物组织培养可以在实验室条件下对这些大的诱变群体进行操作，从而开发和实施有效、可靠的方法，实现对生物或非生物胁迫抗性的离体筛选（Pathirana，2011）。

8.1.3.1　突变植株的微繁殖

将选择的待定或确认的突变植株进行微繁殖或再生培养。对于有性繁殖作物，通常都是在常规田间管理条件下选择。只有当离体培养相对于常规方法更具优势时，才考虑采用离体培养，如构建双单倍体等纯系材料、通过建立简便可靠的筛选流程促进和加快选择进程、克隆扩繁等。对于无性繁殖作物，离体技术相较于温室和田间试验具有特殊优势，因为大的突变群体能够在相对较小的区域，如实验室处理完成。

8.1.3.2　离体诱变

自 20 世纪 70 年代以来，离体诱变技术得到了越来越广泛的应用，因其克服了常规诱变技术的主要局限，尤其是在大突变群体构建及可靠而有效的筛选方法建立方面（Maluszynki et al.，1995；Suprasanna et al.，2012）。此外，直接不定芽形成和体细胞胚胎发生可以实现嵌合体快速分离，并促进同型组织突变体的形成（Geier，2012；Jankowicz-Cieslak and Till，2017）。

离体诱变是一种用于快速繁殖所获得的任何新的有利性状的有力工具。为最大限度地发挥其作用，以下优势和局限性需加以考虑。

1）离体诱变的优势：突变率高；突变处理具有一致性和可重复性；可使用单细胞系统，并利用选择性试剂进行一致性较高的同步培养；在较小的空间里短时间内处理大量群体并获得无病植株；组织培养繁殖速度快，且不受季节影响；对目标突变体可实现离体选择和快速扩繁；组织培养在特定的条件下进行，使整个过程更易于操控；组织培养的无菌操作系统，使得从一开始就能够获得健康的植物材料，并且在整个再生阶段一直保持，形成的植株都符合检疫标准；植物组织培养适用于多种植物材料的诱变处理。

2）离体诱变的局限性：需要专业的实验室、设备和操作人员；技术层面，构建具有良好再生效果的细胞培养体系具有一定难度；有些方法依赖于基因型，限制了其广泛应用；培养的细胞和植株往往因培养基和环境的差异而表达不同的基因；很多重要农艺性状无法进行细胞水平的选择；一些观察到的变异不可遗传，使得选择过程更加复杂；对生化途径和发育过程的了解匮乏限制了对目标突变体的有效选择；选择的植株最终需要通过田间试验验证。

8.1.3.3　离体诱变的外植体类型

离体诱变可在离体培养临开始前、进行中或完成后进行。所需考虑的重要事项包括选择合适的靶材料、选择外植体和采用合适的培养基。此外，还需要考虑所选材料的遗传结构和倍性，如有些基因型材料难以进行离体培养，这些都会严重影响实验的成败。

诱变处理方式的选择和最适剂量的确定方法与有性繁殖植物相似（参见第 5章），但起始剂量存在较大差异，含水量高的离体植物材料起始剂量一般较低。

8.1.3.4　适用于离体培养的诱变剂

如第 1 章和第 2 章所述，理化诱变已成功应用于离体培养植物材料。γ 射线、X 射线以及紫外线辐射是最常用的物理诱变方法。EMS 和 NaN$_3$ 是组织培养中常用的化学诱变剂（Suprasanna and Nakagawa，2012；Oladosu et al.，2016）。Predieri 和 Di Virgilio（2007）指出，鉴于对安全性、环境问题及后处理等问题的考虑，与化学诱变剂相比，X 射线和 γ 射线是离体诱变中最方便和易于使用的诱变剂。目前，离体诱变培育的品种中，超过 90% 来自物理辐射（http://mvgs.iaea.org/search.aspx）。

8.1.3.5　离体培养材料的辐射敏感性测试

确定最适宜的诱变处理方式是诱变处理的首要步骤之一，通常包括确定材料的辐射敏感性和半致矮剂量（RD$_{50}$）。辐射敏感性通过被辐射外植体的生理响应值评估，可参照离体诱变的方法进行（图 8.3）。一般每个剂量需要对 20 ～ 30 个甚至更多培养个体进行检测，测算半致死剂量（LD$_{50}$）或半致矮剂量。但是有时候离体诱变处理某些较脆弱的植物组织培养材料时，需要将致死率指标降低至 LD$_{30}$（30 percent lethality dose，30% 致死剂量）（Patade and Suprasanna，2008）。育种家可以根据材料特性及突变群体后续处理的需要来选择适宜的剂量。离体材料的辐射敏感性因植物物种、品种、基因型，植株和器官的生理条件，乃至诱变处理方式，以及实验环境条件的不同而存在差异（表 8.1）。

图 8.3　菊花离体诱变的辐射敏感性测试

A. 用不同剂量的 ^{60}Co γ 射线辐射培养 20 天的菊花离体幼苗；B. 将辐射后的离体培养幼苗转移到新鲜 MS 培养基上以减轻辐射损伤效应；C. 辐射敏感性检测：辐射 30 天后，检测 0Gy（对照）、5Gy、10Gy、15Gy、20Gy、25Gy 和 30Gy 等不同剂量辐射对幼苗生长和发育的影响［图片由 G. 哈斯波拉特（G. Haspolat）、B. 孔特尔（B. Kunter）和 Y. 坎托卢（Y. Kantoğlu）提供］

表 8.1　不同植物材料离体诱变辐射敏感性实验剂量范围（Shu et al.，2012）

作物种类	处理材料	诱变源及剂量（LD$_{50}$，Gy）
菊花	生根扦插苗	γ 射线，25
香蕉	茎尖	碳离子束，0.5 ~ 128
香蕉	茎尖	γ 射线，60
香蕉品种 'Lakatan Latundan'	茎尖	γ 射线，25 ~ 40
香蕉	胚性细胞悬浮液	γ 射线，10 ~ 40
菠萝品种 'Queen'	花冠	γ 射线，0 ~ 45
秋海棠	离体培养小叶	γ 射线，100
锦带花	离体嫩茎	γ 射线，40
马铃薯	愈伤组织培养物	γ 射线，30 ~ 50
马铃薯	微小块茎	γ 射线，10 ~ 30
甘蔗	芽和愈伤组织培养物	γ 射线，20 ~ 25
木薯	体细胞胚	γ 射线
木薯	带两个节的离体茎切段	γ 射线，25 ~ 30
辣薄荷	匍匐茎和根状茎	γ 射线，30 ~ 40
甘薯	胚悬浮液	γ 射线，80
梨	离体茎	γ 射线，3.5
薯蓣	茎切段	γ 射线，20 ~ 50
薯蓣	微小块茎	γ 射线，40
石斛兰	原球茎体	γ 射线，35

8.1.3.6　嵌合体

用物理或化学诱变剂处理植物组织时，只有诱变剂作用到的细胞才会发生突变，即 DNA 结构发生改变，而且只有经突变细胞衍生的细胞才能遗传 DNA 变异，这样就产生了由野生型和突变体混合组成的细胞群，即嵌合体。

有性繁殖植物中，突变传递给下一代需要突变细胞进入生殖细胞系并传递给卵细胞和花粉粒；而无性繁殖植物中，突变则需要传递给无性繁殖体，如芽等。

图 8.4A 为具有 3 个不同细胞层的茎尖分生组织：表皮层（L1）和亚表皮层（L2）形成外层，称为原套，而内层（L3）形成原体。L2 和 L3 这两个内层分生出的细胞形成植物体，不同内层细胞的比例因器官类型的不同而不同。嵌合体分为以下 3 种类型：一是混合型嵌合体，指茎尖分生组织中有一层或多层出现遗传背景不同的细胞（突变或非突变）；二是扇形嵌合体，指茎尖分生组织中的一个扇区内 3 个细胞层的所有细胞遗传背景一致，但不同于这个扇区外的细胞；三是周缘嵌合体，指茎尖分生组织中有一层或两层出现遗传一致的突变细胞（图 8.4C）。

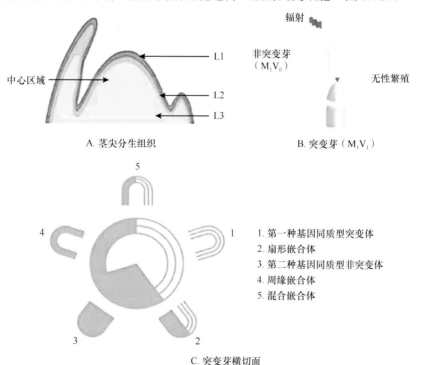

图 8.4　分生组织中突变区的发育：茎尖分生组织的结构（A），突变芽的突变效应（B），突变处理产生的不同嵌合体类型（C）

外植体（M_1V_0）经辐射后携带有突变和非突变细胞，随后，继代培养的外植体（M_1V_1）出现嵌合结构，进一步继代培养分离产生非突变芽和 M_1V_1 的突变芽

（图 8.4B），突变芽的横切面上会出现显示不同嵌合类型的扇区（图 8.4C）。育种家在离体突变研究中面临的主要问题是如何分离出目标突变体。分离和选择突变细胞系的过程称为嵌合体分离（图 8.5）。有性繁殖植物嵌合体分离发生在正常的有性生殖过程中（见第 5 章），在无性繁殖植物中，具体到离体诱变的情况下，嵌合体分离通常是通过连续继代培养实现的，即 M_1V_1、M_1V_2、M_1V_3 等（Geier，2012）。分离突变基因所需的继代培养次数取决于物种、所使用的植物再生方法和诱变材料类型。

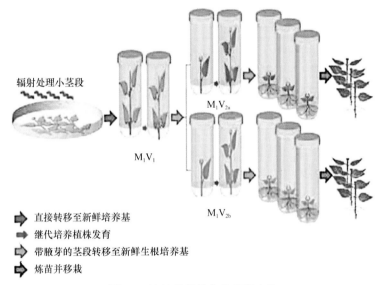

图 8.5　连续继代培养分离嵌合体

8.1.4　离体突变群体的处置

以茎尖培养为例，将诱变剂处理后新形成的茎尖转移至新鲜培养基上，在正常培养条件下培养约 4 周后，记录存活植株的百分比并估算有效剂量（ED）值。随后，从 M_1V_1 外植体上切下单个芽，转移至芽增殖培养基，产生 M_1V_2 代。约一个月后测算嫩茎平均高度，观测每个外植体增殖芽数的平均值以及叶片表现异常的植株百分比，详细记录植株的形态变化，如叶绿素缺乏、形态异常等。重复这一过程至 M_1V_5 世代左右，直至确定诱变产生的表型变异稳定遗传给下一代。从 M_1V_5 个体上切下的嫩茎可以转移到生根培养基上，再生完整幼苗，记录生根所需时间、根发育速率和每个幼苗平均生根数。将生根良好的突变植株转移到温室中炼苗，常温适应一周左右后移栽，仔细监测生长状况直至开花结实。

在温室中对离体培养所产生的后代植株的表型进行分析和鉴定。愈伤组织的离体诱变、突变群体处置及在无性繁殖植株中保留突变的整个技术流程详见图 8.6。

可以在 M_1V_2 和 M_1V_3 代对分离得到的突变体进行稳定性评估和扩繁,并检测其农艺性状。

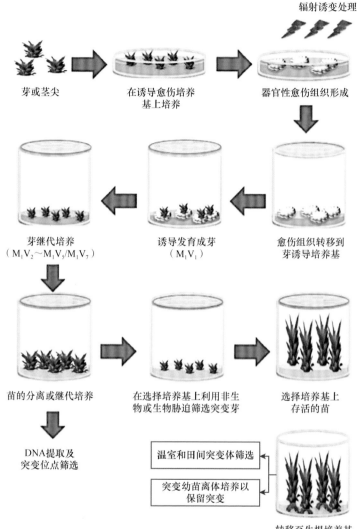

图 8.6 愈伤组织离体诱变流程示意图 [改编自 Duclercq 等(2011)]

Jain 等(2010)报道,胚性培养物(悬浮细胞或愈伤组织)适于在短时间内诱发突变并产生突变植株,而且能够避免嵌合体现象的产生。如果利用微繁殖的方法,则需要将植株继代培养至 M_1V_4 代才能消除嵌合体。

茎尖大规模繁殖常用于诱导直接的芽器官发生和防止愈伤组织形成。对于难以诱导胚胎发生的目标作物或基因型,该系统可用于突变植株的大量扩繁以备进一步评价。连续几代的分离处理能够减少基因型异质性，每一世代突变植株的数量通常翻倍甚至多倍增加。分子检测可在 M_1V_6 代进行，从 M_1V_6 植株中取样，提取 DNA，筛选突变基因型。突变的遗传性可在 M_1V_6 及其后续世代中进行评估和确认。

8.1.5　离体诱变筛选方法

8.1.5.1　非生物胁迫抗性离体筛选技术

Rai 等（2011）全面综述了利用离体技术培育耐胁迫植物的各种方法。研究植物对生物和非生物胁迫的响应可以选用合适的胁迫诱导剂，如耐盐用 NaCl（图 8.7）、耐旱用聚乙二醇（polyethylene glycol，PEG）或甘露醇。Nikam 等（2015）报道了在添加 0mmol/L、50mmol/L、100mmol/L、150mmol/L、200mmol/L 和 250mmol/L 钠盐（NaCl）的 MS 培养基上对甘蔗（*Saccharum officinarum*）耐盐突变系的筛选，选出的突变系表现出糖分百分比提高并且相关农艺性状得到改良。Luan 等（2007）用 EMS 诱变甘薯（*Ipomoea batatas*）愈伤组织，在诱导体细胞胚胎发生之前，在添加了 200mmol/L NaCl 的 MS 培养基上对愈伤组织进行每 20 天 5 次的反复筛选，获得了耐盐愈伤组织并审定了耐盐甘薯品种。

200mL B&D营养液
石英砂∶蛭石=1∶1（*v/v*）

一条布

含0mL、37.5mL、75mL、100mL
NaCl的B&D营养液

图 8.7　离体筛选非生物胁迫（盐）抗性突变体［改编自 Djilianov 等（2003）］
在双层瓶中，下层加入不同盐浓度的营养液，上层营养液不含盐，用一条布连接上下层。利用这种装置，可以直观地观察到植株对盐浓度的反应

Vanhove 等（2012）设计了一个利用山梨醇增加渗透压对不同基因型香蕉进行干旱处理的实验方案。实验设置两种液体培养基：含 0.09mol/L 蔗糖的标准对照培养基和含 0.09mol/L 蔗糖与 0.21mol/L 山梨醇的胁迫培养基。香蕉幼苗在两种液体培养基中培养，每 2 周更换一次新鲜培养基，48 天后通过计算实验开始和结束时植株鲜重之间的差异来评估抗旱性。Masoabi 等（2018）采用一种离体渗透压选择方法进行干旱处理实验，即将 16mmol/L EMS 诱变的甘蔗愈伤组织置于不同 PEG

浓度下进行抗旱选择，经过离体选择的植株进一步在温室盆栽中通过减少浇水量来验证植株的耐旱性。

8.1.5.2 生物胁迫抗性离体筛选技术

20 世纪 70 年代中期出现的植物组织培养技术是诱导产生和筛选外植体生物抗性的有效方法（Rai et al.，2011）。Rai 等（2011）在综述中介绍了利用病原体产生的毒素、病原体培养滤液或病原体自身对离体培养下的器官性或胚性愈伤组织、芽、体细胞胚或细胞悬浮液等进行处理，离体筛选生物抗性的实验。Saxena 等（2008）从具有玫瑰香的香叶天竺葵品种 'Hemanti'（*Pelargonium graveolens* 'Hemanti'）的愈伤组织中离体筛选出对由真菌病原体链格孢菌（*Alternaria alternate*）引起的叶枯病具有抗性的愈伤组织，并再生出抗性植株。Lebeda 和 Svabova（2010）报道了大规模筛选抗病芭蕉（*Musa* spp.）、苹果（*Malus domestica*）、菠萝（*Ananas comosus*）、豌豆（*Pisum sativum*）、甜瓜（*Cucumis* spp.）、莴苣（*Lactuca sativa*）、鹰嘴豆（*Cicer arietinum*）及其他各种热带作物突变体的方法。Semal（2013）介绍了一种简单可靠的真菌抗性离体筛选方法，如图 8.8 所示。

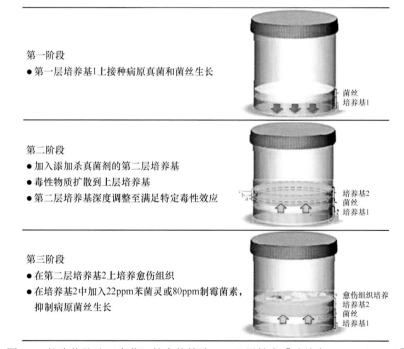

图 8.8 抗生物胁迫（真菌）的离体筛选——双层技术 [改编自 Semal（2013）]

Jain 等（2010）报道了 γ 射线辐射处理离体草莓腋芽的实验，其中 5% 的植株在恶疫霉（*Phytophthora cactorum*）粗提物的选择压力下存活下来，并且能耐 5 ~ 6 天的干旱胁迫。对香蕉品种 'Rasthali'（Silk，AAB）茎尖和离体培养的增殖芽进行 EMS、NaN₃ 和硫酸二乙酯（diethyl sulphate，DES）处理，随后对突变外植体进行镰刀菌酸和真菌滤液的抗性离体筛选，选出的离体株系的抗病性通过盆栽试验得到确认，最终选择获得 3 个抗性突变体（Saraswathi et al.，2016）。

由于田间选择压力与离体可控条件下不同，加之其他不利因素的影响，离体选择的抗性结果往往在田间试验中不能持续，因此，对生物和非生物胁迫的抗性离体筛选一般只作为预筛选方法。

8.1.6　体细胞无性系变异

大量文献表明，在离体组织培养过程中，特别是在培养周期长的情况下，可能会出现一些明显的变异，这些离体培养诱发的变异称为体细胞无性系变异。体细胞无性系变异一般指离体细胞、组织和器官培养产生的植株或其后代因基因自发突变或 DNA 甲基化等引起的遗传、表观遗传或表型变异（Delgado-Paredes et al.，2017）。虽然体细胞无性系变异并不总是同质性的突变，但这些突变可能会表现出改良的农艺性状，在作物育种改良中仍然具有重要价值。Tripathy 等（2016）介绍了 4 种基因型的家山黧豆（*Lathyrus sativus*）再生植株中的体细胞无性系变异，其中包括一个籽粒增大的株系 NGOG 5，该株系产量高、神经毒素含量低，是具有潜在育种价值的优异材料。

Thakur 和 Ishii（2014）在一个杂交杨树（*Populus sieboldii* × *P. grandidentata*）的变异群体中鉴定到两个窄叶表型变异株，它们具有相同的表型，但来源于不同的野生型。DNA 分子标记检测证明这些体细胞无性系变异在质量性状或数量性状上都表现出明显的可遗传性。研究发现组织培养产生的变异中存在细胞学、单基因以及转座子介导的突变。对于某些物种，可通过简单的 DNA 分析来筛选甲基化引起的体细胞无性系变异。随着分子技术的发展，突变的遗传特征将得到揭示，同时能够有效鉴定突变位点并进行验证。

Tripathy 等（2016）分离获得了具有抗病、抗虫、抗逆（旱、盐、低温）、高产和养分高效利用等多种优良性状的体细胞无性系变异。在园艺植物中，如仙客来（*Cyclamen persicum*）、康乃馨（*Dianthus caryophyllus*）、野菊（*Chrysanthemum indicum*）、大丁草（*Gerbera* spp.）和兰猪耳（*Torenia fournieri*）等，花色和花形态等体细胞变异经常发生，有些已得到商业化生产开发（Singh et al.，2017）。

8.1.7　芭蕉（*Musa* spp.）作物离体诱变程序

香蕉和大蕉（芭蕉属）是两种重要的经济作物，其所有品种均来源于自然突变，并且未经任何育种改良。由于有性繁殖受到限制，对香蕉进行突变诱导就显得尤为重要，这样可以产生许多有价值的遗传变异（Roux et al.，2001）。

芭蕉属作物突变诱发体系是由诺瓦克（Novák）和他的合作者在 FAO/IAEA 植物遗传育种实验室率先建立的，该体系基于离体技术以获得稳定的目标突变株系并对目标突变体进行微繁殖。目前，该技术体系已在世界范围内广泛应用于鲜食香蕉 [小果野蕉（*Musa acuminata*）和野蕉（*Musa balbisiana*）] 和煮食香蕉（大蕉）（*Musa paradisiacal × Musa* spp.）等芭蕉属作物的育种计划（Roux，2004）。

步骤 1——通常从植物茎尖、球茎和胚性细胞悬浮液等材料的离体繁殖开始。实验证明茎尖培养是最适合且常用的离体培养方式，下面介绍的实验方案以茎尖突变诱发为主。茎尖可从植物体根蘖或雄花序上切取。如果采用胚性细胞悬浮培养，则通常使用未成熟雄花或茎尖衍生组织作为初始外植体。在这两种方法中，对几百个初始外植体进行 3 ～ 4 个月的培养，随后再经多次继代培养，获得数量充足的胚性愈伤组织和芽。方法的选择最终取决于实验室的需求和条件。

步骤 2——确定物理诱变或化学诱变的最适剂量。任何离体诱变计划的成功取决于在可行的诱变频率下选到目标突变体。对植物材料敏感性的初步评估与特定的诱变剂处理通常是联系在一起的，从中可以确定构建突变群体的最适剂量。

（1）物理诱变

以 10 ～ 100Gy 的 10 个不同剂量的 ^{60}Co γ 射线处理芭蕉属作物茎尖，剂量率为 44Gy/min，每个品种至少处理 200 个外植体，进行辐射敏感性实验，并以 20 个未辐射的外植体作对照。辐射处理后立即将外植体转移至含 20μmol/L BAP 的半固态 MS 培养基上，通过测定处理 40 天后幼苗的存活率、增殖率、茎高和鲜重来评定辐射敏感性和处理后损伤修复特性（Roux，2004）。诱变的最适宜剂量根据所测量的指标来决定，其中存活率和鲜重是最佳指标。计算获得 LD_{50} 后，正式实验时建议使用比半致死剂量稍低的剂量，因为较低剂量造成的染色体损伤和副作用也较小。

辐射敏感性测试完成后，用确定的最适剂量对约 2000 个茎尖进行辐射处理，可以根据可用辐射源设施、人员、场地等具体情况分批进行。需要注意的是，最适剂量不仅取决于品种或基因型，还取决于实验室组织培养条件和处理方式。

（2）化学诱变

离体培养的茎尖也可以进行化学诱变处理。诱变最适剂量的计算方法参照物理诱变剂。化学诱变剂可以选用 NaN_3、硫酸二乙酯（DES）和甲基磺酸乙酯（EMS）。Bhagwat 和 Duncan（1998）用不同浓度的 NaN_3、DES 和 EMS 处理香蕉离体培养的茎尖，以处理后存活的茎尖数、再生芽数和有效因子（FE）为指标，比较了这三种化学诱变剂的效果。

$$FE = \frac{变异个体总数}{处理茎尖总数} \times 100\% \tag{8-1}$$

步骤 3——分离嵌合体和离体继代培养：从 M_1V_1 到 M_1V_4 进行多轮无性繁殖

以分离嵌合体，所需的最少继代周期数取决于实验条件，一般至 M_1V_4 代，如有必要，也可至 M_1V_6 代。然后将幼苗转移到生根培养基。

步骤4——可在实验室或温室进行生物和非生物胁迫的抗性筛选和选择。

步骤5——炼苗驯化和田间种植，以筛选/选择目标突变株和评价农艺性状。

步骤6——繁殖选择的突变株系，并评价田间表现，包括在田间或实验室条件下突变株系的扩繁、鉴定株系的确认，以及产量和产量相关指标的评估。

步骤7——进行多点试验，以备审定或登记（表 8.2）。

表 8.2 芭蕉属作物（*Musa* spp.）离体突变程序（以茎尖培养为例）

步骤
田间主茎剥离和茎尖组织培养
⇩
辐射敏感性测试（每剂量至少 200 个茎尖）
⇩
用半致死剂量（LD_{50}）诱变至少 2000 个茎尖
⇩
M_1V_1 微繁殖
⇩
M_1V_2 微繁殖
⇩
M_1V_3 微繁殖
⇩
M_1V_4 生根
⇩
炼苗并移栽
⇩
田间选择
⇩
遗传验证和农艺性状评价
⇩
目标突变体微繁殖
⇩
多点试验

8.1.8　离体诱变的实例

实例 1：甜瓜离体诱变改良（Y. Kantoğlu 及其同事，爱琴海研究所和土耳其国家原子能管理局萨拉伊柯伊核技术研究与培训中心）（图 8.9）。

诱变材料：离体幼苗、叶片或子叶切段。

（1）离体培养和辐射处理

1）用 ^{60}Co γ 射线垂直辐射装置处理 7 日龄离体培养幼苗。

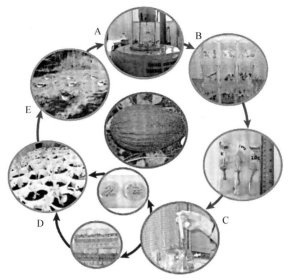

图 8.9 甜瓜离体突变诱发方案

2）对培养 30 天后的 M_1V_1 离体幼苗进行辐射敏感性测试，确定适宜剂量为 22Gy。

（2）抗枯萎病突变体筛选

制备甜瓜枯萎病菌（*Fusarium oxysporum* f. sp. *melonis*）1 号生理小种和 2 号生理小种的滤液，以筛选对尖孢镰刀菌引起的枯萎病具有抗性的突变体。6 月龄生根苗、3 周龄由胚胎发生衍生的存活芽或幼苗经病菌滤液处理后，进行多次继代培养，然后转移到温室中壮苗。

（3）炼苗并移栽到田间

1）36 ～ 42 个月的 M_1V_6 离体培养苗移栽至温室进行盆栽；再次在花盆中接种甜瓜枯萎病菌滤液。

2）对保持耐病性或抗病性并结出果实的植株在不同大田条件下进行综合农艺性状和商品价值评估。

实例 2：甘蔗离体诱变改良（Suprasanna et al.，2008；Suprasanna，2010）（印度巴巴原子能研究中心，图 8.10）。

以广泛种植的甘蔗（*Saccharum officinarum*）品种'Co 86032'梭形叶的圆形叶盘为外植体，在愈伤组织诱导培养基上诱发甘蔗的胚性愈伤组织。以 10Gy、20Gy、30Gy、40Gy 和 50Gy 的 γ 射线辐射，每个剂量处理 100 个愈伤组织，最终确定出 LD_{50} 为 20Gy。愈伤组织再生的植株，在特定的生根培养基上生根后，移栽至温室壮苗。田间种植大约 5000 株甘蔗候选突变植株，记录成熟期的农艺性状，包括可榨蔗量、榨后废弃物量、节间数、甘蔗重量、茎秆直径和白利糖度（Brix，

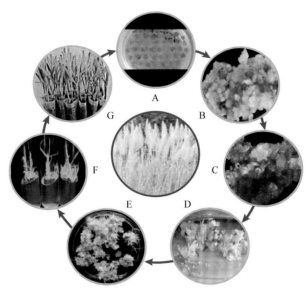

图 8.10　甘蔗（*Saccharum officinarum*）品种 'Co 86032' 的离体辐射诱变

A. 将甘蔗品种 'Co 86032' 的圆形叶盘接种到特定的愈伤组织诱导培养基上；B. 愈伤组织经 γ 射线 10Gy、20Gy、30Gy、40Gy 和 50Gy 辐射处理，确定 LD_{50} 为 20Gy；C. 愈伤组织在添加不同浓度 NaCl 的培养基上进行 3 次继代培养；D. 通过细胞膜损伤、电解质渗漏和游离脯氨酸含量等参数测定耐盐性；E. 将盐胁迫处理 30 天仍存活的愈伤组织转移至体细胞胚诱导培养基；F. 对体细胞胚（胚状体）再生的发育完全的小植株进行评估，转入炼苗条件并壮苗；G. 选出的健壮植株随后转移到田间进行农艺性状和商品价值评估

度量可溶性固形物总量）等。在 2007 ~ 2008 年和 2011 ~ 2012 年的生长季，共选出 900 个较对照品种表现更好的突变体，并在田间进行再次评估验证，最终选出 11 个形态、品质和产量性状表现优异的突变株系（表 8.3）。

表 8.3　甘蔗离体诱变流程

主要步骤	世代	持续时间
取大田植株的卷曲嫩叶作外植体，构建离体胚性愈伤组织	V_0	2 ~ 3 个月
构建高频离体植株再生体系并扩繁	V_0	2 ~ 4 个月
测试辐射敏感性，每个剂量处理 100 个培养物，确定 LD_{50}	V_0	2 ~ 4 个月
用 LD_{50} 诱变处理 500 ~ 1000 个培养物并进行筛选	M_1V_0	6 ~ 8 个月
筛选到的愈伤组织的第一次继代培养	M_1V_1 至 M_1V_2	2 个月
筛选到的愈伤组织的第三次继代培养	M_1V_3 至 M_1V_4	2 个月
植株再生	M_1V_4	2 ~ 4 个月
壮苗并在苗圃中评价突变株系的品质和表型	M_1V_4	4 ~ 6 个月
在突变株系品质和表型评价的基础上进行株行试验	M_1V_4	12 个月
对所选突变株系进行重复试验，评价农艺性状和生化特性	M_1V_4	12 个月

续表

主要步骤	世代	持续时间
对筛选的综合农艺性状优良且表型稳定的突变株系进行无性繁殖以扩繁和保存突变株系	M_1V_4	12 个月
根据农艺性状和突变新表型的稳定性，通过多点及重复试验筛选并评价突变株系	M_1V_4	12 个月

8.2　单倍体和双单倍体在突变育种中的应用

8.2.1　概述

生物学的一般原则是大多数有机体都带有来自父本（精子）和母本（卵子）的遗传物质。雌雄配子（分别为卵细胞和精细胞）是减数分裂的产物，含有的染色体数目为父母本体细胞染色体数目的一半，用 n 表示，即含 1 套染色体；而父母体细胞中则含有完整的 2 套染色体，用 $2n$ 表示。高等植物的孢子体在其基因组中携带成对的染色体，只携带一组染色体（即配子体染色体数）的异常植物被称作单倍体。单倍体植物自然产生的频率很低，不过可以在实验条件下大量诱导产生（参见本章 8.2.2）。

Dunwell（2010）发表了有关单倍体（haploid，H）和双单倍体（doubled haploid，DH）的非常不错的综述。第一个见于报道的单倍体发现于 20 世纪 20 年代初，是一个棉花的矮化突变体，其染色体数目为正常染色体数目的一半（Dunwell，2010）。该领域的另一项开拓性研究是，由 Blakeslee 等（1922）报道的曼陀罗（*Datura stramonium*）自发单倍体携带 12 条（n）染色体而不是正常的 24 条（$2n$）染色体。又经过了 40 多年的时间，研究人员才在实验条件下成功诱导毛曼陀罗（*Datura innoxia*）花药，获得了第一个单倍体植物（Guha and Maheshwari，1964）。20 世纪 70 年代初，英国首次利用双单倍体技术成功培育了一个欧洲油菜（*Brassica napus*）品种 'Maris Haplona'。此后在 1974 年加拿大圭尔夫召开的特别研讨会上，首次郑重讨论了单倍体/双单倍体（H/DH）在植物遗传和育种领域中的应用价值（Forster et al.，2007b）。

单倍体的主要特征和优势是具有转化成双单倍体的潜力，而双单倍体在遗传上是可育的纯合体。相对而言，由于单倍体通常生长较弱并且不育，因此除了转化为双单倍体或作为无性繁殖的观赏植物，单倍体几乎没用。双单倍体因为能够最快获得纯合体而受到植物育种家的重视，双单倍体在许多作物的育种中可以作为终产物——栽培品种直接使用，如在水稻、小麦、大麦和油菜中；或者作为亲本用于创制 F_1 杂交种基因型（品种），如在玉米和茄子、辣椒、甜瓜、番茄等多种蔬菜中。双单倍体还可以通过自交或无性繁殖长期保存。

众所周知，无论是自发还是诱发突变，植物突变育种所涉及的遗传变异多属于隐性遗传，因此突变表型只在纯合体中表现（参见第 1 章和第 2 章）。这就是在单个个体通常为杂合体的 M_1 群体中很难观察到突变性状的原因。由此可见，纯合体的构建对于观察和评估突变表型非常重要。所以，以单倍体为诱变目标，并将其转化为双单倍体是植物突变种的重要途径。

8.2.2　单倍体/双单倍体的产生途径

8.2.2.1　雄核发育形成单倍体

如前所述，第一个经实验获得的单倍体来自花药培养，即离体诱导毛曼陀罗（*Datura innoxia*）的花药培养物使雄配子体直接发育形成胚胎（雄核发育）（Guha and Maheshwari，1964）。雄核发育是迄今为止众多植物中获得大量单倍体的最简单和最常见的方式。精细的组织学研究表明，单倍体胚胎是由花粉粒发育中晚期，即单核期的小孢子产生的（Szarejko，2012）。含有特定激素和营养物质的小孢子的特殊培养条件，将花粉粒的自然发育转向形成单倍体胚胎（图 8.11 和图 8.12）。由于花药壁包含有二倍体（亲本）组织，可能会与新生的单倍体混淆，因此操作时需要非常小心。为了避免这种情况，科学家发明了游离小孢子离体培养的方法，即先用研钵和杵研磨或细胞分离搅拌器对花药进行温和的均质化处理从而获得游离小孢子，然后进行离体培养（Szarejko，2012）。这项技术（图 8.13 和图 8.14）要求操作人员技术熟练，才能分离出高质量的健康小孢子。

小孢子（单核花粉粒）　营养细胞　　　　　　　　　　　营养核　　　　　　雄配子 花粉管

　　　　　　　　　　　　　　　　　　　　　　　　　　　　　　　　　　　营养核

第一次花粉粒有丝分裂　生殖核　第二次花粉粒有丝分裂　两个雄配子

图 8.11　小孢子的体内配子体发育

Szarejko 及其团队在单倍体突变育种方面有着丰富的经验，他们强调需要使用直接细胞学或流式细胞技术来确定植物的单倍体阶段，以进行染色体计数和倍性水平测定（Szarejko et al.，1995；Szarejko，2003，2012）。染色体倍性的确认也可以用更简单的间接方法来验证，该方法基于与倍性水平相关的保卫细胞大小和质体大小（Yuan et al.，2009）。DNA 标记可以用于确认潜在双单倍体的纯合性。Till 等（2004）介绍了扩增 DNA 的错配酶切法，并随后应用于苔麸（*Eragrostis tef*）的双单倍体测定（Till et al.，2017）。这些方法可以验证信息标记（在亲本中无连锁且具有多态性）是纯合的，从而计算该株系为双单倍体的概率。

纯合标记数	双单倍体概率
1	50.000%
2	75.000%
3	87.500%
4	93.750%
5	96.875%
6	98.437%
7	99.218%
8	99.608%
9	99.803%
10	99.900%

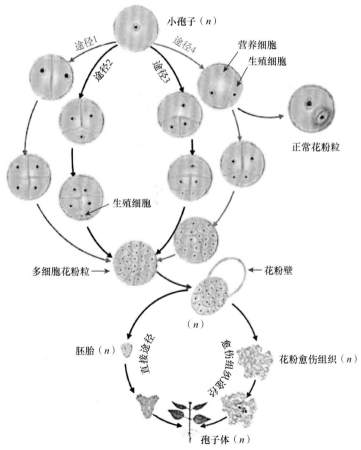

图 8.12　小孢子发育成单倍体的可用途径［改编自 Bhojwani 和 Razdan（1983）］

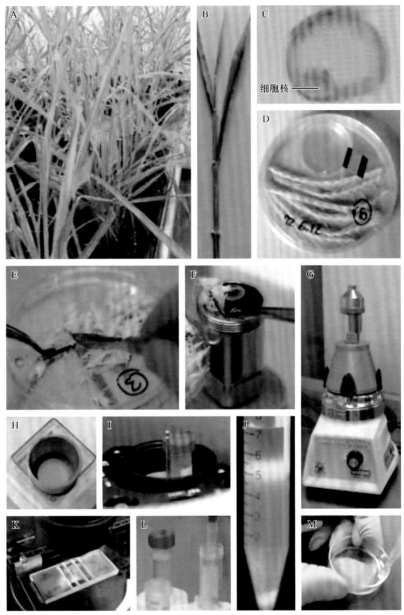

细胞核 ——

图 8.13　大麦穗中小孢子的分离

A. 大麦供体在温度 16/12℃ 和光周期 16/8h 的培养室内生长；B. 小孢子发育期大麦植株的形态特征；C. 花粉发育中晚期的小孢子；D. 大麦穗的预处理，4℃ 放置 2 周；E. 搅拌前先将穗切成 1cm 长的小段；F. 将切好的穗段放入搅拌器中；G. 在 0.4mol/L 的甘露醇缓冲液中低速搅拌 15s；H. 用 100μm 的尼龙网过滤；I. 用 110g 的转速离心 10min；J. 密度梯度离心后存活的小孢子位于中间层；K. 计数板计算小孢子数目；L. 用适量的诱导培养基悬浮培养小孢子；M. 添加诱导培养基后的小孢子。图片由 M. 加耶茨卡（M. Gajecka）提供

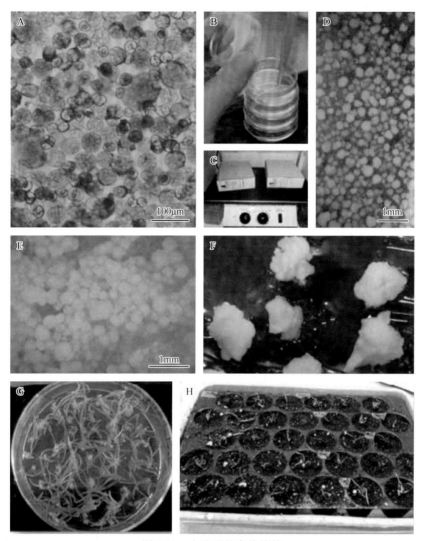

图 8.14 小孢子的离体培养

A. 诱导培养基中培养 7 天的小孢子；B. 7 天后添加培养基；C. 25℃下在转速 65r/min 的旋转摇床上继续暗培养 2 周；
D. 诱导培养基中培养 21 天的小孢子；E. 分化培养基中培养 14 天的小孢子胚；F. 单雄胚胎在 25℃下于再生培养
基中暗培养 5 天，然后在光照下继续培养；G. 单雄试管苗在离体培养下的生长；H. 小苗移栽后在土壤中的生长。
图片由 M. 加耶茨卡（M. Gajecka）提供

　　能够通过雄核发育获得单倍体的植物：水稻（*Oryza sativa*）、普通小麦（*Triticum
aestivum*）、硬粒小麦（*Triticum durum*）、玉米（*Zea mays*）、大麦（*Hordeum
vulgare*）、小黑麦（*Triticosecale* sp.）、黑麦（*Secale cereale*）、梯牧草（*Phleum
spp.*）、多花黑麦草（*Lolium multiflorum*）、欧洲油菜（*Brassica napus*）、甘蓝
（*Brassica oleracea*）、烟草（*Nicotiana tabacum*）、马铃薯（*Solanum tuberosum*）、

亚麻（*Linum usitatissimum*）、石刁柏（*Asparagus officinalis*）和苹果（*Malus domestica*），以及杨树（*Populus* spp.）、栎树（*Quercus* spp.）和柑橘（*Citrus* spp.）。

8.2.2.2　雌核发育形成单倍体

单倍体植株也可以由母体配子细胞诱导产生，例如，构成胚珠的大孢子减数分裂后产生的单倍体细胞。然而，以卵细胞为典型的这类单倍体细胞在数量上与花粉相比要少得多，因此，雌核发育产生单倍体的频率通常远比雄核发育产生单倍体的频率低得多。但是考虑到一些物种难以通过雄核发育产生单倍体，在这种情况下，雌核发育不失为一个不错的选择（Dunwell，2010；Chen et al.，2011；Germana，2012）。

能够通过雌核发育获得单倍体的植物：洋葱（*Allium cepa*）、甜菜（*Beta vulgaris*）、辣椒（*Capsicum annuum*）、玉米（*Zea mays*）、甘薯（*Ipomoea batatas*）、郁金香（*Tulipa gesneriana*）、大麦（*Hordeum vulgare*）和黄瓜（*Cucumis sativus*）。

8.2.2.3　远缘杂交后染色体消失形成单倍体

许多物种在遇到相关的异种或异属的花粉授粉后，卵细胞可能会受到刺激而发育成单倍体胚胎。例如，当大麦（*Hordeum vulgare*）由相关物种球茎大麦（*H. bulbosum*）授粉时，大麦的卵细胞虽然能与球茎大麦的花粉成功受精，但是在胚胎发育早期的细胞分裂中，来自球茎大麦的染色体会被清除出去（Kasha and Kao，1970）。类似地，小麦与玉米（*Zea mays*）的远缘杂交也可以使小麦的卵细胞与玉米的精细胞发生受精作用，但在随后胚胎早期发育阶段的有丝分裂中玉米染色体会消失。

这一类单倍体胚胎由于胚乳不发育，通常会在体内败育（尽管其中的一些可能存活，参见本章 8.2.2.4），因此需要采取挽救措施对这类单倍体幼胚进行离体培养。

能够通过远缘杂交后染色体清除获得单倍体的植物：小麦（*Triticum* spp.）、大麦（*Hordeum vulgare*）、珍珠粟（*Pennisetum glaucum*）、向日葵（*Helianthus annuus*）、草莓（*Fragaria* spp.）和玉米（*Zea mays*）。这种方法通常在其他 H/DH 方法都失败后才使用，然而在小麦中采用玉米花粉远缘杂交已经是生产双单倍体的常规手段。相关综述文章参见 Devaux 和 Pickering（2005）；Forster 等（2007）；Dunwell（2010）；Dunwell 等（2010）；Szarejko（2012）。

8.2.2.4　自发产生单倍体

高等植物的繁殖通常具有双受精的特征，其结果是产生一个含有 $2n$ 倍染色体的合子（精子和卵细胞结合）和含有 $3n$ 倍染色体的胚乳（精子与胚珠的两个中心核结合），二者同时发生在胚珠中，胚珠随后发育成种子。然而在某些物种中，种子中可能包含不止一个胚胎，即出现多胚现象，很多情况下额外的孪生胚胎就是单倍体。1719 年列文虎克（Leeuwenhoek）在橙子的种子中发现孪生胚胎，首次观察到多胚现象。后来在裸子植物和被子植物的许多种、属和科中都观察到这种现象（Koltunow et al.，1996）。这是一种自然现象，在油棕和其他很多物种的种子中的发生频率约为十万分之一（Forster et al.，2007b）。一般认为这一频率实在太低，难以检测和实际应用到。但是近年来流式细胞技术等高通量检测技术的应用已经能够高效筛选和检测油棕的单倍体（Nasution et al.，2013），并且这种方法也可以应用于其他物种。

能够通过种子自发产生单倍体的物种：油棕（*Elaeis guineensis*）、辣椒（*Capsicum annuum*）、小粒咖啡（*Coffea arabica*）和陆地棉（*Gossypium hirsutum*）。

8.2.2.5　异常授粉产生单倍体

20 世纪初，Hertwig（1911）观察到辐射处理后的青蛙精子保留了使卵子受精的能力，但失去遗传功能。这就是"赫特维希（Hertwig）效应"。这一观察结果表明，在异常授粉之后即使没有受精卵子也可能因为刺激而自发发育。1982 年 Pandey 和 Phung 将该技术应用于烟草（*Nicotiana tabacum*），Sato 等（2000）在康乃馨（*Dianthus caryophyllus*）、Germana（2012）在瓜果类作物中也分别应用了该技术。成功应用辐射刺激的孤雌生殖的实例还包括小柑橘（*Citrus clementina*）和蔷薇（*Rosa* sp.）。在甜瓜（*Cucumis melo*）中，用 ^{60}Co γ 射线辐射处理的花粉授粉，并结合受精胚珠或幼胚离体培养技术，也成功诱导并获得了孤雌生殖单倍体（Sauton and Dumas de Vaulx，1987）。后来 Yetisir 和 Sari（2003）对这一技术进行了改进，他们发现 γ 射线剂量高于 300Gy 才能有效避免正常受精并且只获得单倍体胚胎（所有单倍体都表现为母本表型）。

对玉米（*Zea mays*）的进一步研究表明，DH 系创制过程中所产生的各种类型的变异，即染色体畸变，其中有一些是能正常发育并有育性的（Viccini and de Carvalho，2002）。在其他物种如苹果（*Malus domestica*）和大麦（*Hordeum vulgare*）中也有类似的情况。

8.2.2.6　基因诱导产生单倍体

Ravi 和 Chan（2010）指出，在模式植物拟南芥（*Arabidopsis thaliana*）中，野生型与 *cenh3* 无效突变体（表现为 CENH3 蛋白发生改变）杂交后可以产生单倍体植株，其原因是 *cenh3* 突变系的染色体不能附着在有丝分裂中期的纺锤体上而被剔除。这是拟南芥研究领域的一个重要突破，因为上述其他 H/DH 方法对拟南芥都是无效的。

目前，在农作物中寻找 *cenh3* 突变的同源物的工作正在进行，这种方法暂时还未应用到农作物上。

8.2.3　单倍体和双单倍体诱变的主要方法

近年来，单倍体和双单倍体技术在植物育种中越来越受欢迎，目前在农作物中广泛应用，涵盖禾谷类作物、牧草植物、油料作物和其他经济作物如蔬菜、树木和观赏植物的育种。将在实验条件下从单倍体加倍为二倍体的植株称为双单倍体很重要，因为双单倍体是完全纯合的纯系，不同于正常二倍体，后者虽然具有相同的倍性，但可能含有杂合位点。染色体组的加倍可以在有丝分裂过程中自发发生，也可以在秋水仙素等处理后诱导发生（Yuan et al.，2009）。Maluszynski 等（2003）提供了很多作物单倍体/双单倍体诱变的实验方案，并广泛介绍了这些方法在植物育种中的应用。

利用 H/DH 技术进行作物育种的成功案例很多，其中很多是在突变育种中取得成功的（Maluszynski et al.，2003；Jain and Spencer，2006；Szarejko and Forster，2007；Dunwell，2010；Szarejko，2012；Mba et al.，2012）。

Vos 等（2009）报道了柑橘（*Citrus* spp.）自发双单倍体胚胎的诱变结果，突变体表现出优良的果实性状、产量高且抗病。另一种诱导单倍体细胞产生突变的方法是用辐射或化学诱变剂处理离体培养的花药或小孢子培养物（Szarejko，2003，2012）。

8.2.3.1　突变植株的双单倍体构建

双单倍体作为一种以纯合状态保存和固定变异的手段在植物突变育种中有重要意义。理论上，前面提到的所有单倍体产生方法（参见本章 8.2.2）都可用于诱导 H/DH；但在实践中大多数报道的 H/DH 突变基因型都是通过雄核发育获得的，特别是在水稻、小麦、大麦、蔬菜和药用植物中（Szarejko，2012）。DH 系可以在 M_1 到 M_n 的任何世代构建，但为了加速育种，越早越好。M_1 植株因此受到关注，但 M_1 的选择有两大限制条件：①最好只选择携带目标突变的植株个体，这就需要进行基因型筛选（参见本章 8.3）；② M_1 植株通常较弱，不是 H/DH 的理想供体。尽管如此，仍然可以获得 M_1 植株的双单倍体，具体实验方案见本章 8.2.5.1。用甲基磺酸乙酯（EMS）和亚硝基甲基脲（MNU）处理粳稻品种（*Oryza sativa* subsp. *japonica*）的受精卵细胞，获得了稳定的突变体。而这些突变体的 M_1 植株经花药培养后获得的稳定双单倍体，可以作为新的育种材料使用（Lee et al.，2003）。

M_2 植株（及其后代）是更为行之有效的选择。除了固定突变基因，M_1 植株起源的 H/DH 系经历了一次减数分裂，M_2 起源的经历了两轮减数分裂，M_3 经历了三轮，等等，因此携带目标突变位点的 DH 系也可以用于筛选背景突变负荷的变化，换言之，选择背景干扰最小的突变系（参见本章 8.3）。

尽管有局限，但在 M$_1$ 代构建单倍体仍然有很大的应用前景，因为一旦染色体数目加倍，由于没有基因分离，在纯合基因型中存在的任何突变都很可能产生表型并得到确认。这也意味着在辐射后的第一代中就可以获得稳定的突变体，从而大大缩短获得纯合育种材料所需的育种周期。M$_1$ 群体产生 DH 突变体的方法因物种而异，但基本实验方案是相同的，后面将以大麦为例进行介绍。

8.2.3.2 单倍体细胞的诱变

辐射单倍体细胞（花药或花粉粒）的研究方向：①加深对花粉粒萌发及其可能对作物开花和成熟的影响的认识；②诱导单倍体植物材料的突变。这些研究表明，在单倍体细胞的诱变处理过程中，通常需要注意以下事项。

1）H/DH 构建方法的选择。

2）基因型的选择（应该选择适宜 H/DH 构建方法的基因型）。

3）诱变处理方法的选择（物理、化学、生物）。

4）有效致突变剂量的评估。

5）用于检测和筛选突变体的技术（基因型和表型）。

6）适于突变诱发处理的最佳发育阶段的选择。

8.2.4 单倍体培养与突变育种

大量文献综述已经对单倍体技术在植物育种中应用的优势进行了阐述（Maluszynski et al.，2003；Szarejko and Forster，2007；Dunwell，2010）。以植物育种为目的，单倍体的培育主要用于以下几方面：①准备育种材料；②稀有品种或当常规杂交无法改良品种时，培育稳定的纯（纯合）系；③加速育种周期。

H/DH 技术与诱变技术的结合是一种快速产生纯合突变系的有效方法，从而加快了具有突变性状的新品种的培育。

对生殖细胞和组织进行理化诱变处理时需要小心谨慎，因为它们都相对脆弱。尽管所有已知理化诱变剂都曾应用于单倍体细胞的诱变，但最常用的是紫外线温和处理（见第 1 章）。紫外线作为诱变剂有很多优点，多数植物组织培养实验室都具备紫外线装置，它的使用成本相对较低，辐射剂量一般在较低能量范围。高能 γ 射线或 X 射线处理单倍体细胞可能导致不育和致死，并且可能降低突变密度，这就需要有更多的群体才能筛选到目标突变。由于紫外线辐射的穿透性较低，为确保高效诱变就需要处理大量的花粉粒并严格使用单细胞层。

辐射处理后的材料需要经过再生以获得 H/DH 植株，随后进入突变基因/性状的筛选和选择流程（Maluszynski et al., 2003; Forster et al., 2007b）。因此，建议在一定剂量率和浓度范围内进行多个批次的诱变处理，以选择在稳定性、育性和突变损伤/诱导等方面综合表现最佳的那个批次进行后续实验。

8.2.5　单倍体/双单倍体的诱变方案

第一个单倍体/双单倍体（H/DH）技术出现以来，单倍体就因为其优势成为植物突变育种的目标材料。其中最重要的优势就是在经过诱变剂处理的双单倍体细胞或组织中，可以立即产生纯合突变等位基因。小孢子诱变技术首先在适宜的模式物种，如大麦和芸薹属植物上得到应用（Maluszynski et al., 2003; Forster et al., 2007b; Szarejko, 2012）。在玉米（*Zea mays*）中的进一步研究表明，双单倍体表达了各种类型的突变，即染色体畸变，其中一部分突变体是可以存活且可育的。

8.2.5.1　大麦 M_1 群体来源的突变 H/DH 构建

在这个方案中，M_1 突变群体通过标准诱变方法获得（见第 1 章、第 2 章和第 4 章），但 DH 来源于 M_1 植株。这个案例包含了种子诱变处理（图 8.15）。

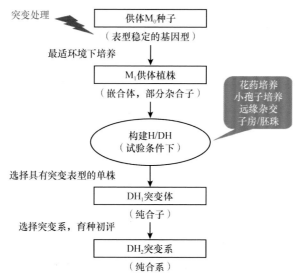

图 8.15　种子诱变结合 DH 系创制突变系的流程［改编自 Szarejko（2003）］

1. 诱变处理

选择优良品系的种子（M_0）进行诱变，并按照第 1 章、第 2 章和第 4 章所述进行处理。需要注意最适剂量（通常在 $LD_{30} \sim LD_{50}$）的选择，从而获得可检测到目标突变频率的突变群体。

2. M₁ 植株的繁殖

播种 M_0 种子，长成 M_1 植株。M_1 植株既有生理异常，又存在嵌合体的情况，通常需要控温控光的培养箱或温室为其提供最佳生长条件。M_1 植株中也有携带突变位点的杂合体。栽培生长出健康的植株至关重要，因为它们是诱导单倍体的最佳供体。

3. 双单倍体构建

直接利用 M_1 群体构建双单倍体。根据物种和基因型选择合适的获取单倍体的方法（雄核发育、雌核发育、异常授粉等）。操作手册《农作物双单倍体技术》提供了一系列适用于各种特定物种的单倍体获取方案（Maluszynski et al.，2003）。理想情况下，只有携带目标突变表型的植株才能作为 DH 供体，但在 M_1 群体中只能通过基因型选择来确定供体（参见本章 8.3）。

4. DH 突变体的选择

构建的 DH 系在培养过程中就可以进行基因型和表型的选择，也可以在温室中对来源于离体培养的经过壮苗驯化的植株进行基因型和表型筛选。不过，应该注意的是，组织培养中以及组织培养后的当代植株的表型检测数据并不完全可靠，因为这些植株可能存在生理异常和体细胞变异，因此最好在后代中进行表型检测。

8.2.5.2 大麦离体单倍体/双单倍体突变体的产生

小孢子培养是构建离体 H/DH 突变系最好的选择，花药培养也是可行的，这些方法可以根据具体物种选择使用。诱变主要以分离后不久的单细胞小孢子（单核阶段，参见图 8.16）为材料。需要考虑的因素如下。

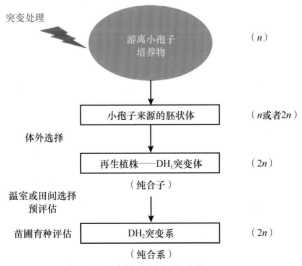

图 8.16 游离小孢子培养物的离体诱变（Szarejko，2003）

1. 诱变处理

诱变处理必须在小孢子发育的单核阶段进行。由于材料通常取自小孢子阶段，因此取样后必须立即或尽快进行诱变处理。如果小孢子已经发育并产生更多的细胞核，本诱变方案就会失去效果，因为可能会发生多个细胞核突变而导致杂合子和嵌合体的形成。应注意的是，诱变处理（物理或化学）将大大降低小孢子的活力和随后的胚胎发育能力。这就是紫外线是小孢子处理中最受偏爱的（温和的）诱变剂的原因之一。如果使用 γ 射线，则应使用低放射性 γ 源。通常通过测量致死率，即"剂量致死曲线"来确定小孢子的辐射敏感性。所选择的辐射处理剂量，应保证足够的胚胎发生，以构建足够大小的 DH M_1 群体来满足离体培养期间和最终田间的表型筛选。

物理和化学诱变剂均可使用，但化学诱变剂操作起来要困难一些，涉及如何处理和清洗去除培养物上的化学诱变剂，废弃有毒物质的处置，以及人体健康和安全等方面（参见第 2 章）。EMS、ENU、MNU 和叠氮化钠已用于大麦和芸薹属小孢子的诱变（Szarejko，2003）。

虽然小孢子是构建单倍体/双单倍体的首选材料，但也可以使用其他生殖组织和细胞，如未成熟花序和分离的胚珠。

2. 组织培养期的选择

一些性状可以在组织培养期进行预筛选，如耐旱和耐盐性（参见本章 8.1），再由田间表型筛选来确认。

3. 双单倍体再生植株（DH M_1 突变体）

某些物种中，尤其是大麦，单倍体细胞在离体培养胚胎发生的过程中自发加倍的频率很高，甚至可以达到 60% 以上，因此不需要在离体培养条件下或在田间幼苗期使用秋水仙素或安磺灵等化学试剂进行人工加倍。

4. 田间条件下植株的初步评估

DH 突变体的一个显著优势是 DH 系可以繁殖和反复测试，例如，进行重复试验、多点试验和多季节试验。然而，前提条件是材料数量足够，这就要求在最佳温室条件下，促进组织培养的 M_1 植株生长，获取尽可能多的种子。

8.2.5.3 双单倍体在系谱法突变育种中的应用

遗传背景的多样性是育种的基础。突变育种就是要通过不同的方法采用不同的诱变剂，增加遗传变异与分离。目前，关于 DH 在突变育种中的应用有两种方法。第一种是在 M₁/M₂ 代中使用 DH 技术。在一些例外情况中，M₃/M₄ 代仍然杂合，当入选的仍有分离的突变系有重要的符合育种预期的数据支持时，可以用第二种方法，即从 M₃/M₄ 代中获取 DH（Pauk et al.，2004）。技术的成功取决于所用的实验方案（Maluszynski et al.，2003）及具体实验室的常规操作和技能。应该注意的是，这些技术方法会参考最新研究报道不断更新并进行验证，以改进实验方案中标准操作流程的每个步骤。

系谱突变育种法整合了以上两种育种方法，第一种是早期世代单倍体诱导，另一种是后期世代单倍体诱导。以下是对这两种育种方法优劣势的比较。

1. 从突变群体的早期世代（M₁ 或 M₂）诱导产生突变 DH 系

自发加倍或秋水仙素处理加倍的突变 DH 系经过一年的评估和种子繁殖，进入重复试验和多点试验。选择这种方法可以在育种进程中省去 3 ～ 5 轮选择步骤。

2. 从突变群体的后期世代（M₃ 或 M₄）诱导产生突变 DH 系

第二种方法是在早期世代（M₁ 和 M₂）中进行突变选择，但从后期世代（M₃ 或 M₄）诱导 H/DH 系。该方法可用于诱导更具遗传价值的突变群体。

3. 两种方法的优缺点

第一种育种方法的优点是突变体完全同质，育种周期显著缩短。缺点是由于缺乏对农艺性状的选择，无用的 DH 突变体数量相对较多。

第二种育种方法同样具有突变体完全同质的优点，且与第一种方法相比有更多的 DH 系（符合育种目标的突变体）可用于育种。缺点是没有显著缩短育种周期（只有几年）。

8.2.6 单倍体/双单倍体突变体的筛选

8.2.6.1 表型分析

与其他的作物育种计划一样，为了选择目标突变性状，需要对获得的单倍体及其双单倍体突变植株进行严格细致的筛选。高等植物的单倍体很容易与二倍体区分开。表型上最明显的区别是单倍体体型通常小于二倍体，部分原因是单倍体的细胞较小，而植物的细胞体积通常与染色体倍性水平正相关。表型检测方法中应用最广泛的是测定气孔保卫细胞长度和叶绿体含量的方法。然而，这些单倍体的表型预测参数都不是绝对可靠的。直接测量基因组大小的方法能提供对单倍体状态更可靠的判断，这些方法包括使用常规染色体计数技术（细胞学）直接检测染色体数目和使用显微密度法或流式细胞技术测量 DNA 含量（Dunwell，2010；Szarejko，2012）。

应该注意到，无论是自发还是实验诱导，突变 DH 系的发生频率通常都很低：自然发生率约为十万分之一，通过实验诱导单倍体产生突变 DH 系的频率为 0.8% ～ 15.8%。增加单倍体的数量是筛选出存活的理想单倍体的关键。研究人员尝试了多种方法来提高突变 DH 系的发生频率，Szarejko 等（1995）使用叠氮化钠和 MNU 将突变频率提高到了 25%。Nasution 等（2013）使用流式细胞技术进行高通量的严格筛选，仅在 1000 个油棕个体中就能获得 1 株变异幼苗。

目前有大量的综述书籍和文章提供了以育种为目的，培育和鉴定单倍体与双单倍体植物的实用方案和技巧（Maluszynski et al.，2003；Forster et al.，2007b；Szarejko，2012）。

8.2.6.2　基因分型

在尽可能早的世代对正在进行选择或遗传研究的品系进行遗传验证对于基础研究和育种应用研究都是必要的。用于遗传验证的植物群体包括 F_2 群体、重组自交系、近等基因系等。单倍体和双单倍体群体被认为是遗传验证的最佳植物材料，因为单倍体具有较简单的基因组（n），而双单倍体具有稳定的纯合基因组（$2n$）。这一点在突变育种中尤为重要，因为任何单倍体阶段的隐性突变都很容易在双单倍体阶段中表现出来。因此，在单倍体的遗传学验证中对基因分型技术的应用进行了大量尝试。然而，这些尝试并不总是成功的，或不能与成本和劳动力付出对等。

最早用于验证单倍体植株的方法是细胞学、流式细胞技术，随着分子生物学和遗传标记工具的出现，验证方法和技术出现了快速发展。随后出现了使用不同类型的标记绘制各种作物的遗传图谱，包括单倍体和双单倍体植物（Kuchel et al.，2007）。DH 具有"不朽"的特性，因此在遗传定位和性状定位中具有极其宝贵的应用价值，并且可以重复使用，特别是在新标记和新性状筛选中。在大麦、油菜和小麦中存在大量的 DH 定位群体，但在小黑麦、燕麦、黑麦和其他作物中很少见（Tuvesson et al.，2007；Seymour et al.，2012）。基因组测序和高通量基因分型方法有助于进一步推动特定基因和数量性状基因座（quantitative trait loci，QTL）标记的开发。

Close 等（2009）在一篇关于大麦遗传连锁图谱发展的深入性评述中，仅基于由现成的 SNP（single nucleotide polymorphism，单核苷酸多态性）基因分型资源支持的完整无误的数据集，构建了一个大麦高密度一致性遗传连锁图谱。类似地，Till 等（2017）开发了一种低成本方案，用于通过大麦中的错配酶切来验证双单倍体植物。

基因组选择（genomic selection，GS）是一种新兴的植物育种工具。GS 使用综合标记信息来计算复杂作物性状的育种值（Heffner et al.，2010；Cros et al.，2015）。基因型选择尤其适用于 DH 突变育种计划，因为可以从组织培养物（愈伤组织、胚状体和离体幼苗）中提取 DNA，从而实现对目标材料的早期选择。此外，温室条件下生长的再生新植株因为存在生理异常而无法进行可靠的表型筛选，但可以通过 DNA 分析进行突变的基因型选择。

8.3　DNA 标记和基因分型在突变育种中的应用

8.3.1　概述

作为一种间接选择指标，遗传标记在植物育种中的应用已有 90 多年的历史（截至 2018 年——译者注）。然而，直到 20 世纪 80 年代中期，大量的分子标记才可用于育种计划中重要农艺性状的可靠选择。自此，DNA 标记辅助选择大大提高了植物育种的效率和速度。21 世纪初，随着自动化技术、下一代 DNA 测序技术的出现以及统计和生物信息学工具的启用，植物育种又出现了一次重大飞跃。在植物突变育种领域，这些新概念、新方法将影响 3 个方面：一是用于突变等位基因导入或聚合研究的标记辅助回交；二是提高重要性状基因突变检测的速度与精准度，实现基因型选择；三是改进突变育种方案的设计。例如，反向遗传学技术为植物突变育种提供了新视角，使诱变剂及其剂量的选择更加合理。将突变位点转换为与性状完全连锁的功能性标记后，可以快速、精准地鉴定引起重要农艺性状改变的等位变异。与杂交育种相似，突变育种中基因分型技术可以用于突变性状的标记辅助选择。此外，直接分子筛选目标基因中的诱导突变可以在突变育种的早期阶段选择候选突变体，这样可以显著提高突变体选择的效率，并把突变育种的应用范围扩大至迄今研究滞后于一年生作物的多年生作物或幼龄期较长的树木。本节介绍分子生物学技术方法的一些概念及在植物诱变研究和突变育种实践中的应用。以两个实验方案作为例子：一是利用适用于二倍体作物的 PCR 扩增子高通量测序技术鉴定大突变群体中的小片段序列变异；二是利用基因分型技术对油棕（*Elaeis guineensis* Jacq.）核壳厚度突变体进行检测和标记辅助选择。

8.3.2　分子技术在植物突变育种中的优势及应用

如本手册一开始所陈述的，突变是 DNA 水平的可遗传变异。DNA 分子标记是具有多态性的 DNA 片段或序列，已广泛应用于基因分型及多样性分析（Staub et al.，1996）。

与形态学标记相比，DNA 分子标记具有以下 4 个方面的优势。一是可靠性高：性状表型受环境条件、性状的遗传性和其他因素共同影响，基于 DNA 标记的基因分型往往比表型测量更可靠。二是效率高：DNA 分子标记能够在幼苗期检测，可以节省大量的时间和空间，尤其是对于在发育后期表达的性状，如花、果实或种子特性等。三是成本低：与表型鉴定相比，基于 PCR 的分子标记检测尤其是高通量检测具有成本效益。四是特异性高：DNA 标记对于每个基因/等位基因都是唯一的，并且能够鉴定同一性状的多个突变，因此分子标记或基因分型检测可同时筛选多个基因或等位基因，适用于基因聚合研究。Wu 等（2012）综述了 DNA 标记的类型和特征及其在诱变中的应用。

DNA 标记技术和基因组学的飞速发展正在改变常规及突变育种的实践方式。例如，通过测序获得的核苷酸变异可开发成基于 PCR 的简单标记，用于基因分型检测，如等位基因特异性扩增（allele-specific amplification）、高分辨率熔解曲线分析（high-resolution melt analysis，HRM）、酶切扩增多态性序列（cleaved amplified polymorphic sequence，CAPS）及其他分析等。

分子育种方法的自动化水平和可靠性正在稳步提高，并且成本已经降低。对于突变育种，尤为重要的是现有的高通量方法可以在几周内分析成千上万个样品。尽管已经介绍了许多种方法，但趋势是 DNA 直接测序正逐渐成为开发新方法的标准平台。因此，测序为突变检测和标记辅助选择提供了新的精准工具和策略。

图 8.17 说明了植物突变育种过程的不同阶段，包括从突变诱导的初始步骤到突变体选择，以及之后利用突变等位基因导入或聚合到优良种质材料中。DNA 分子标记技术和高通量测序方法可以应用于突变育种的不同阶段，以便于观测性状或加快突变育种计划中的某些具体步骤。应当注意的是，功能性分子标记显示与突变等位基因完全连锁（Andersen and Lübberstedt，2003）。

分子标记和高通量测序在植物突变育种中的应用有 2 个重要方面：一是检测控制重要性状的已知序列的靶基因突变，实现突变育种早期的基因型筛选；二是通过标记辅助回交实现重要突变性状的导入或聚合，使标记得到利用。此外，应该通过突变体和野生型亲本构建合适的实验群体来开发分子标记，以鉴定出导致性状（表型）变异的突变位点，并确认其与性状（表型）的连锁关系。

分子标记在突变育种其他方面的应用：鉴定在突变育种过程中可能混入的杂株（参见第 5 章），剔除目标性状以外的其他突变并保持优良的遗传背景。

以下将简要介绍这些方面的应用，并以两个实验方案作为示例。利用分子标记进行基因分型可以作为鉴定突变品系和品种最可靠的方法，因此，分子工具也可用于鉴定基因型和品种，适合情况下也可以用于诱变之前的种子纯度分析。

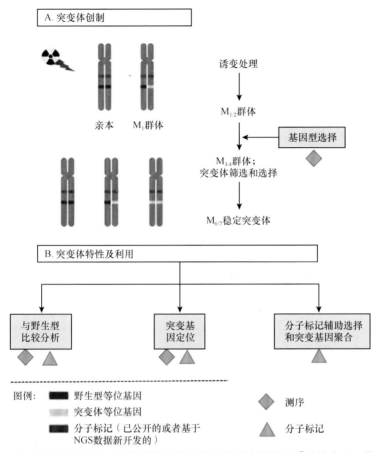

图 8.17　分子标记和高通量测序在植物突变研究和育种中的应用［改编自 Wu 等（2012）］

8.3.3　标记辅助回交

标记辅助选择（marker-assisted selection，MAS）是将标记用于间接选择目的性状的遗传决定因子的过程，该方法包括通过分子标记选择携带与目标性状表达相关联的基因组区域的植株。可利用的分子标记和高密度遗传连锁图谱使 MAS 可以用于主效基因和数量性状基因位点的选择。因此，在育种选择过程中，MAS 可以根据单株基因型进行选择。MAS 被广泛用于提高回交育种效率，以加速农艺性状从供体亲本向优良轮回亲本的导入或聚合（Das et al.，2017）。标记的应用对于筛选突变性状尤为重要，因为突变性状多数情况下是隐性的，只能在纯合状态下在表型上观察到。利用与靶基因紧密连锁的标记从供体亲本中选择新性状的过程称为"前景选择"，而"背景选择"则是指利用标记对供体亲本中其他 DNA 进行选择清除，即保持轮回亲本的优良遗传背景。

油棕的重要性状之一是核壳厚度。野生型杜拉油棕果实的核仁周围有一层厚实的保护壳（基因型 *Sh/Sh*，图 8.18A），而突变体比西夫拉油棕果实无核壳（基因型 *sh/sh*，图 8.18B），商业油棕 'Tenera' 是这两者的杂合型，果实具有薄核壳（*Sh/sh*，图 8.18C），是杜拉和比西夫拉的杂交第一代。'Tenera' 果实的油产量比杜拉油棕高 30%。突变体比西夫拉是雌性不育系，在 'Tenera' 的商业化制种过程中作为父本，提供花粉。壳厚基因（*Sh*）是油棕生产中最具经济价值的基因，一直是基因研究的热点（Singh et al.，2013a），目前 *Sh* 基因已测序，并开发了野生型和突变等位基因的 DNA 检测标记（Singh et al.，2015）。

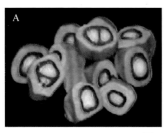

图 8.18　油棕果实不同核壳厚度的表型

A. 野生型杜拉油棕果实，具有能保护核仁的厚核壳；B. 突变体比西夫拉油棕果实，核仁周围无核壳；
C. 商业化油棕品种 'Tenera' 的果实，具薄核壳。图片由 B.P. 福斯特（B.P. Forster）提供

因为油棕从播种到果实成熟需要 4～5 年，而果实类型的表型鉴定只能在成熟的结果油棕树上进行，所以遗传标记是筛选油棕果实类型的重要手段。基因分型技术的利用大大节省了时间和空间，并能在幼苗阶段就开始选择，即在田间种植前可在苗圃进行鉴定以筛选幼苗。果实类型筛选的重要性有以下 4 个方面：一是检测商业化种植过程中 'Tenera' 苗木的纯度；二是检测商业化制种过程中 'Tenera' 的种子纯度（Kelanaputra et al.，2018）；三是在育种计划的后代中进行果实类型选择，选择特定类型进行田间试验（Setiawati et al.，2018）；四是筛选油棕核壳厚度基因的新突变（Nur et al.，2018）。

8.3.4　基因型选择

突变体的表型选择是突变育种的基石。筛选突变群体表型通常需要耗费大量的资源和时间，才能获得优良突变（株）系或达到品种审定阶段。尽管如此，直接表型鉴定仍然是选择和培育目标突变体的主要过程和首要选择，因为归根结底性状或表型才是培育优良品种的关键。

然而，通过分子标记筛选已知靶基因中的诱导突变位点，可实现突变育种过程中目标突变体的基因型选择。下一代 DNA 测序技术（next generation DNA sequencing，NGS）促进了植物基因组中突变位点的高通量检测（Tsai et al.，2011；Du et al.，2014；Yuan et al.，2014；Li et al.，2016a，2016b；Gupta et al.，2017；

Datta et al.，2018）。重要的是，基因型选择需要知道造成目标性状突变的等位基因的 DNA 序列。与传统的标记开发进行基因定位和克隆相比较，使用全基因组测序技术鉴定分离群体可以大大提升效率（Schneeberger et al.，2009；Abe et al.，2012）。此外，采用反向遗传学方法可以创造并鉴定特定基因的突变，从而明确基因功能。为了对大群体靶基因进行突变检测，可以采用复杂 DNA 库的方法。该方法本质上将化学诱变与通过 PCR 扩增或探针捕获富集的 DNA 片段的高通量测序结合起来（Tsai et al.，2011；Henry et al.，2014；Krasileva et al.，2017），可以在短时间内对包含数千个单株的大突变群体中发生的自发或诱导的序列变异进行有效的鉴定筛选（参见本章 8.3.6.1）。

由于化学诱变剂主要诱导单碱基点突变，并且现有技术手段很容易发现突变位点，因而在反向遗传学研究中常用化学诱变剂（Jankowicz-Cieslak and Till，2015）。而物理诱变剂处理植物可以产生更加多样的损伤谱，包括单核苷酸多态性（SNP）、大小片段插入或缺失，以及基因组重排（Yuan et al.，2014；Henry et al.，2015；Li et al.，2016a，2016b；Datta et al.，2018）。随着测序成本的降低，全基因组测序方法适用于所有类型诱发突变损伤的检测。不同剂量可能会影响具有稳定遗传的突变的数量和类型，因此，可以首先进行剂量优化，以丰富特定反向遗传学研究中所需等位基因的突变类型。

如前所述，基因型选择的前提是充分了解目标性状的分子和遗传结构。目前许多性状的靶基因已克隆，如作物驯化相关基因。然而，等位基因多样性与改良的种质资源表型之间的联系仍然需要进一步研究。

在突变育种前期便可利用基因分型方法进行突变体选择，这样可以大大缩短育种年限，这一点对突变育种很有意义。如第 5 章所述，M_1 群体中含有大量嵌合体结构，对于自交有性繁殖作物，在 M_1 植株自交后的 M_2 代可以基本筛除嵌合株系。因此，M_2 代可以优先考虑并实施基因型选择，M_2 代所有确定的突变都应该是可遗传的。

M_1 代也可以进行基因型选择，这种对 M_1 中潜在目标突变基因进行鉴定选择的方法尤其适用于多年生作物或幼龄期长（如 5 ～ 10 年）的树木。对于多年生大型植物如树木，在苗圃种植的 M_1 植株移栽到田间之前，直接取叶片样品进行筛选，这样后续田间移栽仅需要种植少量入选的 M_1 植株（10 ～ 30 株），而不是整个 M_1 大群体（通常约有 1000 株），从而节省大量空间（Nur et al.，2018）。但是 M_1 代选择也存在以下风险：一是筛选的某些突变可能不能遗传，故而不会传递给下一代；二是在 M_1 筛选时可能会遗漏一些目标突变位点。

基因分型作为突变检测的主要手段，源于 3 方面的主要因素：一是不同物种基因组序列信息已经具备；二是反向遗传学中基因功能已经有深入的研究；三是基因分型检测成本大大降低。综合这三者，基因分型方法不仅提供了靶基因的序列信息，而且提供了突变产生的序列变异信息（不同突变等位基因的表型）。将入选的携带靶基因序列变异的突变个体挑选出来进行性状表达评估。然而，并非所有序列变异都会对目标性状的表达产生影响。

在决定采用基因型筛选之前，需要评估实际情况并与直接表型选择进行比较成本效益分析。如果表型筛选方法经济有效且可以批量检测数千个单株的突变群体，建议进行表型选择，尤其是在目标性状基因未知的情况下。对基因型筛选后获得的所有突变体最终都需要进行田间试验检测，以验证目标表型并评估其田间表现。随着目标性状基因研究的不断深入，基因型选择的高效性将日益显露。

8.3.5　分子标记在突变育种中的其他应用

8.3.5.1　剔除杂株

在构建突变群体的过程中，有很大概率会混入一些外源杂株，如偶然发生异型杂交（参见第 5 章）。此外，用于突变处理的种子也可能有混杂。一般需要对突变体和野生型进行比较分析，这样的分析可能有不同的目的。例如，为了确定引起重要性状变异的突变位点，可能就需要对突变体和野生型进行比较基因组学分析（Schneeberger et al.，2009；Abe et al.，2012）。这种比较研究的科学严谨性完全依赖于突变体和野生型的真正来源，这种情况下可以使用 SSR 等标准 DNA 分子标记确保所研究的突变体确实是来源于野生型的直接突变体。Fu 等（2008）的研究证明异型杂交混杂确实存在，并且在几个水稻群体中时常被选为"突变体"。Fu 等（2007）进一步的研究表明利用 SSR 标记能够很容易地鉴定出此类杂株，当 SSR 标记结果显示某个突变体与野生型间有较高的多态性（如＞5%）时，则它可能不是真正的突变株而很可能是混杂植株。

8.3.5.2　清除突变负荷的背景选择

分子标记在植物突变育种的背景选择中也发挥着重要作用，即以最低的突变负荷选择和保留亲本的优良遗传背景。分子标记辅助选择除了可以选择目标突变基因（前景选择），还可以有效地监测和选择遗传背景，从而减少自交、回交或顶交的次数。分子标记也可以用于基因组扫描，为了保证靶基因导入的同时最大限度保留轮回亲本背景，可以在一次扫描中结合前景和背景选择。

8.3.6　方案示例

8.3.6.1　利用适用于二倍体植物的高通量扩增子测序技术鉴定大突变群体中的 SNP 和 InDel

以下介绍 FAO/IAEA 植物遗传育种实验室在 Illumina MiSeq 测序平台下采用

的实验方案。该方案在 TILLING 实验背景下用于分析番茄和大麦的 M_2 代突变群体，以及评估木薯的自然核苷酸变异（Duitama et al.，2017；Gupta et al.，2017）。用化学诱变方法创建突变群体，以丰富单核苷酸突变量。筛选实验通常在几百个突变系上同时进行。有关化学诱变指南和实验方案参见第 2 章。

请注意：在利用下一代 DNA 测序技术（next generation DNA sequencing，NGS）鉴定特定靶基因突变之前，请审查市场上可供使用的最新试剂盒，并仔细阅读本方案不同阶段使用的相关试剂盒的操作技术说明。更多利用 NGS 鉴定化学诱变产生的突变的实验方案，参见 Burkart-Waco 等（2017）。

图 8.19 概述了本实验方案的 4 个主要步骤。步骤 1：DNA 提取和聚合酶链反应（PCR）扩增，该步骤用时最长且对后续实验步骤以及有效突变检测至关重要。步骤 2：文库制备和测序，使用商业试剂盒进行，包括 DNA 测序仪的运行时间，完成此步骤估计需要 1～2 天。步骤 3：变异检测，可以利用各种平台进行混池样本突变检测（Gupta et al.，2017）。步骤 4：突变验证，利用桑格（Sanger）测序（Sanger，1981）和表型分析验证候选突变。

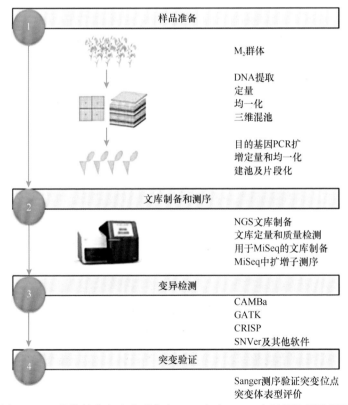

图 8.19　二倍体植物大突变群体中 SNP 和小 InDel 高通量检测流程图

步骤 1　DNA 提取和 PCR 扩增

步骤 1.1　DNA 提取、定量、均一化和三维混池

首先进行组织取样，例如，采集 M_2 单株的叶片组织。取样时应注意避免交叉污染和贴错标签。可选择的 DNA 提取方法有几种，应对所用材料试用不同提取方法，比较后选用适宜的方法，并明确不同存储温度下基因组 DNA 的产量和稳定性。这里建议在 PCR 反应时使用约 10 对引物进行测试，以确保所选的 DNA 提取方法不会产生污染物而抑制 PCR 扩增。一般，M_2 群体由几百到数千单株组成，因此推荐使用能同时处理 96 个样品的试剂盒，如 Qiagen 96 等，以提高效率。

DNA 的质量和浓度对于获得高质量的测序数据至关重要。为确保基因组 DNA 池中的所有样品均等，需要准确测定模板 DNA 的浓度，以便测序时能鉴定出各个池中的突变位点。建议使用琼脂糖凝胶电泳来验证 DNA 的质量和浓度，因为这种方法可以评估 DNA 是否降解并确定浓度。可以使用免费软件中相关工具来确定凝胶中的 DNA 浓度，从而在建池前将所有 DNA 样品均一化为同一浓度（Huynh et al.，2017）。如果选用其他方法如光谱法测定 DNA 浓度，则建议并行测试并比较几种方法，以确保所选方法对完整基因组 DNA 的测定既准确又精确。建议将 DNA 浓度均一化至高于 PCR 所需浓度，这使实验设计具有灵活性。将 M_2 群体 DNA 排列成 8 行 8 列网格式的平板（Till et al.，2006）。DNA 建池和多池混合可以参考 Tsai 等（2011）提出的方案，他们利用 12 个 8 行 8 列式的平板将 768 个样品混合，用 MiSeq 测序仪一次完成 44 个文库的测序。可供选用的不同建池策略有很多，例如，可以利用更高倍化的池来增加数据输出量并降低成本（Pan et al.，2015；Duitama et al.，2017；Gupta et al.，2017）；也可以对称混合样本建池。为建立待测植物材料的最佳参数，建议先用上述 12 个板混合的方法，再尝试更高倍的混合。

步骤 1.2　目的基因 PCR 扩增、定量、均一化、建池及片段化

扩增特定片段需要设计引物，值得注意的是，利用 MiSeq 测序仪可以直接对 $500 \sim 600$bp 的 PCR 小片段进行测序（Pan et al.，2015；Gupta et al.，2017），但是，为提高扩增效率，也可以通过引物设计将 PCR 扩增片段长度提高至 1500bp 甚至更长，然后再将 PCR 产物片段化并测序分析（Slota et al.，2017）。对 DNA 混池即本实验中的 44 个池进行 PCR 扩增，然后用琼脂糖凝胶电泳或其他方法定量 PCR 扩增产物，随后将 PCR 产物标准化为同一浓度，这一过程可使用排枪和 96 孔凝胶电泳来提高通量。请注意，各池中所有扩增基因的浓度必须相同，以确保突变检出的准确性。将 44 个池的所有扩增产物混合时应特别小心，务必将来自不同池的所有同一基因组 DNA 的扩增产物都均匀混合。

通过声波处理使每个 DNA 池片段化，仪器可选用 Covaris 超声波仪 M220（美国 Covaris 公司），推荐使用以下设置：运行时间 30s；峰值功率 50；占空比

40, 200 周/脉冲。通过标准凝胶电泳或使用自动化设备, 如美国赛默飞世尔科技（ThermoFisher Scientific）公司的全自动毛细管电泳系统, 对片段化的 PCR 产物进行可视化检测。然后将包含 PCR 扩增片段的 DNA 池用于文库制备。

步骤 2　文库制备和测序

步骤 2.1　NGS 文库的制备、定量和 MiSeq 运行准备

文库制备: 使用 TruSeq Nano DNA HT 文库制备试剂盒（Illumina 公司）和 200ng PCR 产物制备 NGS DNA 文库。

检测制备的文库的质量和浓度: 可以使用凝胶电泳或自动化设备, 如高灵敏度 NGS 片段分析试剂盒（1 ～ 6000bp）, 检测文库大小, 如图 8.20 所示。

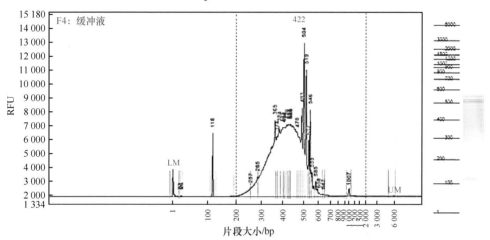

图 8.20　使用毛细管电泳系统和高灵敏度 NGS 片段分析试剂盒对 NGS 文库进行定性定量可视化分析

在建池之前, 应测定每个 DNA 文库的浓度并将其均一化至同一浓度。一般使用 Qubit® dsDNA HS 试剂盒（赛默飞世尔科技公司）检测文库浓度, 也可以使用 qPCR 或毛细管电泳仪测定, 然后根据扩增片段大小将各文库的浓度从 ng/μL 转换为 nmol/L。

将各文库浓度稀释至高于试剂盒说明书建议的浓度, 例如, 当前的测序化学反应体系要求最终浓度为 4nmol/L, 在这种情况下, 可以将文库浓度稀释至 6nmol/L, 这将允许在吸取样品过程中有一定灵活性, 不至于使文库浓度低于设定浓度。随后将相同体积和浓度的 DNA 文库合并在一个小离心管中, 使得 44 个 DNA 文库全部混合, 利用 Qubit® 荧光计（赛默飞世尔科技公司）测定合并后的文库浓度, 并将其调整至所需浓度。所有操作应按照所用试剂盒和测序化学体系的文库变性及稀释指南进行。

步骤 2.2　利用 MiSeq 测序仪测定扩增子序列

按照测序样品制备指南的要求，进行文库的变性和稀释。如果利用 Illumina MiSeq 测序，可以使用 2×300PE 试剂。请注意，Illumina 平台的通量越高，则需要读取的长度越短。运行 MiSeq 时，读取的数据可以多通路自动生成 FASTQ 文件，以进行后续分析。外包测序有时不提供 FASTQ 文件，而是提供未对齐的 BAM 文件，这时可以使用 bamtofastq 等生成 FASTQ 文件，但须注意使用适当的参数，如配对的末端读数。并请注意某些分析工具如 GATK（The Broad Institute）要求提供读取组（即一次测序仪器运行中产生的一组读取）信息。

步骤 3　变异检测

大量生物信息平台均可以分析 Illumina 产生的 TILLING 测序数据。分析前需要评估 MiSeq 的运行统计信息，评估运行质量的重要参数是簇密度和 Phred 基本质量得分，这两个参数的最佳值可能因所使用的机器和测序化学体系的不同而异。请注意，在编写时，MiSeq 软件可以利用 GATK 生成变异分析文件（variant call file，VCF），但由于该软件不是针对复杂池的，因而需要使用相关软件生成新的文件以解决复杂池问题。

从 MiSeq 测序仪可以输出 fastq.gz 文件，有关文件类型的完整说明，请参见生产商网站和 https://www.ncbi.nlm.nih.gov/sra/docs/submitformats/。准备参考基因组文件（.fa）时，可以使用整个参考基因组或仅使用目标扩增子基因序列，最简便的方法是制作一个包含所有扩增序列的文件，这样就可以多通道同时分析且能满足 CAMBa 的要求（http://web.cs.ucdavis.edu/~filkov/CAMBa/）。处理 fastq.gz 和参考基因组序列（.fa）文件的流程见图 8.21。请注意，大多数软件都能通过命令行运行，并且每个软件都提供了详细说明。如果尚未建立用于数据分析的计算平台，建议使用 Linux 操作系统，因为它易于使用并且大多数工具都适用。

与变异检测分析相关的有用链接：GitHub 开发平台上提供了许多工具，如 https://github.com/lh3/bwa、https://github.com/broadinstitute/picard；CAMBa 及 相 关 工 具 见 网 址 http://comailab.genomecenter.ucdavis.edu/index.php/TILLING_by_Sequencing，点击"The TILLING Pipeline"下载。

步骤 4　分子验证和表型验证

步骤 4.1　使用 Sanger 测序验证突变位点

PCR 扩增突变位点，并使用 Sanger DNA 测序验证突变（Sanger，1981）。

步骤 4.2　突变植株表型评价

针对目标性状，需要将基因突变植株的表型与野生型进行比较分析。研究表明，在利用基因特异性 PCR 扩增子鉴定的化学诱导产生的 SNP 突变中，约 10% 可能影响基因功能，因此经实验室筛选和田间验证的表型改变的突变体数量预计会比较少。

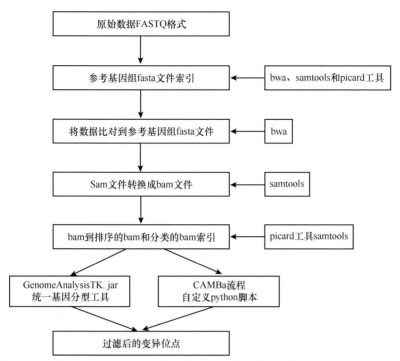

图 8.21   利用 CAMBa 和 GATK 进行生物信息学分析［改编自 Gupta 等（2017）］

8.3.6.2   利用基因分型选择油棕核壳厚度突变体

油棕厚核壳变种 'Dura'（杜拉油棕）和无核壳变种 'Pisifera'（比西夫拉油棕）果实类型的差异源于核壳厚度基因（*Sh*）的 SNP 等位变异（图 8.18，图 8.22），该变异可以使用高分辨率熔解曲线分析（HRM）进行检测。酶切扩增多态性序列（CAPS）标记分析可用于基因型的验证。印度尼西亚 Verdant Bioscience 植物基因组学实验室使用的实验方案如下。

>*Sh*——野生型等位基因

GTCACTTTCTGCAAACGCCGAAATGGACTGC**T**GAAGAAAGCTTATGAGTTGTCTGTCCT

>Shell-specific protein 6——突变体等位基因

GTCACTTTCTGCAAACGCCGAAATGGACTGC**T**GAAGAA**T**GCTTATGAGTTGTCTGTCCT

>Shell-specific protein 13——突变体等位基因

GTCACTTTCTGCAAACGCCGAAATGGACTGC**C**GAAGAAAGCTTATGAGTTGTCTGTCCT

图 8.22   油棕 'Dura' 和 'Pisifera' 不同类型果实中 *Sh* 基因的 SNP

步骤 1   查找油棕基因组中核壳厚度基因序列的 SNP 变异

可以在油棕基因组 GenBank（https://www.ncbi.nlm.nih.gov/）中找到油棕核壳厚度基因序列，方法是在搜索框中输入关键字 "elaeis guineensis shell thickness"，

屏幕将显示已保存在 GenBank 中的油棕核壳厚度特定基因全长信息。对核壳厚度基因所有编码区序列进行多重比对分析可以发现 SNP 的位置，然后确定影响核壳厚度表型的 SNP，并针对 SNP 设计相应的引物（图 8.22）。

步骤 2　核壳厚度等位基因引物设计

众多基于网络的引物设计工具，如 Primer 3（http://bioinfo.ut.ee/primer3-0.4.0/）等，可以用来生成等位基因特异性 PCR 引物。所设计的引物的二聚体和发夹环结构情况可以使用基于网络的工具进行检测，如 IDT SciTools 的 OligoAnalyzer 网络工具（Owczarzy et al.，2008）和 OligoCalc（http://biotools.nubic.northwestern.edu）。

步骤 3　油棕叶片取样

大小约 3cm^2 的油棕幼叶是提取基因组 DNA 的适宜材料。通常从苗圃幼苗上取叶片，置于密封的塑料袋中，不立即使用时应放于-80℃冰柜中深度冷冻保存。

步骤 4　DNA 提取

使用打孔器在叶片上打孔，圆孔直径一般为 2～5mm；然后将取下的叶片圆片放入管中，用组织破碎器打成匀浆。利用 DNeasy Plant Mini Kit（Qiagen）并按照试剂盒说明提取 DNA，通过分光光度法利用 NanoDrop 微量分光光度计等仪器检测 DNA 浓度和质量，然后以纯化的基因组 DNA 作为基因分型的模板。

步骤 5　使用 HRM 技术检测核壳厚度及 CAPS 分析验证

高分辨率熔解 PCR 可用于‘Dura’‘Pisifera’‘Tenera’三种不同类型果实核壳厚度的基因分型，使用 3 对等位基因特异性引物进行多重 PCR，从 HRM 的熔解曲线可区分三种核壳厚度的基因型（图 8.23）。HRM 实验首先需要使用实时定量 PCR 仪（如 Rotor-Gene Q）扩增目标片段，然后才可以进行大量样本的高通量筛选。

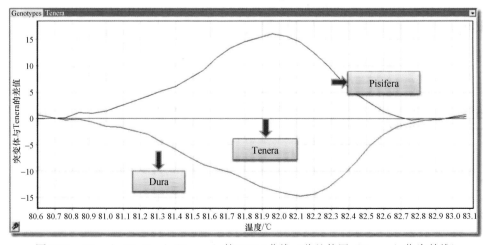

图 8.23　‘Dura’‘Pisifera’‘Tenera’的 HRM 曲线（此处使用‘Tenera’作为基线）

如果 SNP 处于限制酶的识别位点内，则使用 CAPS 标记更加方便。核壳厚度基因序列含有 *Hind*Ⅲ 酶的特定限制性酶切位点，且利用该酶切位点开发的 CAPS 标记可以区分核壳厚度基因的不同等位变异。使用 CAPS 标记鉴定'Dura''Pisifera''Tenera'基因型的结果见图 8.24。使用常规 PCR 设备进行简单 PCR 扩增，通过简单的凝胶电泳观测显现的带型，即可完成 CAPS 分析。但是相对于 HRM，CAPS 较慢且不适于高通量分析。

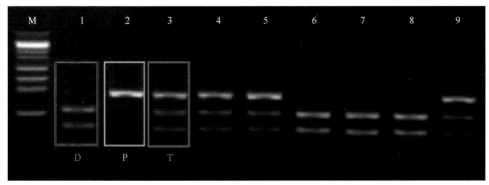

图 8.24　验证'Dura''Pisifera''Tenera'果实类型的 CAPS 带型

D，Dura；P，Pisifera；T，Tenera

除采用上述实验方案自行检测外，还可以委托公司如 Orion Biosains 检测并确定 *Sh* 基因型。该公司还提供检测油棕另一个重要突变基因的服务，即绿色果实基因 *Vir*，该基因突变后，成熟期果实颜色从黑红色变为黄绿色（Singh et al.，2015）。

主要参考文献

Abdulrazaq, A. & Ammar, K. 2015. Effect of the chemical mutagens sodium azide on plant regeneration of two tomato cultivars under salinity stress condition in vitro. *Journal of Life Sciences*, 9: 27-31.

Abe, A., Kosugi, S., Yoshida, K., Natsume, S., Takagi, H., Kanzaki, H., Matsumura, H., Mitsuoka, C., Tamiru, M., Innan, H., Cano, L., Kamoun, S. & Terauchi, R. 2012. Genome sequencing reveals agronomically important loci in rice using MutMap. *Nature Biotechnology*, 30: 174-178. https://doi.org/10.1038/nbt.2095 nbt.2095 [pii].

Abe, T., Kazama, Y., Ichida, H., Hayashi, Y., Ryuto, H. & Fukunishi, N. 2007. Plant breeding using the ion beam irradiation in RIKEN. *Cyclotrons and Their Applications*: 222-224.

Adlienė, D. & Adlytė, R. 2017. Dosimetry principles, dose measurements and radiation protection. *Institute of Nuclear Chemistry and Technology*: 55.

Ahloowalia, B. 1998. In-vitro techniques and mutagenesis for the improvement of vegetatively propagated plants. *Somaclonal Variation and Induced Mutations in Crop Improvement*, pp. 293-309. Springer.

Ahloowalia, B. & Maluszynski, M. 2001. Induced mutations: a new paradigm in plant breeding. *Euphytica*, 118(2): 167-173.

Ahloowalia, B., Maluszynski, M. & Nichterlein, K. 2004. Global impact of mutationderived varieties. *Euphytica*, 135(2): 187-204.

Akerberg, E. & Hagberg, A. 1963. Plant breeding. (Book Reviews: Recent Plant Breeding Research: Svalof, 1946-1961). *Science*, 142: 1451.

Amaldi, U. 2000. The importance of particle accelerators. *Europhysics News*, 31(6): 5-9.

Amin, R., Laskar, R.A. & Khan, S. 2015. Assessment of genetic response and character association for yield and yield components in lentil (*Lens culinaris* L.) population developed through chemical mutagenesis. *Cogent Food & Agriculture*, 1(1): 1000715.

Andersen, J.R. & Lübberstedt, T. 2003. Functional markers in plants. *Trends in Plant Science*, 8(11): 554-560.

Ashikari, M. & Matsuoka, M. 2006. Identification, isolation and pyramiding of quantitative trait loci for rice breeding. *Trends in Plant Science*, 11(7): 344-350.

Auerbach, C. 1946. Chemically induced mosaicism in *Drosophila melanogaster*. *Proceedings of the Royal Society of Edinburgh, Section B: Biological Sciences*, 62(2): 211-222.

Auerbach, C. & Robson, J. 1946. Chemical production of mutations. *Nature*, 157(3984): 302.

Badigannavar, A., Kumar, A.A., Girish, G. & Ganapathi, T. 2017. Characterization of post-rainy season grown indigenous and exotic germplasm lines of sorghum for morphological and yield traits. *Plant Breeding and Biotechnology*, 5(2): 106-114.

Bado, S., Forster, B.P., Ghanim, A.M., Jankowicz-Cieslak, J., Berthold, G. & Luxiang, L. 2016. *Protocols for Pre-Field Screening of Mutants for Salt Tolerance in Rice, Wheat and Barley.* Springer.

Bado, S., Forster, B.P., Nielen, S., Ghanim, A., Lagoda, P.J., Till, B.J. & Laimer, M. 2015. Plant mutation breeding: current progress and future assessment. *Plant Breeding Reviews,* 39: 23-88.

Badr, A., El-Shazly, H.H. & Halawa, M. 2014. Cytological effects of gamma radiation and its impact on growth and yield of M_1 and M_2 plants of cowpea cultivars. *Cytologia,* 79(2): 195-206.

Bakri, A., Heather, N., Hendrichs, J. & Ferris, I. 2005. Fifty years of radiation biology in entomology: lessons learned from IDIDAS. *Annals of the Entomological Society of America,* 98(1): 1-12.

Barah, P. & Bones, A.M. 2015. Multidimensional approaches for studying plant defence against insects: from ecology to omics and synthetic biology. *Journal of Experimental Botany,* 66(2): 479-493.

Barba, M., Cupidi, A., Loreti, S., Faggioli, F. & Martino, L. 1994. In vitro micrografting: a technique to eliminate peach latent mosaic viroid from peach. *XVI International Symposium on Fruit Tree Virus diseases 386.* pp. 531-535. Paper presented at, 1994.

Bennetzen, J.L. & Hake, S.C. 2009. *Handbook of Maize: Genetics and Genomics.* Springer.

Bhagwat, B. & Duncan, E. 1998. Mutation breeding of banana cv. Highgate (*Musa* spp., AAA Group) for tolerance to *Fusarium oxysporum* f. sp. *cubense* using chemical mutagens. *Scientia Horticulturae,* 73(1): 11-22.

Bharathi Veeramani, B., Prakash, M., Jagadeesan, S., Kavimani, S., Saravanan, K. & Ganesan, J. 2005. Variability studies in M_2 generation of groundnut (*Arachis hypogaea* L.) var. VRI 2. Legume Research, 28(1): 68-70.

Bhat, I.A., Pandit, U.J., Sheikh, I.A. & Hassan, Z.U. 2017. Physical and chemical mutagenesis in *Linum usitatissimum* L. to induce variability in seed germination, survival and growth rate traits. *Current Botany,* 7: 28-32.

Bhojwani, S. & Razdan, M. 1983. *Developments in Group Science 5.* Elsevier, Amsterdam.

Bjerg, B., Sørensen, H. & Wathelet, J. 1987. Glucosinolates in Rapeseeds: Analytical Aspects. *World Crops: Production, Utilization, Description,* pp. 125-150. Martinus Nijhoff, Kluwer Academic, Dordrecht/Boston/Lancaster.

Blakeslee, A.F., Belling, J., Farnham, M.E. & Bergner, A.D. 1922. A haploid mutant in the Jimson Weed, "Datura Stramonium". *Science,* 55(1433): 646-647.

Boersma, J.G. 2007. *Contributions to the Molecular Genetics of the Narrow-Leaf Lupin (Lupinus augustifolius L.): Mapping, Marker Development and QTL Analysis.* University of Western Australia.

Boudou, C., Biston, M.C., Corde, S., Adam, J.F., Ferrero, C., Estève, F. & Elleaume, H. 2004. Synchrotron stereotactic radiotherapy: dosimetry by Fricke gel and Monte Carlo simulations. *Physics in Medicine and Biology,* 49(22): 5135.

Boureima, S., Oukarroum, A., Diouf, M., Cisse, N. & Van Damme, P. 2012. Screening for drought tolerance in mutant germplasm of sesame (*Sesamum indicum*) probing by chlorophyll a fluorescence. *Environmental and Experimental Botany,* 81: 37-43.

Boyd, L.A., Ridout, C., O'Sullivan, D.M., Leach, J.E. & Leung, H. 2013. Plant-pathogen interactions: disease resistance in modern agriculture. *Trends in Genetics,* 29(4): 233-240.

Bradshaw, J.E. 2016. Mutation Breeding. *Plant Breeding: Past, Present and Future*, pp. 529-560. Springer.

Bradshaw, V.A. & McEntee, K. 1989. DNA damage activates transcription and transposition of yeast Ty retrotransposons. *Molecular and General Genetics*, 218(3): 465-474.

Brock, R., Andrew, W., Kirchner, R. & Crawford, E. 1971. Early-flowering mutants of *Medicago ploymorpha* var. *polymorpha*. *Crop and Pasture Science*, 22(2): 215-222.

Broertjes, C. 2012. *Application of Mutation Breeding Methods in the Improvement of Vegetatively Propagated Crops*. Elsevier.

Broertjes, C. & van Harten, A. 1987. Application of mutation breeding methods to vegetatively propagated plants. *Improving Vegetatively Propagated Crops*, pp. 335-348. Academic Press.

Bromke, M.A., Hochmuth, A., Tohge, T., Fernie, A.R., Giavalisco, P., Burgos, A., Willmitzer, L. & Brotman, Y. 2015. Liquid chromatography high-resolution mass spectrometry for fatty acid profiling. *The Plant Journal*, 81(3): 529-536.

Brunner, H. 1995. Radiation induced mutations for plant selection. *Applied Radiation and Isotopes*, 46(6-7): 589-594.

Bui, Q.T. & Grandbastien, M.A. 2012. LTR retrotransposons as controlling elements of genome response to stress? *Plant Transposable Elements*, pp. 273-296. Springer.

Burkart-Waco, D., Tsai, H., Ngo, K., Henry, I.M., Comai, L. & Tai, T.H. 2017. Next-generation sequencing for targeted discovery of rare mutations in rice. *Biotechnologies for Plant Mutation Breeding*, pp. 323-340. Springer, Cham. (also available at https://link.springer.com/chapter/10.1007/978-3-319-45021-6_20).

Burke, M.B., Lobell, D.B. & Guarino, L. 2009. Shifts in African crop climates by 2050, and the implications for crop improvement and genetic resources conservation. *Global Environmental Change*, 19(3): 317-325.

Butelli, E., Licciardello, C., Zhang, Y., Liu, J., Mackay, S., Bailey, P., Reforgiato-Recupero, G. & Martin, C. 2012. Retrotransposons control fruit-specific, cold-dependent accumulation of anthocyanins in blood oranges. *The Plant Cell*, 24(3): 1242-1255.

Byrne, J. 2013. *Neutrons, Nuclei and Matter: an Exploration of the Physics of Slow Neutrons*. Courier Corporation.

Caldwell, D.G., McCallum, N., Shaw, P., Muehlbauer, G.J., Marshall, D.F. & Waugh, R. 2004. A structured mutant population for forward and reverse genetics in barley (*Hordeum vulgare* L.). *The Plant Journal*, 40(1): 143-150.

Castronuovo, D., Tataranni, G., Lovelli, S., Candido, V., Sofo, A. & Scopa, A. 2014. UVC irradiation effects on young tomato plants: preliminary results. *Pakistan Journal of Botany*, 46(3): 945-949.

Chaudhury, A.M. 1993. Nuclear genes controlling male fertility. *The Plant Cell*, 5(10): 1277.

Chawade, A., Sikora, P., Bräutigam, M., Larsson, M., Vivekanand, V., Nakash, M.A., Chen, T. & Olsson, O. 2010. Development and characterization of an oat TILLING-population and identification of mutations in lignin and β-glucan biosynthesis genes. *BMC Plant Biology*, 10(1): 86.

Cheema, A.A. & Atta, B.M. 2003. Radiosensitivity studies in basmati rice. *Pakistan Journal of Botany*, 35(2): 197-207.

Chen, J.-F., Cui, L., Malik, A.A. & Mbira, K.G. 2011. In vitro haploid and dihaploid production via unfertilized ovule culture. *Plant Cell, Tissue and Organ Culture*, 104(3): 311-319.

Chen, P., Liu, W., Yuan, J., Wang, X., Zhou, B., Wang, S., Zhang, S., Feng, Y., Yang, B., Liu, G. 2005. Development and characterization of wheat-*Leymus racemosus* translocation lines with resistance to *Fusarium* head blight. *Theoretical and Applied Genetics*, 111(5): 941-948.

Chen, P., You, C., Hu, Y., Chen, S., Zhou, B., Cao, A. & Wang, X. 2013. Radiation-induced translocations with reduced *Haynaldia villosa* chromatin at the *Pm21* locus for powdery mildew resistance in wheat. *Molecular Breeding*, 31(2): 477-484. https://doi.org/10.1007/s11032-012-9804-x.

Cheng, J. 2014. *A Mutation Breeding Program to Improve the Quality of the Oil Crop Crambe abyssinica*. Wageningen University.

Chopra, V. 2005. Mutagenesis: investigating the process and processing the outcome for crop improvement. *Current Science*, 89(2): 353-359.

Chu, C.G., Tan, C., Yu, G.T., Zhong, S., Xu, S. & Yan, L. 2011. A novel retrotransposon inserted in the dominant *Vrn-B1* allele confers spring growth habit in tetraploid wheat (*Triticum turgidum* L.). *G3: Genes, Genomes, Genetics*, 1(7): 637-645.

Chu, I., Kurtz, S. 1990. Commercialization of plant micropropagation. *Handbook of Plant Cell Culture. Volume 5. Ornamental Species*: 126-164.

Close, T.J., Bhat, P.R., Lonardi, S., Wu, Y., Rostoks, N., Ramsay, L., Druka, A., Stein, N., Svensson, J.T., Wanamaker, S. 2009. Development and implementation of high-throughput SNP genotyping in barley. *BMC Genomics*, 10(1): 582.

Cooper, J.L., Till, B.J., Laport, R.G., Darlow, M.C., Kleffner, J.M., Jamai, A., El-Mellouki, T., Liu, S., Ritchie, R., Nielsen, N. 2008. TILLING to detect induced mutations in soybean. *BMC Plant Biology*, 8(1): 9.

Cox, E.C. 1972. On the organization of higher chromosomes. *Nature*, 239(92): 133-134.

Cros, D., Denis, M., Sánchez, L., Cochard, B., Flori, A., Durand-Gasselin, T., Nouy, B., Omoré, A., Pomiès, V., Riou, V. 2015. Genomic selection prediction accuracy in a perennial crop: case study of oil palm (*Elaeis guineensis* Jacq.). *Theoretical and Applied Genetics*, 128(3): 397-410.

Croteau, D. & Bohr, V.A. 2013. Overview of DNA repair pathways. *DNA Repair and Cancer: From Bench to Clinic*, pp. 1-24. CRC Press.

Cruz, R.P. da, Sperotto, R.A., Cargnelutti, D., Adamski, J.M., FreitasTerra, T. & Fett, J.P. 2013. Avoiding damage and achieving cold tolerance in rice plants. *Food and Energy Security*, 2(2): 96-119.

Dahmani-Mardas, F., Troadec, C., Boualem, A., Lévêque, S., Alsadon, A.A., Aldoss, A.A., Dogimont, C. & Bendahmane, A. 2010. Engineering melon plants with improved fruit shelf life using the TILLING approach. *PLoS ONE*, 5(12): e15776.

Danso, K., Safo-Katanka, O., Adu-Ampomah, Y., Oduro, V., Amoatey, H., Asare, D., Ayeh, E.O., Amenorpe, G., Amiteye, S. & Lokko, Y. 1990. Application of induced mutation techniques in Ghana: impact, challenges and the future. *Collections*: 270.

Das, G., Patra, J.K. & Baek, K.-H. 2017. Corrigendum: insight into MAS: a molecular tool for development of stress resistant and quality of rice through gene stacking. *Frontiers in Plant Science*, 8: 1321.

Datta, S. 2014. Induced mutagenesis: basic knowledge for technological success. *Exploring Genetic Diversity of Crops*: 97.

Datta, S., Jankowicz-Cieslak, J., Nielen, S., Ingelbrecht, I. & Till, B.J. 2018. Induction and recovery of copy number variation in banana through gamma irradiation and low coverage whole genome sequencing. *Plant Biotechnology Journal*. https://doi.org/10.1111/pbi.12901.

De Mey, M., Lequeux, G.J., Maertens, J., De Muynck, C.I., Soetaert, W.K. & Vandamme, E.J. 2008. Comparison of protein quantification and extraction methods suitable for *E. coli* cultures. *Biologicals*, 36(3): 198-202.

De Micco, V., Arena, C., Pignalosa, D. & Durante, M. 2011. Effects of sparsely and densely ionizing radiation on plants. *Radiation and Environmental Biophysics*, 50(1): 1-19.

deAlmeida, C.E., Ochoa, R., de Lima, M.C., David, M.G., Pires, E.J., Peixoto, J.G., Salata, C. & Bernal, M.A. 2014. A feasibility study of Fricke Dosimetry as an absorbed dose to water standard for 192Ir HDR sources. *PLoS ONE*, 9(12): e115155.

Delgado-Paredes, G.E., Rojas-Idrogo, C., Chanamé-Céspedes, J., Floh, E.I. & Handro, W. 2017. Development and agronomic evaluation of in vitro somaclonal variation in sweet potato regenerated plants from direct organogenesis of roots. *Asian Journal of Plant Science and Research*, 7(1): 39-48.

Delhaize, E., Ma, J.F. & Ryan, P.R. 2012. Transcriptional regulation of aluminium tolerance genes. *Trends in Plant Science*, 17(6): 341-348.

Devaux, P. & Pickering, R. 2005. Haploids in the improvement of Poaceae. *Haploids in Crop Improvement II*, pp. 215-242. Springer.

Díaz, A., Zikhali, M., Turner, A.S., Isaac, P. & Laurie, D.A. 2012. Copy number variation affecting the Photoperiod-B1 and Vernalization-A1 genes is associated with altered flowering time in wheat (*Triticum aestivum*). *PLoS ONE*, 7(3): e33234.

Djilianov, D., Prinsen, E., Oden, S., van Onckelen, H. & Müller, J. 2003. Nodulation under salt stress of alfalfa lines obtained after in vitro selection for osmotic tolerance. *Plant Science*, 165(4): 887-894.

Do, K. 2009. Socio-economic impacts of mutant rice varieties in Southern Vietnam. *Induced Plant Mutations in the Genomics Era*. Food and Agriculture Organization of the United Nations, Rome: 65-68.

Dong, C., Dalton-Morgan, J., Vincent, K. & Sharp, P. 2009. A modified TILLING method for wheat breeding. *The Plant Genome*, 2(1): 39-47.

Dong, X., Li, W., Liu, R. & Gu, W. 2017. Brief overview of sweet sorghum irradiated by carbon ion beam. *Journal of Agricultural Science*, 9(8): 74.

Donini, P. & Sonnino, A. 1998. Induced mutation in plant breeding: current status and future outlook. *Somaclonal Variation and Induced Mutations in Crop Improvement*, pp. 255-291. Springer.

Draganic, I. & Gupta, B. 1973. Dosimetry in Agriculture, Industry, Biology and Medicine. *IAEA-SM-160/93*, p. 351. International Atomic Energy Agency Vienna.

Drake, J.W., Charlesworth, B., Charlesworth, D. & Crow, J.F. 1998. Rates of spontaneous mutation. *Genetics*, 148(4): 1667-1686.

Du, Y., Li, W., Yu, L., Chen, G., Liu, Q., Luo, S., Shu, Q. & Zhou, L. 2014. Mutagenic effects of carbon-ion irradiation on dry *Arabidopsis thaliana* seeds. *Mutat Res*, 759: 28-36. https://doi.org/10.1016/j.mrgentox.2013.07.018.

Duclercq, J., Sangwan-Norreel, B., Catterou, M. & Sangwan, R.S. 2011. De novo shoot organogenesis: from art to science. *Trends in Plant Science*, 16(11): 597-606.

Duitama, J., Kafuri, L., Tello, D., Leiva, A.M., Hofinger, B., Datta, S., Lentini, Z., Aranzales, E., Till, B. & Ceballos, H. 2017. Deep assessment of genomic diversity in cassava for herbicide tolerance and starch biosynthesis. *Computational and Structural Biotechnology Journal*, 15: 185-194.

Dumlupinar, Z., Karakuzulu, H., Demirtas, M.B., Ugurer, M., Gezginç, H., Dokuyucu, T. & Akkaya, A. 2015. A heterosis study for some agronomic traits in oat. *Tarum Bilimleri Dergisi*, 21(3): 414-419.

Dunwell, J.M. 2010. Haploids in flowering plants: origins and exploitation. *Plant Biotechnology Journal*, 8(4): 377-424.

Dunwell, J.M., Wilkinson, M.J., Nelson, S., Wening, S., Sitorus, A.C., Mienanti, D., Alfiko, Y., Croxford, A.E., Ford, C.S., Forster, B.P. 2010. Production of haploids and doubled haploids in oil palm. *BMC Plant Biology*, 10(1): 218.

Ehrenberg, L., Lundqvist, U. & Ström, G. 1958. The mutagenic action of ethylene imine in barley. *Hereditas*, 44(2-3): 330-336.

Ekberg, I. 1974. Cytogenetic studies of three paracentric inversions in barley. *Hereditas*, 76(1): 1-30.

Elkonin, L. & Tsvetova, M. 2008. Genetic and cytological analyses of the male sterility mutation induced in a sorghum tissue culture with streptomycin. *Russian Journal of Genetics*, 44(5): 575-583.

Epstein, L., Kaur, S., Chang, P.L., Carrasquilla-Garcia, N., Lyu, G., Cook, D.R., Subbarao, K.V. & O'Donnell, K. 2017. Races of the celery pathogen *Fusarium oxysporum* f. sp. *apii* are polyphyletic. *Phytopathology*, 107(4): 463-473.

Farkash, E.A., Kao, G.D., Horman, S.R. & Prak, E.T.L. 2006. Gamma radiation increases endonuclease-dependent L1 retrotransposition in a cultured cell assay. *Nucleic Acids Research*, 34(4): 1196-1204.

Forney, C.F. & Brandl, D.G. 1992. Control of humidity in small controlled-environment chambers using glycerol-water solutions. *HortTechnology*, 2(1): 52-54.

Forster, B.P., Franckowiak, J.D., Lundqvist, U., Thomas, W.T., Leader, D., Shaw, P., Lyon, J. & Waugh, R. 2012. Mutant phenotyping and pre-breeding in barley. *Plant Mutation Breeding and Biotechnology*. CABI, Wallingford: 327-346.

Forster, B.P., Franckowiak, J.D., Lundqvist, U., Lyon, J., Pitkethly, I. & Thomas, W.T. 2007a. The barley phytomer. *Annals of Botany*, 100(4): 725-733.

Forster, B.P., Heberle-Bors, E., Kasha, K.J. & Touraev, A. 2007b. The resurgence of haploids in higher plants. *Trends in Plant Science*, 12(8): 368-375.

Franklin, K.A. & Quail, P.H. 2010. Phytochrome functions in *Arabidopsis* development. *Journal of Experimental Botany*, 61(1): 11-24.

Fricke, H. & Hart, E. 1966. Radiation dosimetry. *Radiation Dosimetry*. Academic Press, New York: 167.

Friebe, B., Hatchett, J., Gill, B., Mukai, Y. & Sebesta, E. 1991. Transfer of Hessian fly resistance from rye to wheat via radiation-induced terminal and intercalary chromosomal translocations. *Theoretical and Applied Genetics*, 83(1): 33-40.

Frydenberg, O. & Jacobsen, P. 1966. The mutation and the segregation frequencies in different spike categories after chemical treatment of barley seeds. *Hereditas*, 55(2-3): 227-248.

Fu, H.-W., Li, Y.-F. & Shu, Q.-Y. 2008. A revisit of mutation induction by gamma rays in rice (*Oryza sativa* L.): implications of microsatellite markers for quality control. *Molecular Breeding*, 22(2): 281-288.

Fu, H.W., Wang, C.X., Shu, X.L., Li, Y.F., Wu, D.X. & Shu, Q.Y. 2007. Microsatellite analysis for revealing parentage of gamma ray-induced mutants in rice (*Oryza sativa* L.). *Israel Journal of Plant Sciences*, 55(2): 201-206.

Fujita, D., Kohli, A. & Horgan, F.G. 2013. Rice resistance to planthoppers and leafhoppers. *Critical Reviews in Plant Sciences*, 32(3): 162-191.

Gaul, H. 1959. A critical survey of genome analysis. *Proc 1st Int Wheat Genet Symp.* University of Winnipeg, Winnipeg, Canada. pp. 194-206. Paper presented at, 1959.

Gautam, S., Saxena, S. & Kumar, S. 2016. Fruits and vegetables as dietary sources of antimutagens. *J. Food Chem. Nanotechnol.*, 2: 97-114.

Geier, T. 2012. Chimeras: properties and dissociation in vegetatively propagated plants. *Plant Mutation Breeding and Biotechnology.* CABI, Wallingford, UK: 191-201.

Germana, M. 2012. Use of irradiated pollen to induce parthenogenesis and haploid production in fruit crops. *Plant Mutation Breeding and Biotechnology.* CABI, FAO, Oxfordshire, UK: 411-421.

Gichner, T., Ptacek, O., Stavreva, D.A., Wagner, E.D. & Plewa, M.J. 2000. A comparison of DNA repair using the comet assay in tobacco seedlings after exposure to alkylating agents or ionizing radiation. *Mutation Research/Genetic Toxicology and Environmental Mutagenesis*, 470(1): 1-9.

Gill, S.S., Anjum, N.A., Gill, R., Jha, M. & Tuteja, N. 2015. DNA damage and repair in plants under ultraviolet and ionizing radiations. *The Scientific World Journal*, 2015.

Gómez-Pando, L., Eguiluz, A., Jimenez, J., Falconí, J. & Aguilar, E.H. 2009. Barley (*Hordeun vulgare*) and kiwicha (*Amaranthus caudatus*) improvement by mutation induction in Peru. *Induced Plant Mutations in the Genomics Era.* Food and Agriculture Organization of the United Nations, Rome: 371-374.

Gottschalk, W. & Wolff, G. 2012. *Induced Mutations in Plant Breeding.* Springer Science & Business Media.

Gottwald, S., Bauer, P., Komatsuda, T., Lundqvist, U. & Stein, N. 2009. TILLING in the two-rowed barley cultivar 'Barke' reveals preferred sites of functional diversity in the gene *HvHox1. BMC Research Notes*, 2(1): 258.

Grafi, G. 2004. How cells dedifferentiate: a lesson from plants. *Developmental Biology*, 268(1): 1-6.

Greene, E.A., Codomo, C.A., Taylor, N.E., Henikoff, J.G., Till, B.J., Reynolds, S.H., Enns, L.C., Burtner, C., Johnson, J.E., Odden, A.R. 2003. Spectrum of chemically induced mutations from a large-scale reverse-genetic screen in *Arabidopsis. Genetics*, 164(2): 731-740.

Gregory, W. 1960. The peanut NC 4x, a milestone in crop breeding. *Crops and Soils*, 12(8): 12-13.

Greiner, S., Sobanski, J. & Bock, R. 2015. Why are most organelle genomes transmitted maternally? *BioEssays*, 37(1): 80-94.

Griffiths, A.J., Miller, J.H., Suzuki, D., Lewontin, R.C. & Gelbart, W.M. 2000. *An Introduction to Genetic Analysis. 7th edition.* New York: Freeman.

Gruszka, D., Szarejko, I. & Maluszynski, M. 2012. Sodium azide as a mutagen. *Plant Mutation Breeding and Biotechnology.* CABI, Wallingford: 159-166.

Guha, S. & Maheshwari, S. 1964. In vitro production of embryos from anthers of *Datura*. *Nature*, 204: 497.

Gupta, P. 1998. Mutation breeding in cereals and legumes. *Somaclonal Variation and Induced Mutations in Crop Improvement*, pp. 311-332. Springer.

Gupta, P., Reddaiah, B., Salava, H., Upadhyaya, P., Tyagi, K., Sarma, S., Datta, S., Malhotra, B., Thomas, S., Sunkum, A., Devulapalli, S., Till, B.J., Sreelakshmi, Y. & Sharma, R. 2017. Next-generation sequencing (NGS)-based identification of induced mutations in a doubly mutagenized tomato (*Solanum lycopersicum*) population. *The Plant Journal: For Cell and Molecular Biology*, 92(3): 495-508. https://doi.org/10.1111/tpj.13654.

Halliwell, B. & Gutteridge, J.M. 2015. *Free Radicals in Biology and Medicine*. Oxford University Press, USA.

Hamill, S., Smith, M. & Dodd, W. 1992. In vitro induction of banana autotetraploids by colchicine treatment of micropropagated diploids. *Australian Journal of Botany*, 40(6): 887-896.

Hancock, J.F. 2012. *Plant Evolution and the Origin of Crop Species*. CABI.

Handro, W. 2014. *Mutagenesis and in vitro Selection*. MPKV, Maharastra. 277

Haninger, T. & Henniger, J. 2016. Dosimetric properties of the new TLD albedo neutron dosemeter AWST-TL-GD 04. *Radiation Protection Dosimetry*, 170(1-4): 150-153.

Hansel, H., Simon, W. & Ehrendorfer, K. 1972. Mutation breeding for yield and kernel performance in spring barley. *Induced Mutations and Plant Improvement*: 221-235.

Hao, M., Luo, J., Zhang, L., Yuan, Z., Yang, Y., Wu, M., Chen, W., Zheng, Y., Zhang, H. & Liu, D. 2013. Production of hexaploid triticale by a synthetic hexaploid wheat-rye hybrid method. *Euphytica*, 193(3): 347-357.

Harrison, L. 2013. Radiation induced DNA damage, repair and therapeutics. *DNA Repair and Cancer*: 92-136.

Hayashi, K. & Yoshida, H. 2009. Refunctionalization of the ancient rice blast disease resistance gene *Pit* by the recruitment of a retrotransposon as a promoter. *The Plant Journal*, 57(3): 413-425.

Heffner, E.L., Lorenz, A.J., Jannink, J.-L. & Sorrells, M.E. 2010. Plant breeding with genomic selection: gain per unit time and cost. *Crop Science*, 50(5): 1681-1690.

Henry, I.M., Nagalakshmi, U., Lieberman, M.C., Ngo, K.J., Krasileva, K.V., Vasquez- Gross, H., Akhunova, A., Akhunov, E., Dubcovsky, J., Tai, T.H. & Comai, L. 2014. Efficient genome-wide detection and cataloging of EMS-induced mutations using exome capture and next-generation sequencing. *Plant Cell*. https://doi.org/10.1105/tpc.113.121590.

Henry, I.M., Zinkgraf, M.S., Groover, A.T. & Comai, L. 2015. A system for dosage-based functional genomics in poplar. *The Plant Cell Online*: tpc.15.00349. https://doi.org/10.1105/tpc.15.00349.

Hertel, T.W. & Lobell, D.B. 2014. Agricultural adaptation to climate change in rich and poor countries: current modeling practice and potential for empirical contributions. *Energy Economics*, 46: 562-575.

Heslop-Harrison, J.S. & Schwarzacher, T. 2007. Domestication, genomics and the future for banana. *Annals of Botany*, 100(5): 1073-1084.

Hiroshi, K. 2008. Development of rice varieties for whole crop silage (WCS) in Japan. *Japan Agricultural Research Quarterly: JARQ*, 42(4): 231-236.

Hoffmann, A.A. & Rieseberg, L.H. 2008. Revisiting the impact of inversions in evolution: from population genetic markers to drivers of adaptive shifts and speciation? *Annual Review of Ecology, Evolution, and Systematics*, 39: 21-42.

Howard III, T.P., Hayward, A.P., Tordillos, A., Fragoso, C., Moreno, M.A., Tohme, J., Kausch, A.P., Mottinger, J.P. & Dellaporta, S.L. 2014. Identification of the maize gravitropism gene *lazy plant1* by a transposon-tagging genome resequencing strategy. *PLoS ONE*, 9(1): e87053.

Htun, K.W., Min, M. & Win, N.C. 2015. Evaluation of genetic variability for agronomic traits in M2 generation of sorghum through induced mutation. *International Journal of Technical Research and Applications,* 3(6): 145-149.

Hu, J. & Rutger, J. 1991. A streptomycin induced no-pollen male sterile mutant in rice (*Oryza sativa* L.). *J. Gen. Breed*, 45: 349-352.

Huiru, Z., Yunhong, G., Huiyuan, Y., Zhen, J. & Guangyong, Q. 2009. Differential expression of retrotransposon WIS 2-1A response to vacuum, low-energy N+ implantation and ^{60}Co γ-ray irradiation in wheat. *Plasma Science and Technology*, 11(1): 104.

Huynh, O.A., Jankowicz-Cieslak, J., Saraye, B., Hofinger, B. & Till, B.J. 2017. Low-cost methods for DNA extraction and quantification. *Biotechnologies for Plant Mutation Breeding*, pp. 227-239. Springer.

IAEA (International Atomic Energy Agency). 2011. *Cytogenetic Dosimetry: Applications in Preparedness for and Response to Radiation Emergencies*. IAEA, Vienna.

ICRU. 1993. Quantities and Units in Radiation Protection Dosimetry. *ICRU Report*, 51.

ICRU. 1998. Fundamental Quantities and Units for Ionizing Radiation. *ICRU Report*, 60.

Jain, S. 2008. In vitro mutagenesis in banana (*Musa* spp.) improvement. *IV International Symposium on Banana: International Conference on Banana and Plantain in Africa: Harnessing International 879*. pp. 605-614. Paper presented at, 2008.

Jain, S. & Spencer, M. 2006. Biotechnology and mutagenesis in improving ornamental plants. *Floriculture and Ornamental Biotechnology: Advances and Tropical Issues*: 1749-2036.

Jain, S.M. 2010. Mutagenesis in crop improvement under the climate change. *Romanian Biotechnological Letters*, 15(2): 88-106.

Jambhulkar, S.J. 2015. Induced mutagenesis and allele mining. *Brassica Oilseeds: Breeding and Management*: 53.

Jan, C. & Vick, B. 2006. Registration of seven cytoplasmic male-sterile and four fertility restoration sunflower germplasms. *Crop Science*, 46(4): 1829-a.

Jan, S., Parween, T. & Siddiqi, T. 2012. Effect of gamma radiation on morphological, biochemical, and physiological aspects of plants and plant products. *Environmental Reviews*, 20(1): 17-39.

Jankowicz-Cieslak, J., Huynh, O.A., Brozynska, M., Nakitandwe, J. & Till, B.J. 2012. Induction, rapid fixation and retention of mutations in vegetatively propagated banana. *Plant Biotechnology Journal*, 10(9): 1056-1066.

Jankowicz-Cieslak, J., Kozak-Stankiewicz, K., Seballos, G., Razafinirina, L., Rabefiraisana, J., Rakotoarisoa, N., Forster, B.P., Vollmann, J. & Till, B. 2013. Application of soft X-ray and near-infrared reflectance spectroscopy for rapid phenotyping of mutant rice seed. *Proceedings*

Transformation Technologies (Plants and Animals), Plant Gen. Breed. Technol. Vienna: 37-40.

Jankowicz-Cieslak, J., Mba, C. & Till, B.J. 2017. Mutagenesis for crop breeding and functional genomics. *Biotechnologies for Plant Mutation Breeding*, pp. 3-18. Springer.

Jankowicz-Cieslak, J. & Till, B.J. 2015. Forward and reverse genetics in crop breeding. *Advances in Plant Breeding Strategies: Breeding, Biotechnology and Molecular Tools*, pp. 215-240. Springer.

Jankowicz-Cieslak, J. & Till, B.J. 2016. Chemical mutagenesis of seed and vegetatively propagated plants using EMS. *Current Protocols in Plant Biology*: 617-635.

Jankowicz-Cieslak, J. & Till, B.J. 2017. Chemical mutagenesis and chimera dissolution in vegetatively propagated banana. *Biotechnologies for Plant Mutation Breeding*, pp. 39-54. Springer.

Jannink, J.-L., Lorenz, A.J. & Iwata, H. 2010. Genomic selection in plant breeding: from theory to practice. *Briefings in Functional Genomics*, 9(2): 166-177.

Jardim, S.S., Schuch, A.P., Pereira, C.M. & Loreto, E.L.S. 2015. Effects of heat and UV radiation on the mobilization of transposon mariner-Mos1. *Cell Stress and Chaperones*, 20(5): 843-851.

Jayaramachandran, M., Kumaravadivel, N., Eapen, S. & Kandasamy, G. 2010. Gene action for yield attributing characters in segregating generation (M2) of sorghum (*Sorghum bicolor* L.). *Electronic Journal of Plant Breeding*, 1(4): 802-805.

Ji, H.-S., Chu, S.-H., Jiang, W., Cho, Y.-I., Hahn, J.-H., Eun, M.-Y., McCouch, S.R. & Koh, H.-J. 2006. Characterization and mapping of a shattering mutant in rice that corresponds to a block of domestication genes. *Genetics*, 173(2): 995-1005.

Johnson, S.D., Taylor, D.R., Tai, T.H., Jankowicz-Cieslak, J., Till, B.J. 2017. Field evaluation of mutagenized rice material. *Biotechnologies for Plant Mutation Breeding*, pp. 145-156. Springer.

Kale, D., Badigannavar, A. & Murty, G. 1999. Groundnut variety, TAG 24, with potential for wider adaptability.

Kamaruddin, N.Y., Abdullah, S. & Harun, A.R. undated. The effect of gamma rays on the radiosensitivity and cytological analysis of Zingiber officinale Roscoe varieties Bentong and Tanjung Sepat.

Kanazawa, A., Liu, B., Kong, F., Arase, S. & Abe, J. 2009. Adaptive evolution involving gene duplication and insertion of a novel Ty1/copia-like retrotransposon in soybean. *Journal of Molecular Evolution*, 69(2): 164-175.

Kannan, B., Davila-Olivas, N.H., Lomba, P. & Altpeter, F. 2015. In vitro chemical mutagenesis improves the turf quality of bahiagrass. *Plant Cell, Tissue and Organ Culture*, 120(2): 551-561.

Karelin, Y.A., Gordeev, Y.N., Karasev, V.I., Radchenko, V.M., Schimbarev, Y.V. & Kuznetsov, R.A. 1997. Californium-252 neutron sources. *Applied Radiation and Isotopes*, 48(10-12): 1563-1566.

Kasha, K. & Kao, K. 1970. High frequency haploid production in barley (*Hordeum vulgare* L.). *Nature*, 225(5235): 874-876.

Kato, H. 2008. Development of rice varieties for whole crop silage (WCS) in Japan. *Japan Agricultural Research Quarterly: JARQ*, 42(4): 231-236.

Keightley, P.D. & Halligan, D.L. 2009. Analysis and implications of mutational variation. *Genetica*, 136(2): 359.

Khan, M.H. & Tyagi, S.D. 2013. A review on induced mutagenesis in soybean. *Journal of Cereals and Oilseeds*, 4(2): 19-25.

Khan, S., Al-Qurainy, F. & Anwar, F. 2009. Sodium azide: a chemical mutagen for enhancement of agronomic traits of crop plants. *Environ. We Int. J. Sci. Tech*, 4: 1-21.

Khan, S., Wani, M.R. & Parveen, K. 2004. Induced genetic variability for quantitative traits in *Vigna radiata* (L.) Wilczek. *Pakistan Journal of Botany*, 36(4): 845-850.

Kharkwal, M. 2012. A brief history of plant mutagenesis. *Plant Mutation Breeding and Biotechnology*. CABI, Wallingford: 21-30.

Kharkwal, M., Pandey, R. & Pawar, S. 2004. Mutation breeding for crop improvement. *Plant Breeding*, pp. 601-645. Springer.

Kikuchi, F. & Ikehashi, H. 1984. Semidwarfing genes of high-yielding rice varieties in Japan. *Rice Genetics Newsletter*, 1: 93-94.

Kirk, R.E. & Gorzen, D.F. 2008. *X-ray Tube with Cylindrical Anode*. Google Patents.

Klassen, N.V., Shortt, K.R., Seuntjens, J. & Ross, C.K. 1999. Fricke dosimetry: the difference between G (Fe 3+) for ^{60}Co gamma -rays and high-energy X-rays. *Physics in Medicine & Biology*, 44(7): 1609.

Kleinhofs, A., Kleinschmidt, M., Sciaky, D. & Von Broembsen, S. 1975. Azide mutagenesis. In vitro studies. *Mutation Research/Fundamental and Molecular Mechanisms of Mutagenesis*, 29(3): 497-499.

Klekowski, E.J. 2011. Plant clonality, mutation, diplontic selection and mutational meltdown. *Biological Journal of the Linnean Society*, 79(1): 61. https://doi.org/10.1046/j.1095-8312.2003.00183.x.

Kobayashi, S., Goto-Yamamoto, N. & Hirochika, H. 2004. Retrotransposon-induced mutations in grape skin color. *Science*, 304(5673): 982.

Koltunow, A.M., Hidaka, T. & Robinson, S.P. 1996. Polyembryony in citrus (accumulation of seed storage proteins in seeds and in embryos cultured in vitro). *Plant Physiology*, 110(2): 599-609.

Konzak, C. & Mikaelsen, K. 1977. Induced mutation techniques in breeding the seed propagated species. *Manual on Mutation Breeding, Tech. Rept. Ser.*, 119: 125-138.

Kovacs, E. & Keresztes, A. 2002. Effect of gamma and UV-B/C radiation on plant cells. *Micron*, 33(2): 199-210.

Kovalchuk, O., Arkhipov, A., Barylyak, I., Karachov, I., Titov, V., Hohn, B. & Kovalchuk, I. 2000. Plants experiencing chronic internal exposure to ionizing radiation exhibit higher frequency of homologous recombination than acutely irradiated plants. *Mutation Research/Fundamental and Molecular Mechanisms of Mutagenesis*, 449(1): 47-56.

Kozgar, M.I., Hussain, S., Wani, M.R. & Khan, S. 2014. The role of cytological aberrations in crop improvement through induced mutagenesis. *Improvement of Crops in the Era of Climatic Changes*, pp. 283-296. Springer.

Kramer, J.K. 2012. *High and Low Erucic Acid in Rapeseed Oils*. Academic Press.

Krasileva, K.V., Vasquez-Gross, H.A., Howell, T., Bailey, P., Paraiso, F., Clissold, L., Simmonds, J., Ramirez-Gonzalez, R.H., Wang, X., Borrill, P., Fosker, C., Ayling, S., Phillips, A.L., Uauy, C. & Dubcovsky, J. 2017. Uncovering hidden variation in polyploidy wheat. *Proceedings of the National Academy of Sciences*, 114(6): E913-E921. https://doi.org/10.1073/pnas.1619268114.

Kuchel, H., Fox, R., Reinheimer, J., Mosionek, L., Willey, N., Bariana, H. & Jefferies, S. 2007. The successful application of a marker-assisted wheat breeding strategy. *Molecular Breeding*, 20(4): 295-308.

Kuczynska, A., Surma, M., Adamski, T., Miko/lajczak, K., Krystkowiak, K. & Ogrodowicz, P. 2013. Effects of the semi-dwarfing sdw1/denso gene in barley. *Journal of Applied genetics*, 54(4): 381-390.

Kumar, D.S., Chakrabarty, D., Verma, A.K. & Banerji, B.K. 2011. Gamma ray induced chromosomal aberrations and enzyme related defense mechanism in *Allium cepa* L. *Caryologia*, 64(4): 388-397.

Kunter, B., Bas, M., Kantoglu, Y. & Burak, M. 2012. Mutation breeding of sweet cherry (*Prunus avium* L.) var. 0900 Ziraat. *Plant Mutation Breeding and Biotechnology*. CAB International, Oxfordshire: 453-463.

Kurowska, M., Daszkowska-Golec, A., Gruszka, D., Marzec, M., Szurman, M., Szarejko, I. & Maluszynski, M. 2011. TILLING-a shortcut in functional genomics. *Journal of Applied Genetics*, 52(4): 371.

Kusaksiz, T. & Dere, S. 2010. A study on the determination of genotypic variation for seed yield and its utilization through selection in durum wheat (*Triticum durum* Desf.) mutant populations. *Turkish Journal of Field Crops*, 15(2): 188-192.

Kwasniewska, J. & Kwasniewski, M. 2013. Comet-FISH for the evaluation of plant DNA damage after mutagenic treatments. *Journal of Applied Genetics*, 54(4): 407-415.

Lababidi, S., Mejlhede, N., Rasmussen, S.K., Backes, G., Al-Said, W., Baum, M. & Jahoor, A. 2009. Identification of barley mutants in the cultivar 'Lux' at the *Dhn* loci through TILLING. *Plant Breeding*, 128(4): 332-336.

Lafiandra, D., Riccardi, G. & Shewry, P.R. 2014. Improving cereal grain carbohydrates for diet and health. *Journal of Cereal Science*, 59(3): 312-326.

Lagoda, P. 2009. Networking and fostering of cooperation in plant mutation genetics and breeding: role of the Joint FAO/IAEA Division. *Induced Plant Mutations in the Genomics Era*. Food and Agriculture Organization of the United Nations, Rome, 487: 27-30.

Lagoda, P., Shu, Q., Forster, B.P., Nakagawa, H. & Nakagawa, H. 2012. Effects of radiation on living cells and plants. *Plant Mutation Breeding and Biotechnology*. CABI Publishing, Wallingford: 123-134.

L'Annunziata, M.F. 2016. *Radioactivity: Introduction and History, from the Quantum to Quarks*. Elsevier.

Law, C., Snape, J. & Worland, A. 1987. Aneuploidy in wheat and its uses in genetic analysis. *Wheat Breeding*, pp. 71-108. Springer.

Lebeda, A. & Svabova, L. 2010. *In vitro Screening Methods for Assessing Plant Disease Resistance*. International Atomic Energy Agency, IAEA.

Lee, L.S., Till, B.J., Hill, H., Huynh, O.A. & Jankowicz-Cieslak, J. 2014. Mutation and mutation screening. *Cereal Genomics: Methods and Protocols*: 77-95.

Lee, S., Cheong, J. & Kim, T. 2003. Production of doubled haploids through anther culture of M1 rice plants derived from mutagenized fertilized egg cells. *Plant Cell Reports*, 22(3): 218-223.

Legrand, C., Hartmann, G. & Karger, C. 2012. Experimental determination of the effective point of measurement for cylindrical ionization chambers in ^{60}Co gamma radiation. *Physics in Medicine and Biology*, 57(11): 3463.

Leitão, J. 2012. Chemical mutagenesis. *Plant Mutation Breeding and Biotechnology.* Italy: CAB International and FAO: 135-158.

Leonard, A., Jacquet, P. & Lauwerys, R. 1983. Mutagenicity and teratogenicity of mercury compounds. *Mutation Research/Reviews in Genetic Toxicology*, 114(1): 1-18.

Li, G., Chern, M., Jain, R., Martin, J.A., Schackwitz, W.S., Jiang, L., Vega-Sánchez, M.E., Lipzen, A.M., Barry, K.W., Schmutz, J. & Ronald, P.C. 2016a. Genome-wide sequencing of 41 rice (*Oryza sativa* L.) mutated lines reveals diverse mutations induced by fast-neutron irradiation. *Molecular Plant*, 9(7): 1078-1081. https://doi.org/10.1016/j.molp.2016.03.009.

Li, L., Zhang, Q. & Huang, D. 2014. A review of imaging techniques for plant phenotyping. *Sensors*, 14(11): 20078-20111.

Li, S., Zheng, Y., Cui, H., Fu, H., Shu, Q. & Huang, J. 2016b. Frequency and type of inheritable mutations induced by γ rays in rice as revealed by whole genome sequencing. *Journal of Zhejiang University. Science. B*, 17(12): 905-915. https://doi.org/10.1631/jzus.B1600125.

Lisch, D. 2013. How important are transposons for plant evolution? *Nature Reviews Genetics*, 14(1): 49.

Liu, L., Guo, H., Zhao, L., Wang, J., Gu, J., Zhao, S. 2009. Achievements and perspectives of crop space breeding in China. *Induced Plant Mutations in the Genomics Era*: 213-215.

Liu, W., Chen, P. & Liu, D. 1998. Development of *Triticum aestivum-Leymus racemosus* translocation lines by irradiating adult plants at meiosis. *Acta Botanica Sinica*, 41(5): 463-467.

Liu, W.-X., Chen, P.-D. & Liu, D.-J. 2000. Studies of the development of *Triticum aestivum-Leymus racemosus* translocation lines by pollen irradiation. *Yi Chuan Xue Bao= Acta genetica Sinica*, 27(1): 44-49.

Lokesha, R., Hegde, S.G., Shaanker, R.U. & Ganeshaiah, K.N. 1992. Dispersal mode as a selective force in shaping the chemical composition of seeds. *The American Naturalist*, 140(3): 520-525. (also available at http://search.ebscohost.com/login.aspx?direct=true&db=mdc&AN=19426054&site=ed slive).

Lowry, D.B. & Willis, J.H. 2010. A widespread chromosomal inversion polymorphism contributes to a major life-history transition, local adaptation, and reproductive isolation. *PLoS Biol*, 8(9): e1000500.

Luan, Y.-S., Zhang, J., Gao, X.-R. & An, L.-J. 2007. Mutation induced by ethyl methanesulphonate (EMS), in vitro screening for salt tolerance and plant regeneration of sweet potato (*Ipomoea batatas* L.). *Plant Cell, Tissue and Organ Culture*, 88(1): 77-81.

Lundqvist, U. 2014. Scandinavian mutation research in barley: a historical review. *Hereditas*, 151(6): 123-131.

Lundqvist, U., Franckowiak, J. & Forster, B.P. 2012. Mutation categories. *Plant Mutation Breeding and Biotechnology.* CABI, FAO, Oxfordshire, UK: 47-55.

Luo, X., Tinker, N.A., Jiang, Y., Xuan, P., Zhang, H. & Zhou, Y. 2013. Suitable dose of [60]Co γ-ray for mutation in *Roegneria* seeds. *Journal of Radioanalytical and Nuclear Chemistry*, 295(2): 1129-1134.

Mabbett, T. 1992. Herbicide tolerant crops-ICI seeds leads the way. *International Pest Control*, 34(2): 49-50.

Mahamune, S. & Kothekar, V. 2012. Induced mutagenic frequency and spectrum of chlorophyll mutants in French bean. *International Multidisciplinary Research Journal*, 2(3): 30-32.

Mak, C., Ho, Y., Tan, Y. & Ibrahim, R. 1996. Novaria: a new banana mutant induced by gamma irradiation. *InfoMusa*, 5(1): 35-36.

Mak, C., Mohamed, A., Liew, K., Ho, Y. 2004. Early screening technique for *Fusarium* wilt resistance in banana micropropagated plants. *Banana Improvement*, 18: 219-227.

Maluszynska, J. 2003. Cytogenetic tests for ploidy level analyses-chromosome counting. *Doubled Haploid Production in Crop Plants*, pp. 391-395. Springer.

Maluszynski, M., Ahloowalia, B.S. & Sigurbjörnsson, B. 1995. Application of in vivo and in vitro mutation techniques for crop improvement. *Euphytica*, 85(1): 303-315.

Maluszynski, M. & Kasha, K. 2002. Mutations. *Vitro and Molecular Techniques for Environmentally Sustainable Crop Improvement.* Kluwer Academic Publishers, Dordrecht, 246p.

Maluszynski, M., Kasha, K. & Szarejko, I. 2003. Published doubled haploid protocols in plant species. *Doubled Haploid Production in Crop Plants*, pp. 309-335. Springer.

Maluszynski, M. & Szarejko, I. 2003. Induced mutations in the Green and Gene Revolutions. *International Congress "In the Wake of the Double Helix: From the Green Revolution to the Gene Revolution"*. pp. 27-31. Paper presented at, 2003.

Maluszynski, M., Szarejko, I., Bhatia, C., Nichterlein, K., Lagoda, P.J. 2009. Methodologies for generating variability. Part 4: Mutation techniques. *Plant Breeding and Farmer Participation*: 159-194.

Mandal, A., Chakrabarty, D. & Datta, S. 2000. In vitro isolation of solid novel flower colour mutants from induced chimeric ray florets of chrysanthemum. *Euphytica*, 114(1): 9-12.

Manova, V. & Gruszka, D. 2015. DNA damage and repair in plants-from models to crops. *Frontiers in Plant Science*, 6: 885.

Marcu, D., Cristea, V. & Daraban, L. 2013. Dose-dependent effects of gamma radiation on lettuce (*Lactuca sativa* var. *capitata*) seedlings. *International Journal of Radiation Biology*, 89(3): 219-223.

Masoabi, M., Lloyd, J., Kossmann, J. & van der Vyver, C. 2018. Ethyl methanesulfonate mutagenesis and in vitro polyethylene glycol selection for drought tolerance in sugarcane (*Saccharum* spp.). *Sugar Tech*: 20: 50-59.

Mba, C. 2013. Induced mutations unleash the potentials of plant genetic resources for food and agriculture. *Agronomy*, 3(1): 200-231.

Mba, C., Afza, R., Shu, Q., Shu, Q., Forster, B.P. & Nakagawa, H. 2012. Mutagenic radiations: X-rays, ionizing particles and ultraviolet. *Plant Mutation Breeding and Biotechnology*. CABI, Oxfordshire: 83-90.

Mehta, K. & Parker, A. 2011. Characterization and dosimetry of a practical X-ray alternative to self-shielded gamma irradiators. *Radiation Physics and Chemistry*, 80(1): 107-113.

Micke, A. 1969. *Improvement of Low Yielding Sweet Clover Mutants by Heterosis Breeding.* International Atomic Energy Agency, Vienna.

Micke, A. & Donini, B. 1993. Induced mutations. *Plant Breeding*, pp. 52-62. Springer.

Micke, A. & Wohrmann, K. 1960. On the problem of the radiation sensitivity of dry seed. *Atompraxis (West Germany) Incorporated in Kerntechnik*, 6.

Miller, M.W. & Miller, W.M. 1987. Radiation hormesis in plants. *Health Physics*, 52(5): 607-616.

Minoia, S., Petrozza, A., D'Onofrio, O., Piron, F., Mosca, G., Sozio, G., Cellini, F., Bendahmane, A. & Carriero, F. 2010. A new mutant genetic resource for tomato crop improvement by TILLING technology. *BMC Research Notes*, 3(1): 69.

Moiseenko, V., Khvostunov, I.K., Hattangadi-Gluth, J.A., Muren, L.P. & Lloyd, D.C. 2016. Biological dosimetry to assess risks of health effects in victims of radiation accidents: thirty years after Chernobyl. *Radiother Oncol*, 119: 1-4.

Moody, D. 2015. Breeding for imidazolinone tolerant barley varieties: industry issues and concerns. *Grain Research & Development Corporation*.

Morgan Jr, D.T. 1950. A cytogenetic study of inversions in *Zea mays*. *Genetics*, 35(2): 153.

Mukai, Y., Friebe, B., Hatchett, J.H., Yamamoto, M. & Gill, B.S. 1993. Molecular cytogenetic analysis of radiation-induced wheat-rye terminal and intercalary chromosomal translocations and the detection of rye chromatin specifying resistance to hessian fly. *Chromosoma*, 102(2): 88-95. https://doi.org/10.1007/BF00356025

Murashige, T. & Skoog, F. 1962. A revised medium for rapid growth and bio assays with tobacco tissue cultures. *Physiologia Plantarum*, 15(3): 473-497.

Nairy, R.K., Bhat, N.N., Anjaria, K., Sreedevi, B., Sapra, B. & Narayana, Y. 2014. Study of gamma radiation induced damages and variation of oxygen enhancement ratio with radiation dose using *Saccharomyces cerevisiae*. *Journal of Radioanalytical and Nuclear Chemistry*, 302(2): 1027-1033.

Naito, K., Zhang, F., Tsukiyama, T., Saito, H., Hancock, C.N., Richardson, A.O., Okumoto, Y., Tanisaka, T. & Wessler, S.R. 2009. Unexpected consequences of a sudden and massive transposon amplification on rice gene expression. *Nature*, 461(7267): 1130.

Nashima, K., Takahashi, H., Nakazono, M., Shimizu, T., Nishitani, C., Yamamoto, T., Itai, A., Isuzugawa, K., Hanada, T., Takashina, T. 2013. Transcriptome analysis of giant pear fruit with fruit-specific DNA reduplication on a mutant branch. *Journal of the Japanese Society for Horticultural Science*, 82(4): 301-311.

Nasution, O., Sitorus, A.C., Nelson, S.P., Forster, B.P., Caligari, P.D. 2013. A high-throughput flow cytometry method for ploidy determination in oil palm. *Journal of Oil Palm Research*, 25(2): 265-271.

Neuffer, M. 1994. Mutagenesis. *The Maize Handbook*, pp. 212-219. Springer.

Nielen, S., Guzman, M. & Zapata-Aries, F. 2000. Studies on Tos17 retrotransposon in rice plants derived from irradiated seeds and in gametoclonal variants. *Abs. for ISPMB Meeting*. Paper presented at, 2000.

Nikam, A.A., Devarumath, R.M., Ahuja, A., Babu, H., Shitole, M.G. & Suprasanna, P. 2015. Radiation-induced in vitro mutagenesis system for salt tolerance and other agronomic characters in sugarcane (*Saccharum officinarum* L.). *The Crop Journal*, 3(1): 46-56.

Nilan, R., Sideris, E., Kleinhofs, A., Sander, C. & Konzak, C. 1973. Azide: a poten mutagen. *Mutation Research/Fundamental and Molecular Mechanisms of Mutagenesis*, 17(1): 142-144.

Oerke, E.-C. 2006. Crop losses to pests. *The Journal of Agricultural Science*, 144(1): 31-43.

Okamura, M., Tanaka, A., Momose, M., Umemoto, N., da Silva, J.A.T. & Toguri, T. 2006. Advances of mutagenesis in flowers and their industrialization. *Energy*, 20(260): 0-3.

Oladosu, Y., Rafii, M.Y., Abdullah, N., Hussin, G., Ramli, A., Rahim, H.A., Miah, G. & Usman, M. 2016. Principle and application of plant mutagenesis in crop improvement: a review. *Biotechnology & Biotechnological Equipment*, 30(1): 1-16.

Olsen, O., Wang, X. & von Wettstein, D. 1993. Sodium azide mutagenesis: preferential generation of AT-> GC transitions in the barley *Ant18* gene. *Proceedings of the National Academy of Sciences*, 90(17): 8043-8047.

Ortiz, R. & Peloquin, S. 1992. Recurrent selection for 2*n* gamete production in 2*x* potatoes. *Journal of Genetics and Breeding*, 46: 383-383.

Owais, W. & Kleinhofs, A. 1988. Metabolic activation of the mutagen azide in biological systems. *Mutation Research/Fundamental and Molecular Mechanisms of Mutagenesis*, 197(2): 313-323.

Owczarzy, R., Tataurov, A.V., Wu, Y., Manthey, J.A., McQuisten, K.A., Almabrazi, H.G., Pedersen, K.F., Lin, Y., Garretson, J., McEntaggart, N.O. 2008. IDT SciTools: a suite for analysis and design of nucleic acid oligomers. *Nucleic Acids Research*, 36(suppl-2): W163-W169.

Palom, Y., Suresh Kumar, G., Tang, L.-Q., Paz, M.M., Musser, S.M., Rockwell, S. & Tomasz, M. 2002. Relative toxicities of DNA cross-links and monoadducts: new insights from studies of decarbamoyl mitomycin C and mitomycin C. *Chemical Research in Toxicology*, 15(11): 1398-1406.

Pan, L., Shah, A.N., Phelps, I.G., Doherty, D., Johnson, E.A. & Moens, C.B. 2015. Rapid identification and recovery of ENU-induced mutations with next-generation sequencing and Paired-End Low-Error analysis. *BMC Genomics*, 16(1): 83.

Paran, I. & Zamir, D. 2003. Quantitative traits in plants: beyond the QTL. *Trends in Genetics*, 19(6): 303-306.

Patade, V. & Suprasanna, P. 2008. Radiation induced in vitro mutagenesis for sugarcane improvement. *Sugar Tech*, 10(1): 14-19.

Paterson, A.H., Bowers, J.E., Bruggmann, R., Dubchak, I., Grimwood, J., Gundlach, H., Haberer, G., Hellsten, U., Mitros, T., Poliakov, A. 2009. The *Sorghum bicolor* genome and the diversification of grasses. *Nature*, 457(7229): 551-556.

Paterson, A.H., Lander, E.S., Hewitt, J.D., Peterson, S., Lincoln, S.E. & Tanksley, S.D. 1988. Resolution of quantitative traits into Mendelian factors by using a complete linkage map of restriction fragment length polymorphisms. *Nature*, 335(6192): 721-726.

Pathirana, R. 2011. Plant mutation breeding in agriculture. *Plant Sciences Reviews*: 107-126.

Pelsy, F. 2010. Molecular and cellular mechanisms of diversity within grapevine varieties. *Heredity*, 104(4): 331.

Peterson, P. 1991. The transposable element-En-four decades after Bikini. *Genetica*, 84(2): 63-72.

Phillips, G.C. 2004. In vitro morphogenesis in plants-recent advances. *In vitro Cellular and Developmental Biology-Plant*, 40(4): 342-345.

Piffanelli, P., Droc, G., Mieulet, D., Lanau, N., Bès, M., Bourgeois, E., Rouvière, C., Gavory, F., Cruaud, C., Ghesquière, A. 2007. Large-scale characterization of Tos17 insertion sites in a rice T-DNA mutant library. *Plant Molecular Biology*, 65(5): 587-601.

Podgorsak, E. 2005. Radiation oncology physics. *a handbook for teachers and students/EB Podgorsak-Vienna: International Atomic Energy Agency*, 657.

Poli, Y., Basava, R.K., Panigrahy, M., Vinukonda, V.P., Dokula, N.R., Voleti, S.R., Desiraju, S. & Neelamraju, S. 2013. Characterization of a Nagina22 rice mutant for heat tolerance and mapping of yield traits. *Rice*, 6(1): 36.

Prabhukumar, K., Thomas, V., Sabu, M., Prasanth, A. & Mohanan, K. 2015. Induced mutation in ornamental gingers (Zingiberaceae) using chemical mutagens viz. Colchicine, Acridine and Ethylmethanesulphonate. *Journal of Horticulture, Forestry and Biotechnology*, 19(2): 18-27.

Predieri, S. & Di Virgilio, N. 2007. In vitro mutagenesis and mutant multiplication. *Protocols for Micropropagation of Woody Trees and Fruits*, pp. 323-333. Springer.

Pretorius, Z., Singh, R., Wagoire, W. & Payne, T. 2000. Detection of virulence to wheat stem rust resistance gene *Sr31* in *Puccinia graminis*. f. sp. tritici in Uganda. *Plant Disease*, 84(2): 203.

Prina, A., Pacheco, M. & Landau, A. 2012. Mutation induction in cytoplasmic genomes. *Plant Mutation Breeding and Biotechnology*: 201-206.

Protic, R., Todorovic, G., Protic, N., Kostic, M., Delic, D., Filipovic, M., Filipovic, V., Ugrenovic, V. 2013. Variation of grain weight per spike of wheat depending on variety and seed size. *Romanian Agricultural Research*, (30): 51-55.

Puchta, H., Dujon, B. & Hohn, B. 1996. Two different but related mechanisms are used in plants for the repair of genomic double-strand breaks by homologous recombination. *Proceedings of the National Academy of Sciences*, 93(10): 5055-5060.

Purnamaningsih, R. & Hutami, S. 2016. Increasing Al-tolerance of sugarcane using ethyl methane sulphonate and in vitro selection in the low pH media. *HAYATI Journal of Biosciences*, 23(1): 1-6.

Qüesta, J., Fina, J. & Casati, P. 2013. DDM1 and ROS1 have a role in UV-B induced-and oxidative DNA damage in *A. thaliana*. *Frontiers in Plant Science*, 4: 420.

Raboy, V. 2009. Approaches and challenges to engineering seed phytate and total phosphorus. *Plant Science*, 177(4): 281-296.

Rai, M.K., Kalia, R.K., Singh, R., Gangola, M.P. & Dhawan, A. 2011. Developing stress tolerant plants through in vitro selection: an overview of the recent progress. *Environmental and Experimental Botany*, 71(1): 89-98.

Rajarajan, D., Saraswathi, R., Sassikumar, D. & Ganesh, S. 2014. Effectiveness and efficiency of gamma ray and ems induced chlorophyll mutants in rice ADT(R) 47. *GJBAHS*, 3(3): 211-218.

Rakshit, S., Hariprasanna, K., Gomashe, S., Ganapathy, K., Das, I., Ramana, O., Dhandapani, A. & Patil, J. 2014. Changes in area, yield gains, and yield stability of sorghum in major sorghum-producing countries, 1970 to 2009. *Crop Science*, 54(4): 1571-1584.

Ravi, M. & Chan, S.W. 2010. Haploid plants produced by centromere-mediated genome elimination. *Nature*, 464(7288): 615-618.

Reeb-Whitaker, C.K. & Bonauto, D.K. 2014. Respiratory disease associated with occupational inhalation to hop (*Humulus lupulus*) during harvest and processing. *Annals of Allergy, Asthma & Immunology*, 113(5): 534-538.

Robinson-Beers, K., Pruitt, R.E. & Gasser, C.S. 1992. Ovule development in wild-type *Arabidopsis* and two female-sterile mutants. *The Plant Cell*, 4(10): 1237-1249.

Roux, N. 2004. Mutation induction in *Musa*: review. *Banana Improvement: Cellular, Molecular*

Biology, and Induced Mutations. Enfield: Sci Pub, Inc. p: 21-29.

Roux, N., Dolezel, J., Swennen, R. & Zapata-Arias, F.J. 2001. Effectiveness of three micropropagation techniques to dissociate cytochimeras in *Musa* spp. *Plant Cell, Tissue and Organ Culture*, 66(3): 189-197.

Roux, N., Toloza, A., Radecki, Z., Zapata-Arias, F. & Dolezel, J. 2003. Rapid detection of aneuploidy in *Musa* using flow cytometry. *Plant Cell Reports*, 21(5): 483-490.

Rutger, J. & Mackill, D. 2001. Application of Mendelian genetics in rice breeding. *Rice Genetics IV*: 27.

Rutger, J., Peterson, M., Hu, C. & Lehman, W. 1976. Induction of useful short stature and early maturing mutants in two japonica rice cultivars. *Crop Science*, 16(5): 631-635.

Rutger, J.N. 1992. Impact of mutation breeding in rice: a review. Mutation Breeding Review (FAO/IAEA), (8): 23.

Rutger, J.N., Peterson, M.L. & Hu, C. 1977. Registration of Calrose 76 Rice1 (Reg. No. 45). *Crop Science*, 17(6): 978.

Rybianski, W. 2000. Influence of laser beams on the variability of traits in spring barley. *International Agrophysics*, 14(2): 227-232.

Sacerdot, C., Mercier, G., Todeschini, A.-L., Dutreix, M., Springer, M. & Lesage, P. 2005. Impact of ionizing radiation on the life cycle of *Saccharomyces cerevisiae* Ty1 retrotransposon. *Yeast*, 22(6): 441-455.

Sadiq, M.F. & Owais, W.M. 2000. Mutagenicity of sodium azide and its metabolite azidoalanine in *Drosophila melanogaster*. *Mutation Research/Genetic Toxicology and Environmental Mutagenesis*, 469(2): 253-257.

Sadiq, M.S., Haidar, S., Haq, M.A. & Abbas, G. 2008. A high yielding and disease resistant mutant of lentil developed through seed irradiation of an exotic germplasm. *Canadian Journal of Pure and Applied Sciences*: 411.

Saeed, I. & Hassan, M.F. 2009. High yielding groundnut (*Arachis hypogea* L.) variety 'Golden'. *Pakistan Journal of Botany*, 41(5): 2217-2222.

Saito, T. 2016. Advances in Japanese pear breeding in Japan. *Breeding Science*, 66(1): 46-59. https://doi.org/10.1270/jsbbs.66.46.

Sanamyan, M.F., Petlyakova, J.E., Sharipova, E.A. & Abdurakhmonov, I.Y. 2011. Cytogenetic characteristics of new monosomic stocks of cotton (*Gossypium hirsutum* L.). *Genetics Research International*, 2011.

Sanders, P.M., Bui, A.Q., Weterings, K., McIntire, K., Hsu, Y.-C., Lee, P.Y., Truong, M.T., Beals, T. & Goldberg, R. 1999. Anther developmental defects in *Arabidopsis thaliana* male-sterile mutants. *Sexual Plant Reproduction*, 11(6): 297-322.

Sanger, F. 1981. Determination of nucleotide sequences in DNA. *Bioscience Reports*, 1(1): 3-18.

Saraswathi, M., Kannan, G., Uma, S., Thangavelu, R. & Backiyarani, S. 2016. Improvement of banana cv. Rasthali (Silk, AAB) against *Fusarium oxysporum* f. sp. *cubense* (VCG 0124/5) through induced mutagenesis: Determination of LD_{50} specific to mutagen, explants, toxins and in vitro and in vivo screening for *Fusarium* wilt resistance.

Sato, S., Katoh, N., Yoshida, H., Iwai, S. & Hagimori, M. 2000. Production of doubled haploid plants of carnation (*Dianthus caryophyllus* L.) by pseudofertilized ovule culture. *Scientia Horticulturae*, 83(3): 301-310.

Sauton, A. & Dumas de Vaulx, R. 1987. Induction of gynogenetic haploid plants in muskmelon (*Cucumis melo* L.) by use of irradiated pollen. *Agronomie (France)*.

Saxena, G., Verma, P.C., Rahman, L., Banerjee, S., Shukla, R. & Kumar, S. 2008. Selection of leaf blight-resistant *Pelargonium graveolens* plants regenerated from callus resistant to a culture filtrate of *Alternaria alternata*. *Crop Protection*, 27(3): 558-565.

Scheibe, A. & Micke, A. 1967. Experimentally induced mutations in leguminous forage plants and their agronomic value. *Induced Mutations and their Utilization.* Akademie-Verlag Berlin: 231-236.

Schneeberger, K., Ossowski, S., Lanz, C., Juul, T., Petersen, A.H., Nielsen, K.L., Jorgensen, J.E., Weigel, D. & Andersen, S.U. 2009. SHOREmap: simultaneous mapping and mutation identification by deep sequencing. *Nat Methods*, 6: 550-551. https://doi.org/10.1038/nmeth0809-550.

Schreiner, L. 2004. Review of Fricke gel dosimeters. *Journal of Physics: Conference Series.* p. 9. Paper presented at, 2004.

Sears, E. 1956. The transfer of leaf-rust resistance from *Aegilops umbellulata* to wheat. *Brookhaven Symp Biol*, 9.

Sekiguchi, M., Hase, Y. & Tanaka, A. 2009. *Osteospermum Plant Named 'Vient Flamingo'.* Google Patents.

Semal, J. 2013. *Somaclonal Variations and Crop Improvement*. Springer Science & Business Media.

Serrat, X., Esteban, R., Guibourt, N., Moysset, L., Nogués, S. & Lalanne, E. 2014. EMS mutagenesis in mature seed-derived rice calli as a new method for rapidly obtaining TILLING mutant populations. *Plant Methods*, 10(1): 5.

Servin, A., Elmer, W., Mukherjee, A., De la Torre-Roche, R., Hamdi, H., White, J.C., Bindraban, P. & Dimkpa, C. 2015. A review of the use of engineered nanomaterials to suppress plant disease and enhance crop yield. *Journal of Nanoparticle Research*, 17(2): 92.

Seymour, G.B., Taylor, J.E. & Tucker, G.A. 2012. *Biochemistry of Fruit Ripening*. Springer Science & Business Media.

Shirao, T., Ueno, K., Abe, T. & Matsuyama, T. 2013. Development of DNA markers for identifying chrysanthemum cultivars generated by ion-beam irradiation. *Molecular Breeding*, 31(3): 729-735.

Shu, Q. 2009. Turning plant mutation breeding into a new era: molecular mutation breeding. *Induced Plant Mutations in the Genomics Era.* FAO, Rome: 425-427.

Shu, Q., Forster, B.P., & Nakagawa, H. 2012. *Plant Mutation Breeding and Biotechnology*. CABI.

Sigurbjörnsson, B. 1975. Methods of mutation induction, including efficiency, and utilization of induced genetic variability. *Barley Genetics III*: 84-95.

Sigurbjörnsson, B. & Micke, A. 1974. Philosophy and accomplishments of mutation breeding. *Polyploidy & Induced Mutations in Plant Breeding Proceedings.*

Simonson, R., Baenziger, P. 1991. Response of different wheat tissues to increasing doses of ethyl methanesulfonate. *Plant Cell, Tissue and Organ Culture*, 26(3): 141-146.

Singh, K.P., Kumar, R. & Verma, P.K. 2017. Opportunities in floriculture for livelihood security. *Advances in Floriculture and Landscape Gardening*: 66.

Singh, R., Abdullah, M.O., Ti, L.L.E., Nookiah, R., Manaf, M.A.A. & Sambanthamurthi, R. 2015. SureSawitTM SHELL-A diagnostic assay to predict fruit forms of oil palm. *Oil Palm Bulletin*, 70: 13-16.

Singh, R., Low, E.-T.L., Ooi, L.C.-L., Ong-Abdullah, M., Ting, N.-C., Nagappan, J., Nookiah, R., Amiruddin, M.D., Rosli, R., Manaf, M.A.A. 2013a. The oil palm SHELL gene controls oil yield and encodes a homologue of SEEDSTICK. *Nature*, 500(7462): 340.

Singh, R., Ong-Abdullah, M., Low, E.-T.L., Manaf, M.A.A., Rosli, R., Nookiah, R., Ooi, L.C.-L., Ooi, S., Chan, K.-L., Halim, M.A. 2013b. Oil palm genome sequence reveals divergence of interfertile species in Old and New worlds. *Nature*, 500(7462): 335-339.

Singh, R.J. 2016. *Plant Cytogenetics*. CRC Press.

Singh, R.P., Hodson, D.P., Huerta-Espino, J., Jin, Y., Bhavani, S., Njau, P., Herrera-Foessel, S., Singh, P.K., Singh, S. & Govindan, V. 2011. The emergence of Ug99 races of the stem rust fungus is a threat to world wheat production. *Annual Review of Phytopathology*, 49: 465-481.

Singh, S. & Verma, A.K. 2015. A review on efforts of induced mutagenesis for qualitative and quantitative improvement of oilseed brassicas. *Journal of Pharmacognosy and Phytochemistry*, 4(2).

Sjödin, J. 1971. Induced paracentric and pericentric inversions in *Vicia faba* L. *Hereditas*, 67(1): 39-54.

Slota, M., Maluszynski, M. & Szarejko, I. 2017. Bioinformatics-based assessment of the relevance of candidate genes for mutation discovery. *Biotechnologies for Plant Mutation Breeding*, pp. 263-280. Springer.

Soeranto, H., Manurung, S. 2001. The use of physical/chemical mutagens for crop improvements in Indonesia.

Spielmeyer, W., Ellis, M.H. & Chandler, P.M. 2002. Semidwarf (sd-1), "green revolution" rice, contains a defective gibberellin 20-oxidase gene. *Proceedings of the National Academy of Sciences*, 99(13): 9043-9048.

Staub, J.E., Serquen, F.C. & Gupta, M. 1996. Genetic markers, map construction, and their application in plant breeding. *HortScience*, 31(5): 729-741.

Stephenson, P., Baker, D., Girin, T., Perez, A., Amoah, S., King, G.J. & Østergaard, L. 2010. A rich TILLING resource for studying gene function in *Brassica rapa*. *BMC Plant Biology*, 10(1): 62.

Studer, A., Zhao, Q., Ross-Ibarra, J. & Doebley, J. 2011. Identification of a functional transposon insertion in the maize domestication gene *tb1*. *Nature Genetics*, 43(11): 1160-1163.

Suprasanna, P. 2010. Biotechnological interventions in sugarcane improvement: strategies, methods and progress. *BARC Newsletter*: 47-53.

Suprasanna, P. & Nakagawa, H. 2012. Mutation breeding of vegetatively propagated crops. *Plant Mutation Breeding and Biotechnology*. Food and Agriculture Organization of the United Nations, Rome: 347-358.

Suprasanna, P., Rupali, C., Desai, N. & Bapat, V. 2008. Partial desiccation augments plant regeneration from irradiated embryogenic cultures of sugarcane. *Plant Cell, Tissue and Organ Culture*, 92(1): 101-105.

Suresh, D., Poonguzhali, S., Sridharan, S. & Rajangam, J. 2017. Determination of lethal dose for gamma rays induced mutagenesis in butter bean (*Phaseolus lunatus* L.) variety KKL-1. *Int. J. Curr. Microbiol. App. Sci*, 6(3): 712-717.

Suzuki, T., Eiguchi, M., Kumamaru, T., Satoh, H., Matsusaka, H., Moriguchi, K., Nagato, Y. & Kurata, N. 2008a. MNU-induced mutant pools and high performance TILLING enable finding of any gene mutation in rice. *Molecular Genetics and Genomics*, 279(3): 213-223.

Suzuki, Y., Sano, Y., Ise, K., Matsukura, U., Aoki, N. & Sato, H. 2008b. A rice mutant with enhanced amylose content in endosperm without affecting amylopectin structure. *Breeding Science*, 58(3): 209-215.

Szarejko, I. 2003. Anther culture for doubled haploid production in barley (*Hordeum vulgare* L.). *Doubled Haploid Production in Crop Plants*, pp. 35-42. Springer.

Szarejko, I. 2012. Haploid mutagenesis. *Plant Mutation Breeding and Biotechnology.* CABI, Wallingford: 387-410.

Szarejko, I. & Forster, B.P. 2007. Doubled haploidy and induced mutation. *Euphytica*, 158(3): 359-370.

Szarejko, I., Guzy, J., Jimenez Davalos, J., Roland Chavez, A. & Maluszynski, M. 1995. Production of mutants using barley DH systems. *Induced Mutations and Molecular Techniques for Crop Improvement.* IAEA, Vienna: 517-530.

Szarejko, I., Szurman-Zubrzycka, M., Nawrot, M., Marzec, M., Gruszka, D., Kurowska, M., Chmielewska, B., Zbieszczyk, J., Jelonek, J. & Maluszynski, M. 2017. Creation of a TILLING population in barley after chemical mutagenesis with sodium azide and MNU. *Biotechnologies for Plant Mutation Breeding*, pp. 91-111. Springer.

Tai, T.H., Chun, A., Henry, I.M., Ngo, K.J. & Burkart-Waco, D. 2016. Effectiveness of sodium azide alone compared to sodium azide in combination with methyl nitrosurea for rice mutagenesis. *Plant Breeding and Biotechnology*, 4(4): 453-461.

Takahashi, M., Shimada, S., Nakayama, N. & Arihara, J. 2005. Characteristics of nodulation and nitrogen fixation in the improved supernodulating soybean (*Glycine max* L. Merr.) cultivar 'Sakukei 4'. *Plant Production Science*, 8(4): 405-411.

Talamè, V., Bovina, R., Sanguineti, M.C., Tuberosa, R., Lundqvist, U. & Salvi, S. 2008. TILLMore, a resource for the discovery of chemically induced mutants in barley. *Plant Biotechnology Journal*, 6(5): 477-485.

Tanner, G.J., Blundell, M.J., Colgrave, M.L. & Howitt, C.A. 2016. Creation of the first ultra-low gluten barley (*Hordeum vulgare* L.) for coeliac and gluten-intolerant populations. *Plant Biotechnology Journal*, 14(4): 1139-1150.

Tardieu, F., Cabrera-Bosquet, L., Pridmore, T. & Bennett, M. 2017. Plant phenomics, from sensors to knowledge. *Current Biology*, 27(15): R770-R783.

Thakur, R. & Ishii, K. 2014. Detection and fingerprinting of narrow-leaf mutants in micropropagated hybrid poplar (*Populus sieboldii* × *P. grandidentata*) using random amplified polymorphic DNA. *International Journal of Farm Sciences*, 2(1): 79-84.

Thorpe, T.A. 2006. History of plant tissue culture. *Plant Cell Culture Protocols*: 9-32.

Thorpe, T.A. 2012. *In vitro Embryogenesis in Plants*. Springer Science & Business Media.

Till, B.J., Cooper, J., Tai, T.H., Colowit, P., Greene, E.A., Henikoff, S. & Comai, L. 2007. Discovery of chemically induced mutations in rice by TILLING. *BMC Plant Biology*, 7(1): 19.

Till, B.J., Hofinger, B.J., Sen, A., Huynh, O.A., Jankowicz-Cieslak, J., Gugsa, L. & Kumlehn, J. 2017. A protocol for validation of doubled haploid plants by enzymatic mismatch cleavage. *Biotechnologies for Plant Mutation Breeding*, pp. 253-262. Springer.

Till, B.J., Reynolds, S.H., Greene, E.A., Codomo, C.A., Enns, L.C., Johnson, J.E., Burtner, C., Odden, A.R., Young, K., Taylor, N.E. 2003. Large-scale discovery of induced point mutations with high-throughput TILLING. *Genome Research*, 13(3): 524-530.

Till, B.J., Reynolds, S.H., Weil, C., Springer, N., Burtner, C., Young, K., Bowers, E., Codomo, C.A., Enns, L.C., Odden, A.R. 2004. Discovery of induced point mutations in maize genes by TILLING. *BMC Plant Biology*, 4(1): 12.

Till, B.J., Zerr, T., Comai, L. & Henikoff, S. 2006. A protocol for TILLING and Ecotilling in plants and animals. *Nature Protocols*, 1(5): 2465.

Tivana, L.D., Francisco, J.D.C., Zelder, F., Bergenståhl, B. & Dejmek, P. 2014. Straightforward rapid spectrophotometric quantification of total cyanogenic glycosides in fresh and processed cassava products. *Food Chemistry*, 158: 20-27.

Todd, W., Green, R. & Horner, C. 1977. Registration of Murray Mitcham Peppermint1 (Reg. No. 2). *Crop Science*, 17(1): 188-188.

Toker, C., Yadav, S.S. & Solanki, I. 2007. Mutation breeding. *Lentil*, pp. 209-224. Springer.

Tripathy, S.K., Panda, A., Nayak, P.K., Dash, S., Lenka, D., Mishra, D., Kar, R.K., Senapati, N. & Dash, G. 2016. Somaclonal variation for genetic improvement in grasspea (*Lathyrus sativus* L.). *Legume Research*, 39(3): 329-335.

Tsai, H., Howell, T., Nitcher, R., Missirian, V., Watson, B., Ngo, K.J., Lieberman, M., Fass, J., Uauy, C., Tran, R.K., Khan, A.A., Filkov, V., Tai, T.H., Dubcovsky, J. & Comai, L. 2011. Discovery of rare mutations in populations: TILLING by sequencing. *Plant Physiology*, 156: 1257-1268. https://doi.org/DOI 10.1104/pp.110.169748.

Tsubaki, M., Mogi, T., Anraku, Y. & Hori, H. 1993. Structure of the heme-copper binuclear center of the cytochrome bo complex of *Escherichia coli*: EPR and Fourier transform infrared spectroscopic studies. *Biochemistry*, 32(23): 6065-6072.

Tsuda, M., Kaga, A., Anai, T., Shimizu, T., Sayama, T., Takagi, K., Machita, K., Watanabe, S., Nishimura, M., Yamada, N. 2015. Construction of a high-density mutant library in soybean and development of a mutant retrieval method using amplicon sequencing. *BMC Genomics*, 16(1): 1014.

Turelli, M. 1984. Heritable genetic variation via mutation-selection balance: Lerch's zeta meets the abdominal bristle. *Theoretical Population Biology*, 25(2): 138-193.

Tuvesson, S., Dayteg, C., Hagberg, P., Manninen, O., Tanhuanpää, P., Tenhola-Roininen, T., Kiviharju, E., Weyen, J., Förster, J., Schondelmaier, J. 2007. Molecular markers and doubled haploids in European plant breeding programmes. *Euphytica*, 158(3): 305-312.

Uauy, C., Paraiso, F., Colasuonno, P., Tran, R.K., Tsai, H., Berardi, S., Comai, L. & Dubcovsky, J. 2009. A modified TILLING approach to detect induced mutations in tetraploid and hexaploid wheat. *BMC Plant Biology*, 9(1): 115.

Umavathi, S. & Mullainathan, L. 2016. Induced mutagenesis in chickpea (*Cicer arietinum* L.) with special reference to the frequency and spectrum of chlorophyll mutations. *Journal of Applied and Advanced Research*, 1(1): 49-53.

Vakali, C., Baxevanos, D., Vlachostergios, D., Tamoutsidis, E., Papathanasiou, F. & Papadopoulos, I. 2017. Genetic characterization of agronomic, physiochemical, and quality parameters of dry bean landraces under low-input farming. *Journal of Agricultural Science and Technology*.

van Harten, A.M. 1998. *Mutation Breeding: Theory and Practical Applications*. Cambridge University Press.

Vanhove, A.-C., Vermaelen, W., Panis, B., Swennen, R. & Carpentier, S. 2012. Screening the banana biodiversity for drought tolerance: can an in vitro growth model and proteomics be used as a tool to discover tolerant varieties and understand homeostasis. *Frontiers in Plant Science*, 3: 176.

Viccini, L.F. & de Carvalho, C.R. 2002. Meiotic chromosomal variation resulting from irradiation of pollen in maize. *Journal of Applied Genetics*, 43(4): 463-470.

Vollman, J. & Rajcan, I. 2009. *Oil Crops*. Springer, London.

Wang, H., Liu, Z., Chen, P. & Wang, X. 2012. Irradiation-facilitated chromosomal translocation: wheat as an example. *Plant Mutation Breeding and Biotechnology*. CABI, FAO, Oxfordshire, UK: 223-229.

Wang, Z., Zou, Y., Li, X., Zhang, Q., Chen, L., Wu, H., Su, D., Chen, Y., Guo, J., Luo, D., Long, Y., Zhong, Y. & Liu, Y.-G. 2006. Cytoplasmic male sterility of rice with Boro II cytoplasm is caused by a cytotoxic peptide and is restored by two related PPR motif genes via distinct modes of mRNA silencing. *The Plant Cell*, 18(3): 676-687. https://doi.org/10.1105/tpc.105.038240.

Wani, M.R., Kozgar, M.I., Khan, S., Ahanger, M.A. & Ahmad, P. 2014. Induced mutagenesis for the improvement of pulse crops with special reference to mung bean: a review update. *Improvement of Crops in the Era of Climatic Changes*, pp. 247-288. Springer.

Waterworth, W.M., Drury, G.E., Bray, C.M. & West, C.E. 2011. Repairing breaks in the plant genome: the importance of keeping it together. *New Phytologist*, 192(4): 805-822.

Weil, C.F. & Monde, R.-A. 2009. EMS mutagenesis and point mutation discovery. *Molecular Genetic Approaches to Maize Improvement*, pp. 161-171. Springer.

Weir, A., Omielan, J., Lee, E. & Rajcan, I. 2005. Use of NMR for predicting protein concentration in soybean seeds based on oil measurements. *Journal of the American Oil Chemists' Society*, 82(2): 87-91.

Wertz, E. 1940. *Über die Abhängigkeit der Röntgenstrahlenwirkung vom Quellungszustand der Gewebe, nach Untersuchungen an Gerstenkörnern*. Urban & Schwarzenberg.

White, M. 1978. Chain processes in chromosomal speciation. *Systematic Biology*, 27(3): 285-298.

Wijnker, E. & de Jong, H. 2008. Managing meiotic recombination in plant breeding. *Trends in Plant Science*, 13(12): 640-646.

Wongpiyasatid, A., Hormchan, P. 2000. New mutants of perennial *Portulaca grandiflora* through gamma radiation. *Kasestart Journal (Natural Science)*, 34: 408-416.

Wu, D., Shu, Q. & Li, C. 2012. *Applications of DNA Marker Techniques in Plant Mutation Research*. CABI Publishing.

Xia, T., Zhang, L., Xu, J., Wang, L., Liu, B., Hao, M., Chang, X., Zhang, T., Li, S., Zhang, H. 2017. The alternative splicing of EAM8 contributes to early flowering and short-season adaptation in a landrace barley from the Qinghai-Tibetan Plateau. *Theoretical and Applied Genetics*, 130(4): 757-766.

Xiao, H., Jiang, N., Schaffner, E., Stockinger, E.J. & van der Knaap, E. 2008. A retrotransposon-mediated gene duplication underlies morphological variation of tomato fruit. *Science*, 319(5869): 1527-1530.

Ya, H., Zhang, H., Feng, W., Chen, Q., Wang, W. & Jiao, Z. 2011. Implantation with lowenergy N+ beam changes the transcriptional activation of the expression sequence tags (ESTs) from the transposable elements in rice. *African Journal of Agricultural Research*, 6(18): 4318-4326.

Yan, L., Fu, D., Li, C., Blechl, A., Tranquilli, G., Bonafede, M., Sanchez, A., Valarik, M., Yasuda, S. & Dubcovsky, J. 2006. The wheat and barley vernalization gene *VRN3* is an orthologue of FT. *Proceedings of the National Academy of Sciences*, 103(51): 19581-19586.

Yetisir, H. & Sari, N. 2003. A new method for haploid muskmelon (*Cucumis melo* L.) dihaploidization. *Scientia Horticulturae*, 98(3): 277-283.

Yuan, L., Dou, Y., Kianian, S.F., Zhang, C. & Holding, D.R. 2014. Deletion mutagenesis identifies a haploinsufficient role for gamma-zein in *opaque2* endosperm modification. *Plant Physiol*, 164: 119-130. https://doi.org/10.1104/pp.113.230961.

Yuan, S., Liu, Y.-M., Fang, Z.-Y., Yang, L.-M., Zhuang, M., Zhang, Y.-Y. & Sun, P.-T. 2009. Study on the relationship between the ploidy level of microspore-derived plants and the number of chloroplast in stomatal guard cells in *Brassica oleracea*. *Agricultural Sciences in China*, 8(8): 939-946.

Zaman, S., Fitzpatrick, M., Lindahl, L. & Zengel, J. 2007. Novel mutations in ribosomal proteins L4 and L22 that confer erythromycin resistance in *Escherichia coli*. *Molecular Microbiology*, 66(4): 1039-1050.

Zengquan, W., Hongmei, X., Jianping, L., Shibin, Y., Yan, F. & Zhongkui, X. 2003. Application of heavy ion beams in induced mutation breeding and molecular modification. *Nuclear Physics Review*, 20(1): 38-41.

Żmieńko, A., Samelak, A., Kozłowski, P. & Figlerowicz, M. 2014. Copy number polymorphism in plant genomes. *Theoretical and Applied Genetics*, 127(1): 1-18.

辅 助 读 物

IAEA, 1972. Neutron Irradiation of Seeds. Technical Reports Series No. 141. 获取网址 www.iaea. org/inis/collection/NCLCollectionStore/_Public/04/056/4056452.pdf

IAEA, 1977. Manual on Mutation Breeding. Second Edition. Technical Reports Series No. 119. 获取 网址 www.iaea.org/inis/collection/NCLCollectionStore/_Public/09/373/9373711.pdf

IAEA, 2004. Directory of Gamma Processing Facilities in Member States. 获取网址 https://www-pub.iaea.org/books/iaeabooks/6914/Directory-of-Gamma-Processing-Facilities-in-Member-States

IAEA, 2010. International Conference on Operational Safety Experience and Performance of Nuclear Power Plants and Fuel Cycle Facilities: 21-25 June 2010, Vienna, Austria. 获取网址 https://www-pub.iaea.org/MTCD/Publications/PDF/Pub1716web-18398071.pdf

IAEA, 2014. Radiation Protection and Safety of Radiation Sources: International Basic Safety Standards. Basic Standard Series. CD-ROM. 获取网址 https://www-pub.iaea.org/MTCD/publications/PDF/Pub1578_web-57265295.pdf

IAEA, 2016. Safety of Research Reactors. Series No. SSR-3. 获取网址 https://www-pub.iaea.org/MTCD/Publications/PDF/P1751_web.pdf

原书编后记

《突变育种手册（第三版）》由 M.M. 斯潘塞-洛佩斯（M.M. Spencer-Lopes）、B.P. 福斯特（B.P. Forster）和 L. 扬库洛斯基（L. Jankuloski）主编，由国际原子能机构（International Atomic Energy Agency，IAEA）和联合国粮食及农业组织（Food and Agriculture Organization of the United Nations，FAO）联合出版。

《突变育种手册（第二版）》已于 1977 年出版。时隔 40 多年，其间出现了一些重要的进展，是时候更新该手册了。我们看到，在经典作物改良和功能基因组研究中，诱发突变技术应用再次涌现热潮。同时，在提高作物产量方面，对新突变的需求也越来越迫切，需要更营养、适应性更强、更高效、更高产的作物新品种，来支持 21 世纪的"绿色"可持续粮食生产，特别是保障粮食安全，以应对气候变化、饥饿和世界人口增长带来的挑战。

本书是《突变育种手册》的第三版，论述了植物突变育种的进展，包括基本的辐射技术和化学诱变在有性繁殖与无性繁殖作物中的应用。书中全面概述了目前可用于检测稀有和有价值的突变性状表型与基因型的高通量筛选新方法，并提供了其操作指南；此外还论述了提高作物突变育种效率的技术方法。最重要的是本手册提供了植物突变育种技术方法的实用操作指南，并配有清晰的分步图示实验方案。

《突变育种手册（第三版）》是在 FAO/IAEA 联合司植物遗传育种科和实验室的新老工作人员的工作经验与学识的基础上，由世界上突变育种领域的专家通力合作编写的。他们联合贡献的这本手册，加上 FAO/IAEA 联合司丰富的突变品种数据库的支持，为所有致力于复兴植物突变育种事业的人们奉上了珍贵的资源。